高等学校规划教材

Analytical Chemistry

分析化学

黄生田 主编

李慎新 郑兴文 副主编

化学工业出版社

·北京·

内容简介

《分析化学》主要包括绪论、误差和数据处理、滴定分析法概论、酸碱滴定法、配位滴定法、氧化还原滴定法、重量分析法和沉淀滴定法、吸光光度法和定量分析的一般步骤共9章，并附习题和附录。本书对有效数字的运算和修约介绍较为详细，重视知识的系统性和完整性，同时增加和优化了相关例题。

本书可作为高等院校化学类、化工类、环境类、食品类、材料类、生物类、轻工类等专业学生学习化学基础课的教材，也可供其它专业师生及从事分析测试工作的科技人员参考。

图书在版编目（CIP）数据

分析化学/黄生田主编. —北京：化学工业出版社，2022.1（2024.8重印）

高等学校规划教材

ISBN 978-7-122-40504-3

Ⅰ.①分… Ⅱ.①黄… Ⅲ.①分析化学-高等学校-教材 Ⅳ.①O65

中国版本图书馆CIP数据核字（2021）第263824号

责任编辑：汪 靓 宋林青　　装帧设计：史利平

责任校对：宋 玮

出版发行：化学工业出版社（北京市东城区青年湖南街13号 邮政编码100011）

印 装：三河市双峰印刷装订有限公司

787mm×1092mm 1/16 印张12 彩插1 字数296千字 2024年8月北京第1版第3次印刷

购书咨询：010-64518888　　售后服务：010-64518899

网 址：http：//www.cip.com.cn

凡购买本书，如有缺损质量问题，本社销售中心负责调换。

定 价：35.00元

前言

分析化学是高等学校化学、化工、生物工程、轻工、制药等专业的一门基础课程。《分析化学》集科学、技术及应用等知识为一体，是落实《全国大中小学教材建设规划（2019—2022年）》育人要求的重要载体。本书内容主要包括定量分析和可见吸光光度法，主体为分析化学的化学分析部分。

本书在编写过程中，重点关注以下几个问题：

一、充分利用分析化学知识体系特点，引导学生理解科学、技术和应用之间的关系，让学生体会到知识是有用的，可转化为技术和生产力。

二、以“准确定量”为主线，引导学生理解和认识科学工作者如何从基础理论、滴定分析原理、滴定技术及数据处理等多角度、多维度去思考并解决准确定量问题，保证分析应用切实可行，分析结果准确可靠。

三、完善了分析化学教材中的有效数字知识体系。补充和完善了有效数字记录相关知识；补充和整合了有效数字位数相关知识；使用了更为简洁的数值修约规则。

四、本书从有利于学生自学角度做了几方面努力。一是优化典型示例，提升示例作用；二是增加一定数量的例题，扩大例题对知识点的涵盖面；三是分析化学基础理论、滴定分析原理、滴定分析应用并重；四是注重语言简洁，避免知识重复，语言冗长。

本书由黄生田任主编，负责本书的策划、编排、审订、统稿工作。李慎新、郑兴文任副主编，协助策划、编排、审订工作。全书共九章，第一章、第四章和第六章分别由刘伟、陈百利和刘强强博士编写，第二章、第三章、第五章、第七章、第八章及第九章由黄生田编写。编者参考了较多国内外出版的优秀教材，在此向这些教材的作者表示感谢。

在编写过程中，无机及分析化学教研室老师给予了大力支持。本书初稿在四川轻化工大学2019、2020级理工科各专业试用，根据学生的反馈及时对问题进行了修订。特此感谢。

由于编者业务水平及教学经验有限，加之时间紧，文字和图表等录入工作量大，书中难免存在不足之处，敬请读者批评指正。

黄生田

2021年12月于四川轻化工大学

目 录

第八章　吸光光度法

第九章　定量分析的一般步骤

附　录

参考文献

第一章
绪　论

第一节　分析化学概述

一、分析化学的含义

分析化学（analytical chemistry）是化学学科的一个重要分支。分析化学的含义随着科学技术的发展而丰富。在19世纪，分析化学被定义为一种技术，用于鉴定物质和测定其化学组成。20世纪50～60年代，分析化学是研究物质化学组成的分析方法和相关理论的一门学科。到了20世纪90年代，分析化学则是指发展及应用各种相关理论、方法、仪器和策略以获取有关物质在相对时空维度中的组成和性质等信息的一门科学。分析化学涉及化学、物理学、生物学、数学和计算机科学等学科的相关概念、原理和技术，也涉及方法的正确性、准确度和技术实用性评价等。

二、分析化学的任务

分析化学的主要任务是确定物质的化学组成和各个组分的相对含量，表征物质的化学结构，测定各化学组成在物质中的存在形式以及它们在空间的分布和随时间的变化信息等。同时，研究获取以上信息的新方法、新仪器和新策略也属于分析化学的重要任务。

三、分析化学的作用

分析化学有力地促进和推动了化学学科的发展。化学元素的发现、原子量的测定、元素周期律的建立、质量守恒定律的确立、原子论和分子论等的建立都有分析化学的重要贡献。分析化学在现代化学各个研究领域至关重要，化学家进行科学研究时，往往要花费相当多的时间和精力去获得所研究体系的定性、定量、结构等信息，即从事分析化学工作。例如为了合成一种新的有机分子，选用合理的分析方法对反应物或产物进行定性或定量测定，对分子的结构等信息进行表征是必不可少的分析内容。

分析化学在科学技术方面的作用远远超出化学领域，其理论、技术和方法被广泛用于工业、农业、国防、医疗卫生、环境能源、生命科学等领域（图1-1）。现代工业追求绿色、高效、节能、低耗，其资源勘探、原料选择、工艺流程控制、精细加工、成品检测及三废（废气、废液和废渣）处理等问题都需要分析化学。先进分析技术为现代化农业发展提供重要保障，农产品加工、农药和化肥检测、土壤普查、农作物营养诊断、农产品质量检测等各环节与分析化学密切相关。面对生命体系的各种复杂过程，生命科学急需超高灵敏度、高选择性、快速、在线动态跟踪、单细胞实时分析、单分子检测、活体分析、生命体系复杂过程分析等有效的分析技术为科研工作者提供重要的生物信息和数据。例如，对于突如其来的新冠肺炎疫情，发展快速且准确的检测方法是遏制疫情蔓延的关键技术手段，核酸检测就胜任了这项工作，它不仅可以帮助精准防控疫情，而且保障了人员合理流动，推动社会经济和生产生活秩序全面恢复。环境分析的领域广，对象复杂，待测元素或化合物含量低，发展准确、可靠、灵敏、快速、有效、选择性强和简便的分析方法和仪器用于污染物来源、成分、含量和分布状态检测是必不可少的。目前，热重法、X 射线分析法、凝胶色谱法和库伦分析法等已经被广泛用于环境分析中。同时，分析化学也可用于临床医学中的疾病临床检验；预防医学中的环境检测、中毒检验和食品营养成分和卫生分析；药学领域中的药品成分含量测定、质量检验和药物动力学分析；医疗器材中的材料表征和性能检测。随着材料科学的发展，痕量分析、超纯物质分析、微区分析等新方法被提出和使用，成熟的分析化学技术和理论促进了半导体材料、激光材料和原子能材料的发展。另外，国防、海洋学、天文学、考古学等的发展也离不开分析化学。因此，只有不断地发展分析化学的新原理、新技术和新方法，才能满足各领域快速发展的需求。

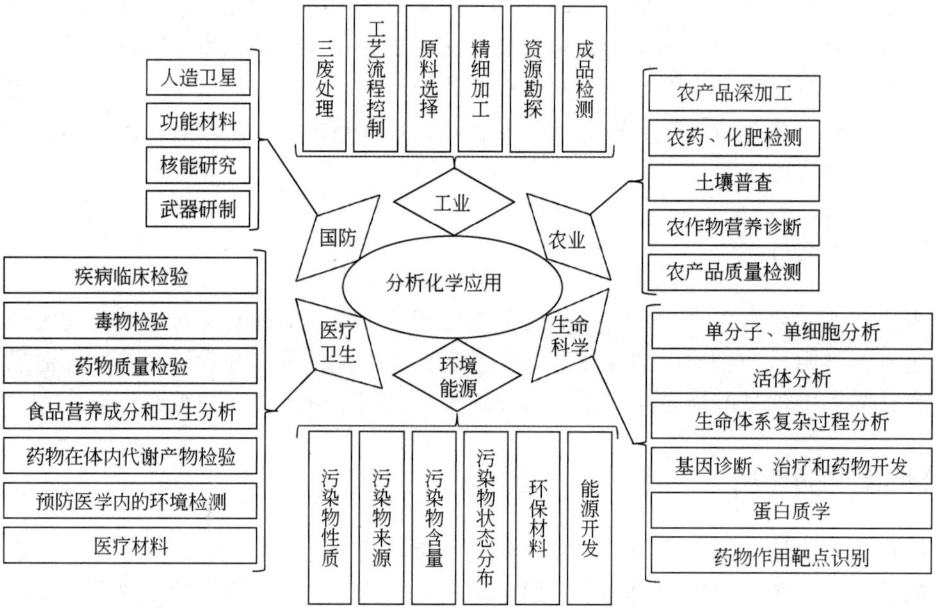

图 1-1 分析化学的应用领域

第二节 分析方法的分类

分析化学可以根据分析任务、分析对象、试样用量、待测组分含量、分析原理以及工作性质等进行分类。

一、根据分析任务分类

根据分析任务可将分析化学分为**定性分析**（qualitative analysis）、**定量分析**（quantitative analysis）、**结构分析**（structural analysis）和**形态分析**（species analysis）。定性分析的任务是确定物质的化学组成，即确定样品中是否含有某种或几种化学成分，化学成分可以是元素、离子、原子团、化合物等。定量分析的任务是确定试样中待测组分的含量。结构分析的任务是确定物质中原子间的结合方式，包括化学结构、晶体结构及其对物质化学性质的影响。形态分析的任务是确定在某一环境中元素的存在形式。

本书主要介绍定量分析中的有关理论和技术。

二、根据分析对象分类

根据分析对象不同可将分析化学分为无机分析（inorganic analysis）、有机分析（organic analysis）和生物分析（bioanalysis）。**无机分析**的对象是无机物，**有机分析**的对象是有机物，**生物分析**的主要对象是生物大分子，有时也包括与生命活动密切相关的有机小分子。生物大分子如蛋白质、核酸以及糖类的结构相当复杂，除定量分析外，官能团分析、结构分析、构象分析和功能区分析也是研究的重点。针对不同的分析对象，还可以进一步分类，如**冶金分析**、**地质分析**、**环境分析**、**药物分析**及**材料分析**等。

三、根据分析所需试样用量分类

根据分析过程中所用试样用量的多少（表 1-1），分析方法可分为**常量分析**、**半微量分析**、**微量分析**和**痕量分析**。通常无机定性分析多为半微量分析，化学定量分析多为常量分析，微量和痕量分析多为仪器分析。

表 1-1　分析方法按试样用量分类

分析方法	试样质量/g	试液体积/mL
常量分析	> 0.1	>10
半微量分析	0.1～0.01	1～10
微量分析	0.01～0.0001	0.01～1
痕量分析	<0.0001	<0.01

四、根据被测组分含量分类

根据被测组分在试样中相对含量高低不同分为**常量组分分析**、**微量组分分析**、**痕量组分分析**及**超痕量组分分析**，详见表 1-2。注意，痕量组分分析不一定是痕量分析，因为测定痕量组分时，可能取样质量会超过常量分析的用量。

表 1-2　分析方法按试样中相对含量分类

分析方法	被测组分的含量
常量组分分析	>1%
微量组分分析	0.01%～1%
痕量组分分析	<0.01%
超痕量组分分析	<0.0001%

五、根据分析原理不同分类

（一）化学分析

化学分析（chemical analysis）是以物质的化学反应为基础的分析方法，是分析化学的基础，历史悠久，具有“经典分析方法”之称。化学分析又分为化学定性分析和化学定量分析，**化学定性分析**是根据化学反应的现象来鉴定物质化学组成的分析方法，**化学定量分析**则是根据化学反应中各物质之间的计量关系来测定各组分相对含量的分析方法。化学定量分析又有多种方法，最常用的是滴定分析和重量分析。**滴定分析法**是通过滴定的方式将已知准确浓度的试剂定量地加到被测试液中，使其与被测组分按化学计量关系刚好反应完全，从而计算出被测组分含量的方法。**重量分析法**是使被测组分经过化学反应生成固定组成的产物，再通过称量产物的质量来计算被测组分含量的方法。

本书主要讲授滴定分析和重量分析的内容。

（二）仪器分析

仪器分析（instrumental analysis）是以特殊的仪器测定物质的物理或物理化学性质的分析方法。这些性质有光学性质（如吸光强度、发射光谱强度、旋光度、折射率）、电学性质（如电流、电势、电导、电容等）、热学性质、磁学性质等。仪器分析法又可分为电化学分析法、光谱分析法、质谱分析法、色谱分析法、热分析法、放射化学分析法、流动注射分析法等，它们测量的物理或物理化学性质各不相同，其中每种方法又可进一步细分。例如，光谱分析法可分为吸收光谱法、发射光谱法、散射光谱法等，而吸收光谱法又可分为紫外可见光谱法、红外光谱法、原子吸收光谱法等。由于仪器分析要用到物质的物理或物理化学性质，仪器分析法又可分为物理分析法和物理化学分析法。

1. 物理分析法

物理分析法（physical analysis）是根据被测物质的某种物理性质与组分的关系，不经过化学反应直接进行定性或定量分析的方法。如：光谱分析（原子光谱法、分子光谱法、核磁共振波谱法等）、非光谱分析（X 射线衍射法、X 射线光电子能谱等）等。

2. 物理化学分析法

物理化学分析法（physical-chemical analysis）是根据被测物质在化学变化过程中的某种物理性质与组分之间的关系，进行定性或定量分析的方法。如电位分析、色谱分析、热分析等。

仪器分析法具有灵敏、快速、取样量少、专一性强、准确、对样品无损、自动化、操作简单等优点，特别适用于低含量组分和要求快速得到结果的分析。

仪器分析法发展快，应用广。但仪器分析法存在着仪器价格高、分析成本高等局限性。一般情况下，测量常量组分常用化学分析，测量微量或痕量组分常用仪器分析。化学分析是仪器分析的基础，仪器分析离不开化学分析，二者互为补充。

六、根据分析结果的用途分类

根据分析结果的用途，可将分析方法分为例行分析（routine analysis）与仲裁分析（arbitral analysis）。**例行分析**是指一般实验室在日常工作中的分析。例如，某工厂化验室进行的日常分析就属于例行分析。**仲裁分析**是指某仲裁单位用法定的方法对某产品进行的准确分析。

第三节　分析化学进展简况

在化学成为一门独立的学科之前，分析化学已在生产和生活中广泛运用。古代冶炼、酿酒、造纸、陶瓷等工艺都与鉴定、分析和过程控制等手段密切相关，炼丹术、炼金术等的兴起都可看作分析化学的先驱。1685 年，英国化学家波义耳在其专著《矿泉的博物学考察》中全面总结了当时已知的关于水溶液的各种检验方法和检定反应，他首次把“analysis”引入化学中，被认为是定性分析创始人。18 世纪以后，冶金、机械工业的巨大发展促进了分析化学的发展。1829 年，德国化学家罗塞首次明确地提出并制定了元素的系统定性分析法。1841 年，德国化学家伏累森纽斯在《定性化学分析导论》一书中提出了“阳离子系统定性分析法”，改进了系统定性分析法。后又得到美国化学家诺伊斯的进一步精细研究和改进，使定性分析趋于完善。

同一期间，定量分析也迅猛发展。18 世纪中叶，瑞典化学家和博物学家贝格曼在《实用化学》一书中提出了重量分析法。1762 年，法国化学家日夫鲁瓦最早利用酸碱滴定法测定了酸的浓度。1795 年，法国化学家德克劳西以靛蓝的硫酸溶液滴定次氯酸至溶液颜色变绿，这是最早使用的氧化还原滴定法。1826 年，比拉狄厄在碘化钠滴定次氯酸钙时以淀粉作为指示剂，这是碘量法的首次应用。19 世纪 40 年代后期，又发展出高锰酸钾氧化还原滴定法、重铬酸钾滴定法等多种容量分析方法。1856 年，在盖吕萨克的银量法基础上莫尔提出了以铬酸钾为指示剂的银量法，即“莫尔法”。1874 年，伏尔哈德提出了间接沉淀滴定法，扩大了沉淀滴定法的应用范围。借助有机配体，配位滴定法在 19 世纪中叶得到较大进展。第二次世界大战后，基于物质的光谱、色谱等性质的仪器分析得到了广泛发展，仪器分析特别适合微量和痕量组分测定。

一般认为，分析化学学科的发展经历了三次巨大的变革。第一次在 19 世纪末 20 世纪初，以 1894 年德国物理化学家奥斯瓦尔德发表经典著作《分析化学科学基础》为标志。这一时期，物理化学溶液理论的发展，为分析化学提供了理论基础，建立了四大平衡理论（酸碱平衡、配位平衡、氧化还原平衡及沉淀溶解平衡），使分析化学这门技术发展为一门独立的学科。第二次变革在 20 世纪 40 年代，物理学和电子学的发展促进了分析化学从以化学分析为主的经典分析化学到以仪器分析为主的现代分析化学。第三次变革从 20 世纪 70 年代末至今，计算机技术、生命科学、新材料科学、过程分析化学、激光技术及联用技术对分析化学的发展起了巨大的推动作用。现代分析化学的使命已由单纯提供数据，发展到以最优方式最大限度地提供更全面的信息和知识，以解决生命、环境、航天、自动化、能源、材料等学科向分析化学提出的许多新的、复杂的任务。所以，高效率、微观化、微量化和自动化是现代分析化学的特点。

未来，分析化学将继续引入相关学科的新思想、新理论、新技术，创建新的分析仪器，建立新的分析方法和策略，瞄准生命、环境、材料、安全和能源等前沿领域，以解决更多、更新、更复杂的课题。

第四节 分析化学学习建议

（一）理解知识特点，丰富学习内容，提升学习层次

分析化学是集科学、技术和应用为一体的综合性知识体系，是知识转化为技术和生产力的重要案例。除了理解分析化学基础知识外，更应学习和模仿知识转化过程中的思想和策略，以丰富学习内容，提升学习层次。

（二）熟悉知识架构，纲举目张

本书共九章内容。绪论、滴定分析法概论和定量分析的一般步骤具有综合性和概括性，有助于从宏观的视角了解分析化学概貌。酸碱滴定法等四大滴定是本书的核心知识之一，知识架构较相似。配位平衡、氧化还原平衡和沉淀平衡引入更契合实际应用的副反应及相关理论。误差和数据处理的基本概念、原理和方法是定量分析必不可少的重要工具。吸光光度法属仪器分析内容，通过学习有助于更深入理解化学分析的特点。

（三）“准确定量”，分析灵魂

“准确定量”是全书的灵魂。大到应用各种理论、原理去保证定量的准确性，小到仪器的选择、试剂的配制、分析条件控制等各方面无不以“准确定量”为准绳。只有从多角度、多维度去学习、思考和理解“准确定量”，才能真正学好分析化学。

（四）精于计算，助力学习

计算是分析化学的重要特征。只有基于大量的计算练习，才能深入理解分析化学的知识体系。分析化学中的计算分两大类，一是理论类相关计算，如基于平衡定律的计算。理论计算对分析方案的原理设计十分重要。另一类为运用类计算，如测量结果计算。

（五）勤于实验，善用理论

实验和理论的相互作用可引起量的积累和质的飞跃。应勤于实验，善于用理论去理解和解决实验中的各类现象和问题，培养严谨的科学态度、独立分析问题和解决问题的能力。

思考题与习题

1. 简述分析化学的定义、任务和作用。
2. 分析化学主要分类有哪些？
3. 化学分析法和仪器分析法各有什么特点？

第二章

误差和数据处理

第一节　误差的基本概念

定量分析的基本任务是确定试样中待测组分的含量。试样中待测组分真实含量称为**真值**（true value，*T*）。真值客观存在，它是可以趋近而不可达到的哲学概念。分析化学中所谓的真值包括**理论真值**，如某化合物的理论组成；**约定真值**，如国际计量大会所确定的长度、质量、物质的量单位等；**相对真值**，如高一级标准器的指示值即为次一级仪器测量值的相对真值；消除系统误差的**总体平均值**可视为真值。

通过实验测得的数值称为**测量值** x_i。实验表明，测量值和真值总是不完全一致，即存在**误差**（error）。误差的大小直接影响到测量值的准确性，所以应找出产生误差的原因、规律及减小误差的途径。

一、误差的产生及分类

按误差产生的原因及性质，可将其分为系统误差和随机误差两大类。

（一）系统误差

系统误差（systematic errors）又称可测误差，是由某些固定因素所引起的误差，包括

（1）**方法误差**：由分析方法本身不完善造成的误差。例如，沉淀重量分析法中沉淀具有一定溶解度、滴定分析中的化学计量点和滴定终点不相符等都会产生方法误差。

（2）**仪器误差**：由测量仪器本身造成的误差。如天平、砝码、容量器皿等仪器不够精确使测量产生误差。

（3）**试剂误差**：由试剂和溶剂（如蒸馏水）不纯等原因使测定产生的误差。

（4）**操作误差**：由于分析人员操作不当引起的误差（又叫主观误差）。如有分析者习惯性读数偏高或偏低；滴定终点颜色判断偏深或偏浅等。

系统误差具有重复性、单向性和可测性等突出性质。在相同条件下，重复测定时系统误差会重复出现，即**重复性**；测定结果总是系统偏高或偏低，具有**单向性**；系统误差的大小、正负是可以测定和估计的，也可设法减小或加以校正，具有**可测性**（可校正性）。如沉淀重量分析中，因沉淀溶解度原因会产生方法误差，并且会在重复测定中重复存在，使分析结果总是偏低。可以用仪器分析法测定沉淀的溶解质量，对分析结果进行校正。

（二）随机误差

随机误差（random errors）又称**偶然误差**，它是由某些无法控制和避免的偶然因素所导致的。例如，环境温度、湿度、气压、电流、振动等变化引起的试样质量、组成、仪器性能

等微小变化；操作人员平行实验操作中的不一致性，以及其它不确定的因素等都会造成随机误差。产生随机误差的原因一般不易察觉，也难以控制，随机误差值表现为时大时小、时正时负。但在相同条件下进行重复测定，可发现随机误差服从统计学规律：小误差出现的概率大，大误差出现的概率小；绝对值相近而符号相反的误差以同等的概率出现。因此适当增加重复测定的次数，正、负误差能相互抵消或部分抵消，从而减少随机误差。

除了系统误差和随机误差外，在分析过程中还存在因过失或差错造成的所谓**过失误差**。与系统误差和随机误差不同，过失误差是一种错误。只要在操作中严格认真，恪守操作规程，养成良好的实验习惯，过失误差是完全可以避免的。造成过失误差的操作主要有：溅失试液、错加试剂、看错刻度、记录及计算错误等。

因此，测量值总的误差大小取决于系统误差和随机误差的大小。

二、准确度与误差

准确度是指测量值 x_i 与真值 T 的接近程度。测量值与真值越接近，则准确度越高。准确度大小可用误差来表示，误差是指测量值 x_i 和真值 T 之间的差值。误差大小可用**绝对误差**（absolute error，E_a）和**相对误差**（relative error，E_r）表示。**绝对误差**可表示为

$$E_a=x_i-T \quad (2\text{-}1)$$

式（2-1）中，x_i 为单次测量值。由于测定次数常常不止一次，且由于随机误差的影响，测量值间一般是不相等的，因此通常采用多次平行测定结果的算术平均值 $\bar{x}$ 来表示分析结果，则此时绝对误差可表示为

$$E_a=\bar{x}-T \quad (2\text{-}2)$$

相对误差表示绝对误差在真值中所占的百分率，即

$$E_r=\frac{E_a}{T}\times100\% \quad (2\text{-}3)$$

绝对误差和相对误差都有正负之分，正值表示分析结果偏高，负值表示分析结果偏低。误差的绝对值越小，分析结果与真值越接近，则准确度越高，反之则准确度越低。由于误差客观存在，不可能完全消除，因此分析研究工作者应该了解分析过程中误差产生的原因和规律，从而采取措施，减小误差，使测定结果尽可能接近真值。

例 2-1 假定两试样真实质量分别为 2.1751g 和 0.2176g，称量结果分别为 2.1750g 和 0.2175g，计算两称量结果的绝对误差和相对误差。

解：两者称量的绝对误差分别为

$$E_{a1}=x_i-T=2.1750\text{g}-2.1751\text{g}=-0.0001\text{g}$$

$$E_{a2}=x_i-T=0.2175\text{g}-0.2176\text{g}=-0.0001\text{g}$$

两者称量的相对误差分别为

$$E_{r1}=\frac{E_a}{T}\times100\%=\frac{-0.0001}{2.1751}\times100\%=-0.005\%$$

$$E_{r2}=\frac{E_a}{T}\times100\%=\frac{-0.0001}{0.2176}\times100\%=-0.05\%$$

计算结果表明，不同质量的两次称量结果即使绝对误差相等，但相对误差却不同，称量质量

越大，相对误差越小，准确度越高。因此，在分析化学中，分析结果常用相对误差表示。

例 2-2 用某一新方法测得纯$(NH_4)_2SO_4$中氮含量为 21.07%、21.13%、21.15%、21.17%和 21.19%，求测定结果的绝对误差和相对误差。

解：设纯$(NH_4)_2SO_4$中氮含量的真值为 T，则

$$T=\frac{2M_{\mathrm{N}}}{M_{(\mathrm{NH_4})_2\mathrm{SO_4}}}\times100\%=\frac{2\times14.007}{132.14}\times100\%=21.20\%$$

测量值的平均值：

$$\bar{x}=\frac{1}{n}\sum_{i=1}^{n}x_i=21.14\%$$

绝对误差：

$$E_{\mathrm{a}}=\bar{x}-T=21.14\%-21.20\%=-0.06\%$$

相对误差：

$$E_{\mathrm{r}}=\frac{E_{\mathrm{a}}}{T}\times100\%=\frac{-0.06\%}{21.20\%}\times100\%=-0.28\%$$

三、精密度与偏差

精密度（precision）是指多次平行测定结果之间相互接近的程度，与随机误差相关。各测量值越接近，则随机误差越小，精密度越高；反之则随机误差越大，精密度越低。精密度通常用**偏差**（deviation）来表示，偏差表示方法有以下几种：

（一）绝对偏差、平均偏差、相对平均偏差

绝对偏差为各单次测量值与测定平均值之差

$$d_i=x_i-\bar{x} \tag{2-4}$$

有多少个测量值就有多少个绝对偏差。这些偏差中，一部分为正，一部分为负，还有的可能为零。当测定次数无穷多时，所有绝对偏差代数和趋近于零。

平均偏差（average deviation）为各绝对偏差绝对值的算术平均值

$$\bar{d}=\frac{1}{n}\sum_{i=1}^{n}|d_i| \tag{2-5}$$

相对平均偏差（relative average deviation）为平均偏差与平均值的百分比值

$$\bar{d_{\mathrm{r}}}=\frac{\bar{d}}{\bar{x}}\times100\% \tag{2-6}$$

平均偏差和相对平均偏差均为正值。在一般分析工作中，常用相对平均偏差简单地表示分析结果的精密度。相对平均偏差越小，则平行测定数据相互越接近，精密度越高。反之，则数据间越分散，精密度越低。

平行测定数据中，由于小偏差出现的概率大，大偏差出现的概率小，所以平均偏差和相对平均偏差不能较好地反映大偏差。如下表中的两组数据，具有相同的平均值、平均偏差和相对平均偏差，但最小值 1.47 和最大值 1.56 都出现在第 2 组数据中，因此，第 2 组数据比第一组数据更为分散。

组别	测量值					平均值	平均偏差	相对平均偏差
1	1.48	1.51	1.52	1.54	1.55	1.52	0.02	0.01
2	1.47	1.53	1.52	1.52	1.56	1.52	0.02	0.01

（二）极差

测量值的精密度有时也用极差（range，R）表示。**极差**是指一组测定数据中的最大值（x_{max}）与最小值（x_{min}）之差

$$R = x_{max} - x_{min} \tag{2-7}$$

极差对大偏差数据反映灵敏，但极差没有利用到其它测量数据，因此准确性较差。

（三）标准偏差和相对标准偏差

分析数据的处理广泛采用统计学方法。在分析化学中，将一个无限次平行测定数据的集合称为**总体**；其中每个测量值为一个**个体**；总体中随机抽出的一组测量值集合称为**样本**；样本中所含测量值的数目 n 称为**样本容量**。若样本容量为 n，**样本平均值**为$\bar{x}$，则

$$\bar{x} = \frac{1}{n}\sum_{i=1}^{n} x_i$$

当测定次数无限增多，即 $n\to\infty$时，所得样本平均值即为**总体平均值** μ

$$\lim_{n\to\infty}\bar{x} = \mu$$

在校正了系统误差的情况下，μ 可代表真值。

1. 标准偏差

标准偏差（standard deviation）又称为**均方偏差**，当测定次数 n 趋于无限多时，称为**总体标准偏差**，用σ表示：

$$\sigma = \sqrt{\frac{\sum_{i=1}^{n}(x_i-\mu)^2}{n}} \tag{2-8}$$

2. 样本标准偏差

通常，分析工作中的测定次数是有限的，这时的标准偏差称为**样本标准偏差**，以 s 表示：

$$s = \sqrt{\frac{\sum_{i=1}^{n}(x_i-\bar{x})^2}{n-1}} \tag{2-9}$$

式（2-9）中，$n-1$ 称为**自由度**，用f表示，通常指独立偏差的数目。由于 n 个偏差的代数和为零，所以在 n 次测定中，只有 $n-1$ 个独立偏差数。

3. 样本的相对标准偏差

样本的**相对标准偏差**（relative standard deviation，RSD，s_r）又称为**变异系数**，以 CV 表示：

$$\mathrm{CV} = \frac{s}{\bar{x}} \times 100\% \tag{2-10}$$

标准偏差比平均偏差更灵敏地反映出较大偏差的存在，因此，标准偏差能较好地反映测定结果的精密度。实际工作中，通常用样本的相对标准偏差表示分析结果的精密度。

（四）平均值的标准偏差

总体可随机抽出一系列样本，假设样本数为 m，每个样本容量都为 n，则可得到一系列样本的平均值 $\bar{x}_1$、$\bar{x}_2$、…、$\bar{x}_m$。理论及试验证明，这些平均值并不完全相等，并可用标准偏

差表示，称为**平均值的标准偏差**$\sigma_{\bar{x}}$。统计学证明，平均值的标准偏差$\sigma_{\bar{x}}$与总体的标准偏差σ之间满足

$$\sigma_{\bar{x}}=\frac{\sigma}{\sqrt{n}}(n\to\infty) \tag{2-11}$$

对于有限次数的测定，则有

$$s_{\bar{x}}=\frac{s}{\sqrt{n}} \tag{2-12}$$

式（2-12）中，$s_{\bar{x}}$称为样本平均值的标准偏差。根据式（2-12）可知，样本平均值的标准偏差与测定次数的平方根成反比，增加测定次数可提高分析结果的精密度。图 2-1 反映了$s_{\bar{x}}/s$与测定次数n的关系，由图可见$s_{\bar{x}}/s$随n增大而快速减小；当$n>5$时，$s_{\bar{x}}/s$减少趋势趋缓；当$n>10$时，减小趋势已不显著。因此，在分析化学实际工作中，一般平行测定 3～4 次；要求较高时可以测定 5～9 次；最多测定 10～12 次就足够了，否则浪费人力、物力及时间成本。

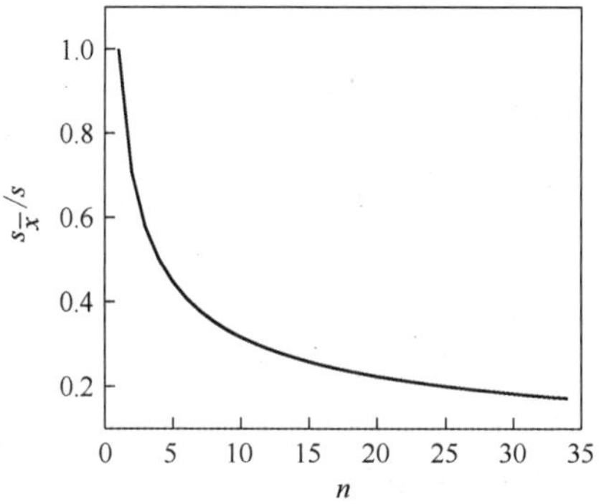

图 2-1 $s_{\bar{x}}/s$与测定次数n的关系

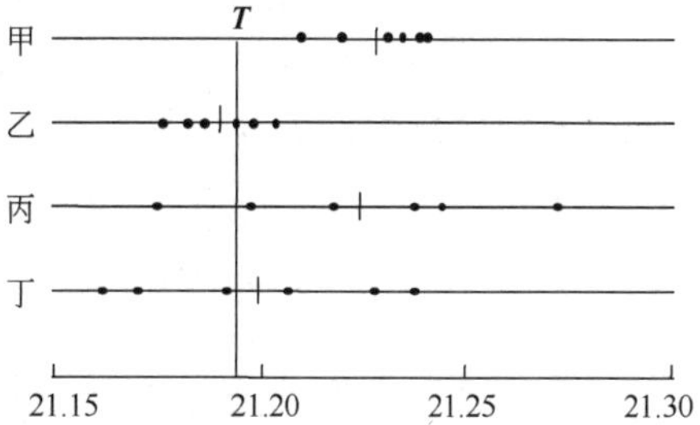

图 2-2 氮含量（%）测定结果示意图

（●单次测量值；｜平均值）

精密度的高低还常用**重复性**（repeatability）和**再现性**（reproducibility）表示。**重复性**是指在相同条件下，同一操作者获得分析结果的精密度。**再现性**则指在不同分析人员或不同实验室之间在各自实验条件下所得分析结果的精密度。

四、准确度与精密度的关系

准确度与精密度的关系可用图 2-2 加以说明。图 2-2 为甲、乙、丙、丁四人测定纯$(NH_4)_2SO_4$中氮含量的结果。从图易知，甲平行测量值较集中，所以精密度高；但其测量值及平均值比真值都大，显示误差由系统误差导致，使甲数值的准确度差。乙平行测量值较集中且测量值围绕真值波动，说明方法中的系统误差和随机误差均很小，即测量值的精密度和准确度都较高。丙的精密度和准确度都较差，反映出系统误差和随机误差都很大；丁的精密度差，虽然有较高的准确度，但带有偶然性，是大的正负误差抵消的结果，这种偶然性使结果并不可靠。由此可以得出准确度与精密度的关系如下：

（1）准确度由系统误差和随机误差共同确定。只有系统误差和随机误差都小，测量值准确度才高。即只有消除了系统误差，且精密度高才能保证测定结果的准确度高。

（2）在实际工作中，经常并不知道真值，即不清楚数据是否存在系统误差，此时精密度

高则是保证准确度的前提，否则测定结果不可信。

例 2-3 测定铁矿石中铁的质量分数（以 $w_{Fe_2O_3}$ 表示），5 次结果分别为：67.48%，67.37%，67.47%，67.43%和 67.40%。计算：（1）平均偏差；（2）相对平均偏差；（3）样本标准偏差；（4）相对标准偏差；（5）极差。

解：（1）$\bar{x}=\frac{1}{n}\sum_{i=1}^{n}x_i=\frac{67.48\%+67.37\%+67.47\%+67.43\%+67.40\%}{5}=67.43\%$

$$\bar{d}=\frac{1}{n}\sum|d_i|=\frac{0.05\%+0.06\%+0.04\%+0.03\%+0}{5}=0.04\%$$

（2）$\bar{d}_r=\frac{\bar{d}}{\bar{x}}\times100\%=\frac{0.04\%}{67.43\%}\times100\%=0.06\%$

（3）$s=\sqrt{\frac{\sum d_i^2}{n-1}}=\sqrt{\frac{(0.05\%)^2+(0.06\%)^2+(0.04\%)^2+(0.03\%)^2}{5-1}}=0.05\%$

（4）$s_r=\frac{s}{\bar{x}}\times100\%=\frac{0.05\%}{67.43\%}\times100\%=0.07\%$

（5）$R=x_{max}-x_{min}=67.48\%–67.37\%=0.11\%$

例 2-4 某铁矿石中铁的质量分数（%）为 39.19，若甲的测定结果是 39.12，39.15，39.18；乙的测定结果为 39.19，39.24，39.28。试比较甲乙两人测定结果的准确度和精密度。

解：对甲的测定结果有：

$$\bar{x}_1=\frac{1}{n}\sum_{i=1}^{n}x_i=\frac{39.12\%+39.15\%+39.18\%}{3}=39.15\%$$

$$E_{r1}=\frac{E_a}{T}\times100\%=\frac{39.15\%-39.19\%}{39.19\%}\times100\%=-0.11\%$$

$$s_1=\sqrt{\frac{\sum d_i^2}{n-1}}=\sqrt{\frac{(0.03\%)^2+(0.03\%)^2+0^2}{3-1}}=0.03\%$$

同理，根据乙的测定结果可得：$E_{r2}=0.13\%$ 、 $s_2=0.05\%$ 。

因相对误差$|E_{r1}|<|E_{r2}|$且标准偏差 $s_1<s_2$，所以甲测定结果的准确度和精密度均比乙高。

五、减小误差的方法

分析过程中误差是不可避免的，但可以采取一定措施来减小误差。

（一）选择适当的分析方法

要获得准确分析结果，首先要选择适当的分析方法。适当的分析方法与分析目标要求相一致；适当的分析方法可以选择性测定被测组分，而共存组分不产生干扰；被测组分的含量影响分析方法的选择，如常量组分，一般选择滴定分析或重量分析，痕量组分采用仪器分析等。总之，分析方法必须根据测定的要求、试样的组成、组分的性质和含量、存在的干扰组分和本单位实际情况综合确定。一个理想的分析方法就具备快速（speediness）、简便（simpleness）、灵敏（sensitivity）和高选择性（selectivity），易实现自动化（automation）分析并能提供准确（accuracy）的分析结果。但在实际中往往很难同时满足这些要求，所以需要综合考虑各个指标，对选择方法进行综合分析。

（二）检验和消除系统误差

1. 系统误差的检验

检验系统误差，常做**对照实验**（contrast test），对照实验有以下三种方法：

（1）用标准试样进行对照实验。用待检验方法测定某标准试样，将测定结果与标准值比较，从而判断该方法是否存在系统误差。

（2）用标准方法进行对照实验。采用标准方法或经典方法和所选方法同时测定某一试样，对测定结果做统计检验。统计检验方法详见有限次测量数据处理中显著性检验相关内容。

（3）采用**标准加入法**做对照实验。标准加入法又称**加标回收法**，即称取等量试样两份，在一份试样中加入已知量（标准液）的欲测组分，对于两份试样进行平行测定，并计算回收率（recovery）：

$$\text{回收率} = \frac{\text{加标试样测定值} - \text{试样测定值}}{\text{加标值}} \times 100\%$$

根据回收率是否满足准确度的要求，可判断方法是否可靠。例如，要求方法相对误差小于 1%，则回收率应在 99%～101%范围内。这种方法在对试样组成情况不清楚时适用。

2. 系统误差的消除

若对照实验表明方法存在系统误差，则应设法找出其产生原因，并加以消除。通常采用如下方法消除系统误差：

（1）空白实验。由试剂、蒸馏水及实验器皿等引入的杂质所造成的系统误差，可通过空白实验来扣除。**空白实验**是在不加试样的情况下，按照试样分析步骤和条件进行分析实验，所得结果称为**空白值**，从试样测定结果中扣除该空白值即为校正值。

（2）校准仪器和量器。校准仪器和量器可以消除仪器、量器等不准所引起的系统误差。如对砝码、移液管、容量瓶与滴定管进行校准。

（3）校正方法。某些分析方法的系统误差可辅以其它方法进行校正。例如，用重量分析法测定二氧化硅，滤液中的硅可用光度法测定，然后加到重量分析法的结果中去。

（三）控制测量的相对误差

任何仪器的测量精度都是有限的，存在读数误差。如万分位分析天平的读数误差为±0.0001g，滴定管读数误差为±0.01mL。正常的读数误差属随机误差，仪器精度一定时，读数误差也是确定的。由于化学分析的准确度要求较高，一般应控制相对误差在±0.1%之内，所以测量数值的大小直接影响测量的相对误差。

例 2-5 用万分位分析天平称量试样 NaCl，如果相对误差不大于 0.1%，那么应称量 NaCl 的最小质量不小于多少克？

解：分析天平称量要读取两次平衡点，每次平衡点都将产生±0.0001g 的读数误差，则两次读数可能产生的最大误差为±0.0002g

$$E_r = \frac{E_a}{m} \times 100\% \Rightarrow m = \frac{E_a}{E_r} \times 100\% = \frac{0.0002}{0.1\%} \times 100\% = 0.2\text{g}$$

可见，只要称量质量大于 0.2g，就可以保证试样称量的相对误差小于 0.1%。同理，对精度为±0.01mL 的滴定管，滴定体积也是通过两次读数获取的，所以要控制滴定剂体积通常要大于 20mL。在实际滴定中，通常控制滴定剂用量为 20～30mL。

（四）增加平行测定次数以减少随机误差

增加平行测定次数可以减少随机误差，但测定次数也不宜过多。一般平行测定 4～6 次。

第二节 随机误差的正态分布

一、频率密度分布

由于随机误差的影响，测量值大小参差不齐，较为零乱，但随机误差符合正态分布规律。下面采用统计学知识讨论随机误差的分布规律（不涉及系统误差）。

平行测定某样品中镍含量 w（%），得到 90 个测量值（未列出），数据中最大值 1.63，最小值 1.38，平均值 1.51，真值为 1.52。用统计学方法处理上述数据的基本步骤可简述为：

排序→分组→统计→制表→作图

（1）排序：将测量值从小到大排序，列出最大、最小值，并计算极差。本例最大值 1.63，最小值 1.38，极差 $R = 1.63 - 1.38 = 0.25$。

（2）分组：数据分组是统计中的关键步骤，包括组数、组距和分组区间的确定。

①根据样本容量确定组数。如果样本容量大于 100，一般可分 10～20 组，样本容量较少时，一般分为 7～9 组。本例 90 个测量值，可分为 9 组。分组时，应确保每组有一定的样本容量。②计算组距。**组距**（Δx）是指每组的起点值和终点值之间的距离，可由极差和组数确定。本例中组距$\Delta x = R/9 = 0.25/9 \approx 0.03$。③列出分组区间。**分组区间**即每组的起点值和终点值所构成的区间。为避免同一数据跨两组现象，将每组的起点值和终点值多取一位有效数字，且以 5 为准。本例中，最小值为 1.38，则该分组区间的起点值设为 1.375（<1.38），终点值为起点值加组距，即 1.405，所以第一组数据的分组区间为 1.375～1.405。同理可确定其它 8 组数据的分组区间，依次为 1.405～1.435、1.435～1.465、1.465～1.495、1.495～1.525、1.525～1.555、1.555～1.585、1.585～1.615、1.615～1.645。

（3）统计：①统计频数。**频数**指测量值落入一个分组区间内的次数。频数统计时要求准确无误。②计算频率、频率密度。频数除以数据总数称为**频率或相对频数**，频率除以组距（Δx）称为**频率密度**。

（4）制表：将以上分组区间、频数、频率和频率密度编制成表，详见表 2-1。

（5）作图：以测量值为横坐标，频率密度为纵坐标可得**频率密度分布直方图**，见图 2-3。

表 2-1 频数、频率及频率密度分布表

组号	测量值分组区间/%	随机误差分组区间/%	频数	频率	频率密度
1	1.375～1.405	−0.135～−0.105	2	0.022	0.74
2	1.405～1.435	−0.105～−0.075	4	0.044	1.48
3	1.435～1.465	−0.075～−0.045	8	0.089	2.96
4	1.465～1.495	−0.045～−0.015	17	0.189	6.30
5	1.495～1.525	−0.015～0.015	22	0.244	8.15
6	1.525～1.555	0.015～0.045	20	0.222	7.41

续表

组号	测量值分组区间/%	随机误差分组区间/%	频数	频率	频率密度
7	1.555～1.585	0.045～0.075	10	0.111	3.70
8	1.585～1.615	0.075～0.105	6	0.067	2.22
9	1.615～1.645	0.105～0.135	1	0.011	0.37
合计			90	1	

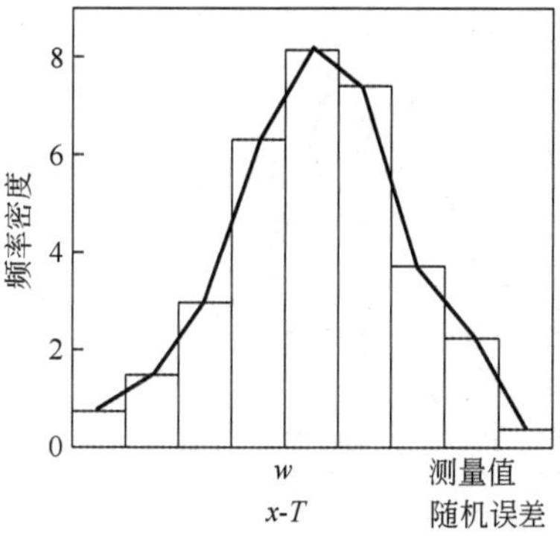

图 2-3　频率密度分布直方图

从表 2-1 和图 2-3 可以看出，随着测定数据由小到大变化，频率密度表现为先小后大，达到某一最大值后又由大到小；频率密度最大值出现在第 5 组也恰是平均值 1.51 所在的组。表明数据有向平均值集中的趋势。

同样地，对随机误差（x-T）进行统计处理时（见表 2-1 及图 2-3），随机误差的频率密度与测量值统计分析结果完全一致。

统计结果表明，测量值离平均值越远，频率密度越小，表现出测量值离散性特点；测量值离平均值越近，频率密度越大，又表现出测量值集中性特点。

可以设想，测定数据越多，分组越多，组距越小，则直方图的形状将逐渐趋于一条更平滑的曲线，这将是在下面“正态分布”中讨论的问题。

二、正态分布

（一）正态分布函数

分析测定中，消除了系统误差的无限个平行测定数据一般满足**正态分布函数**，又称**高斯方程**，即：

$$y = f(x) = \frac{1}{\sigma\sqrt{2\pi}} e^{-\frac{(x-\mu)^2}{2\sigma^2}} \tag{2-13}$$

式（2-13）中，函数 y 表示单个测量值 x_i 出现的**概率密度**（probability density），这里的概率可理解为在无限次测量中，测量值 x 在某一范围内出现的频率。概率密度是频数无限大，组距无限小时对应的频率密度。概率密度是测量值 x 的函数，以 f（x）表示；μ为总体平均值，因消除了系统误差，因此可认定为真值 T；σ为总体标准偏差，表示无限次测量值的分散程度；$x-\mu$为随机误差。

（二）正态分布函数曲线

1. 测量值的正态分布

根据高斯方程，可绘制正态分布曲线。如图 2-4 是μ相同、σ不同的两条正态分布曲线示意图，由图可得到以下重要信息：

（1）当 $x=\mu$ 时，y 最大，即此数值对应正态分布曲线的最高点，曲线以 $x=\mu$这一点的垂线为对称轴分布。μ 表征测量值的集中趋势，并决定正态分布曲线在坐标上的位置，如图 2-4 中，两条正态分布曲线具有相同的μ值。

（2）当 $x=\mu$ 时，根据式（2-13），得 $y=1/(\sigma\sqrt{2\pi})$，这时概率密度 y 只与总体标准偏差 σ 有关。σ 越小（σ_1=0.5），则 y 越大，即曲线越高瘦，表明测量数据越集中；σ 越大（σ_2=1），则 y 越小，即曲线越矮胖，表明测量数据越分散。

综上所述，总体平均值 μ 和总体标准偏差 σ 分别代表了数据的集中趋势和分散程度。当 μ 和 σ 确定后，正态分布曲线的位置和形状就确定了。因此 μ 和 σ 是正态分布两个基本参数，并把正态分布记作 $N(\mu, \sigma^2)$，其中 σ^2 又称为方差。

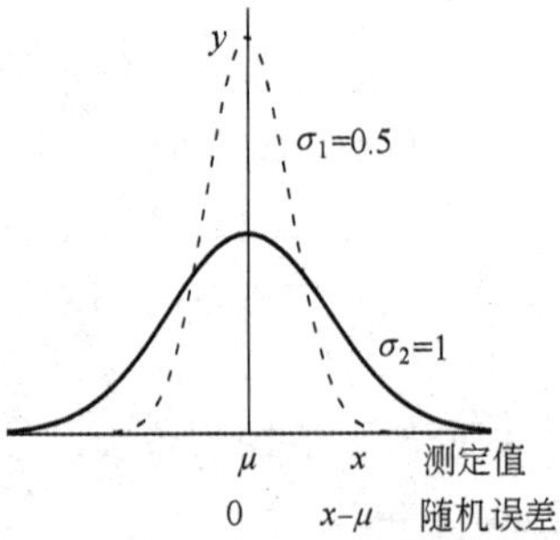

图 2-4　正态分布曲线（μ 相同，$\sigma_2>\sigma_1$）

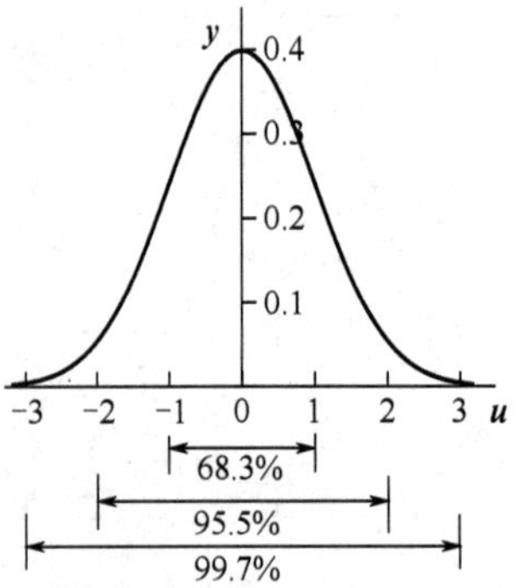

图 2-5　标准正态分布曲线

2. 随机误差的正态分布

将上述正态分布曲线的横坐标测量值 x 转换成随机误差（$x-\mu$）来表示，则测量值的正态分布曲线就转换成随机误差的正态分布曲线（图 2-4）。此时，曲线 y 最高点的横坐标值则由 μ 转换为 0，即随机误差为 0 的测量值出现的概率密度最大，而整个正态分布曲线形状并未改变。

随机误差的正态分布曲线清楚地反映出随机误差的规律性及特点：

（1）对称性：在无限次测量中，大小近似的正误差和负误差出现的概率相等，随机误差正态分布曲线以 $x-\mu=0$ 这一点的垂线为对称轴分布。

（2）单峰性：随机误差分布的概率密度表现为先小后大，达到某一最大值后又由大到小。说明小误差出现的概率高，大误差出现的概率低，误差分布曲线只有一个峰值。

（3）有界性：小误差出现的概率大，大误差出现的概率小，极大误差可以认为实际上不可能出现。因此，实际测量结果总是被限定在一定范围内波动，它是有界的。

（4）抵偿性：误差的算术平均值极限为零。

3. 标准正态分布

由于正态分布曲线的位置和形状受到 μ 和 σ 的影响，因此引入标准正态分布，定义**标准正态变量 u**

$$u=\frac{x-\mu}{\sigma} \tag{2-14}$$

可经数学推导将式（2-13）转换成只有变量 u 的方程，即：

$$y=\Phi(u)=\frac{1}{\sqrt{2\pi}}e^{-u^2/2} \tag{2-15}$$

式（2-15）称为**标准正态分布函数**，其意义为当测量的随机误差（$x-\mu$）是总体标准偏差 σ

的 u 倍时的概率密度。该函数与μ和σ值的大小无关，标准正态分布曲线（图 2-5）形状也与μ和σ值的大小无关，即标准正态分布曲线与$\mu=0$ 和$\sigma=1$ 的正态分布曲线完全相同，故标准正态分布又记作 $N(0,1)$ 。

三、随机误差的区间概率

标准正态分布曲线与横坐标 u 从$-\infty$到$+\infty$之间所夹面积，表示全部测量值或随机误差出现的概率的总和，其值应为 100%（即为 1）：

$$P=\int_{-\infty}^{+\infty}\Phi(u)\mathrm{d}u=\frac{1}{\sqrt{2\pi}}\int_{-\infty}^{+\infty}\mathrm{e}^{-u^2/2}\mathrm{d}u=1 \tag{2-16}$$

随机误差在某一区间$[u_1,u_2]$的概率，可取不同 u 值对式（2-15）积分得到。表 2-2 列出了不同 u 值条件下正态分布概率积分值，与图中阴影部分相对应。由于$|u|>0$，所以表中概率仅为单侧值。如果考虑双侧值时，即区间为［$-u,+u$］，则概率应为所查表值的 2 倍。

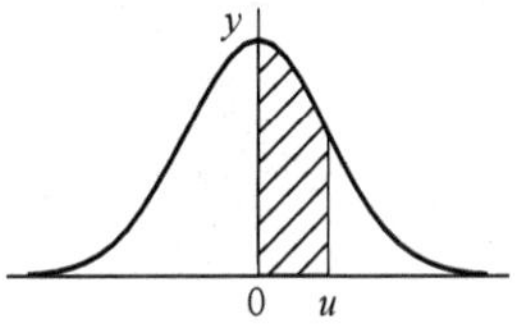

$$概率=\int_0^u\Phi(u)\mathrm{d}u=\frac{1}{\sqrt{2\pi}}\int_0^u\mathrm{e}^{-u^2/2}\mathrm{d}u=阴影面积$$

$$|随机误差|=|x-\mu|=|u|\sigma$$

表 2-2 正态分布概率积分表（单侧）

$\|u\|$	面积	$\|u\|$	面积	$\|u\|$	面积
0	0	1.0	0.3413	2.0	0.4773
0.1	0.0398	1.1	0.3643	2.1	0.4821
0.2	0.0793	1.2	0.3849	2.2	0.4861
0.3	0.1179	1.3	0.4032	2.3	0.4893
0.4	0.1554	1.4	0.4192	2.4	0.4918
0.5	0.1915	1.5	0.4332	2.5	0.4938
0.6	0.2258	1.6	0.4452	2.6	0.4953
0.7	0.2580	1.7	0.4554	2.7	0.4965
0.8	0.2881	1.8	0.4641	2.8	0.4974
0.9	0.3159	1.9	0.4713	3.0	0.4987

根据表 2-2 可以求出随机误差或测量值出现在某区间内的概率。

例 2-6 求测量值 x 在 $\mu\pm1\sigma$区间的概率是多少？

解：根据题意 u 取值为±1，所以查表 2-2，并考虑单侧性问题，可得

$$P=2\times0.3413=68.26\%。$$

同样可根据 u 取值求出测量值出现在其它区间的概率，计算结果列于表 2-3。由表 2-3 易知：u 值越大，分析结果落在 $\mu\pm u\sigma$ 范围内的概率越大；当 $u=\pm3$ 时，分析结果落在 $\mu\pm3\sigma$ 范围内的概率达 99.7%，即随机误差超过 3σ 的分析结果只占 0.3%。一般可认为不是由随机误差造成的，可以舍弃。

表 2-3 不同 u 值下测量值出现的区间概率

随机误差出现区间 $x-\mu=u\sigma$	测量值出现的区间	概率
$u=\pm1$	$x=\mu\pm1\sigma$	68.3%
$u=\pm1.96$	$x=\mu\pm1.96\sigma$	95.0%
$u=\pm2$	$x=\mu\pm2\sigma$	95.5%
$u=\pm2.58$	$x=\mu\pm2.58\sigma$	99.0%
$u=\pm3$	$x=\mu\pm3\sigma$	99.7%

第三节 有限次测量数据的统计处理

正态分布是建立在无限次测量基础上的，总体平均值 μ 即为真值 T。而实际测量数据通常是有限的，有限次测量值的随机误差并不完全服从正态分布而是服从 **t 分布规律**。因此根据有限次数据无法计算 σ 和 μ，但可根据 t 分布规律评估有限次测量的平均值与真值的接近程度，给出测量结果的可靠性评价。

一、t 分布曲线

有限次测量时，总体标准偏差σ是未知的。英国统计学家兼化学家 W. S. Gosset 提出用 t 代替 u，s 代替σ，并用测定次数 n 加以补偿。t 定义为

$$t=\frac{\overline{x}-\mu}{s}\sqrt{n} \tag{2-17}$$

式（2-17）中，t 为**置信因子**。以 t 为统计量的分布称为 **t 分布**。**t 分布曲线**（图 2-6）的纵坐标仍为概率密度，横坐标则为统计量 t。t 分布用于说明当 $n<20$ 时的随机误差分布规律。图 2-6 表明，t 分布曲线随自由度 f（$f=n-1$）而变化；当 $f<10$ 时，与标准正态分布曲线差别较大，表现为峰值更小，峰尾更翘，即测量值更分散；当 $f>20$ 时，与标准正态分布曲线相似；当 $n\to\infty$时，t 分布曲线即为标准正态分布曲线。

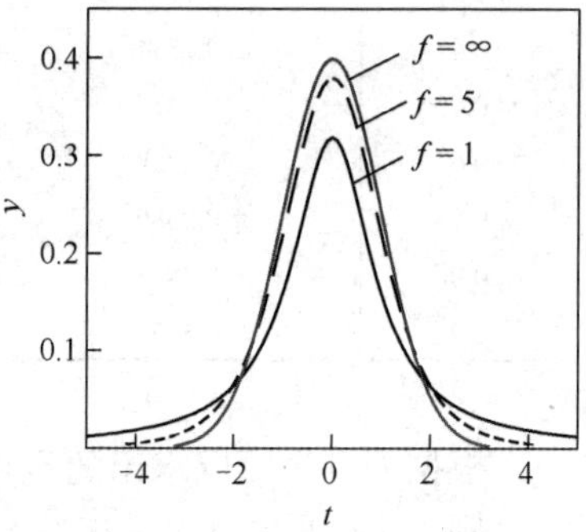

图 2-6 t 分布曲线

与正态分布曲线一样，t 分布曲线与横坐标某区间所夹面积就是测量值或随机误差落在该区间的概率 P。因此，可计算出不同 t 分布的积分做成 t 值表（表 2-4）。

要说明的是，t 分布积分原理与标准正态分布积分相同，但表格内容的呈现形式不同。现就 t 值表作如下说明：

（1）当自由度相同时，t 值随概率增加而增大；当概率相同时，t 值随自由度 f 增加而减小。所以，t 常表示为 $t_{P,f}$，如 $t_{0.95,3}=3.18$ 表示 $f=3$、$P=95\%$时 t 值为 3.18。

（2）t 值表中概率 P 为双侧值。如 $t_{0.95,3}=3.18$ 是指自由度为 3 的那条 t 分布曲线，与经过 $t=\pm3.18$ 的两条垂线共同所围的面积为 0.95（95%）。

表 2-4 t 值表（部分）

P / $f=(n-1)$	0.50	0.90	0.95	0.99
1	1.00	6.31	12.71	63.66
2	0.82	2.92	4.30	9.93
3	0.76	2.35	3.18	5.84
4	0.74	2.13	2.78	4.60
5	0.73	2.02	2.57	4.03
6	0.72	1.94	2.45	3.71
7	0.71	1.90	2.37	3.50
8	0.71	1.86	2.31	3.36
9	0.70	1.83	2.26	3.25
10	0.70	1.81	2.23	3.17
20	0.69	1.73	2.09	2.85
∞	0.67	1.65	1.96	2.58

二、总体平均值的估计

根据随机误差的 t 分布规律，测量值总是在以总体平均值μ为中心的一定范围内波动，并有向μ集中的趋势，这为利用样本统计特征值（$\bar{x}$、s 和 n）对总体平均值μ进行估计提供了可能。

（一）基本概念

1. 置信水平和显著性水平

置信水平又称置信度，指人们对所作估计的有把握程度，用符号 P 表示。**显著性水平**指所做估计可能犯错误的概率，用符号α表示，显然 $P=1-\alpha$。在分析化学中，置信水平指测量值落在某区间的概率。例如按照 t 值表，当 $f=3$，$P=0.95$ 时，根据式（2-17）可得

$$\bar{x}=\mu \pm t_{P,f}\frac{s}{\sqrt{n}}=\mu \pm 3.18\frac{s}{\sqrt{n}} \tag{2-18}$$

从置信水平看，式（2-18）表示有 95%的把握说测定值 $\bar{x}$ 将落在 $\mu \pm 3.18\frac{s}{\sqrt{n}}$ 区间之内。从概率角度看，测定值 $\bar{x}$ 落在以真值μ为中心，以 $\mu \pm 3.18\frac{s}{\sqrt{n}}$ 为区间内的概率是 0.95，落在该区间外（显著性水平）的概率为 0.05。

2. 置信区间

置信区间指在某一置信水平时，总体平均值μ所在的区域距离或区域长度，是样本平均值与总体平均值间的误差范围。根据式（2-17），平均值的置信区间可以表示为

$$\mu=\bar{x} \pm t_{P,f}\frac{s}{\sqrt{n}} \tag{2-19}$$

式（2-19）表示在未知真值μ的情况下，考察以测量平均值 $\bar{x}$ 为中心的，置信区间（$\bar{x} \pm t_{P,f}\frac{s}{\sqrt{n}}$）所包含真值$\mu$的把握性。也可表示为以平均值 $\bar{x}$ 为中心的，置信区间（$\bar{x} \pm t_{P,f}\frac{s}{\sqrt{n}}$）

所包含μ的概率为 P。

置信区间的大小与置信度 P、自由度 f（或测定次数 n）以及样本标准偏差 s 等相关。在相同置信度 P 条件下，置信区间越小，测量值与μ值越接近，准确度越高。

（二）总体平均值的估计步骤

（1）计算样本统计量。根据给定样本，计算样本统计量 $\bar{x}$ 、s 和 n。

（2）确定置信水平。根据要求确定置信水平，分析中常选 90%或 95%以保证一定的可靠性和准确度。

（3）确定置信因子。根据样本容量和置信水平，查表确定置信因子 $t_{P,f}$值。

（4）计算置信区间，并估计总体平均值。

例 2-7 测定 SiO_2 的质量分数（%），先测得 28.48，28.62 和 28.59。后再补测得 28.52，28.52 和 28.63。试分别对前 3 次和总 6 次测定结果的总体平均值进行估计（$P = 0.95$）。

解：前 3 次测定数据的统计量为：$\bar{x} = 28.56\%$，$s = 0.074\%$；根据 $f = 2$ 和置信度 95%，查 t 值表得：$t_{0.95,2} = 4.30$；6 次测定数据的统计量为：$\bar{x} = 28.56\%$，$s = 0.062\%$；根据 $f = 5$ 和置信度 95%，查 t 值表得：$t_{0.95,5} = 2.57$

根据 $\mu = \bar{x} \pm t_{P,f}s/\sqrt{n}$ 估算包含有真值的置信区间为

对 3 次测定：$\mu = 28.56\% \pm 4.30 \times 0.074\% / \sqrt{3} = (28.56 \pm 0.18)\%$

对 6 次测定：$\mu = 28.56\% \pm 2.57 \times 0.062\% / \sqrt{6} = (28.56 \pm 0.07)\%$

计算结果表明，测量次数 n 影响置信区间的大小和对总体平均值的估计的准确性。测量次数越多，置信区间越小，对总体平均值的估计越准确。

例 2-8 测定 SiO_2 的质量分数（%）得到 28.48，28.62，28.59，28.52，28.52，28.63。求置信度分别为 50%、95%和 99%时平均值的置信区间，并说明置信度与置信区间的联系。

解：$\bar{x} = 28.56\%$，$s = 0.062\%$；根据 $f = 5$ 和置信度 50%、95%和 99%，查 t 值表得：

$$t_{0.50,5} = 0.73\text{、}t_{0.95,5} = 2.57\text{、}t_{0.99,5} = 4.03$$

根据 $\mu = \bar{x} \pm t_{P,f}s/\sqrt{n}$ 估算包含有真值的置信区间为

当 $P = 50\%$时，有 $\mu = 28.56\% \pm 0.73 \times 0.062\% / \sqrt{6} = (28.56 \pm 0.02)\%$

当 $P = 95\%$时，有 $\mu = 28.56\% \pm 2.57 \times 0.062\% / \sqrt{6} = (28.56 \pm 0.07)\%$

当 $P = 99\%$时，有 $\mu = 28.56\% \pm 4.03 \times 0.062\% / \sqrt{6} = (28.56 \pm 0.11)\%$

计算表明，当 f（或 n）、s 一定时，平均值的置信区间随置信度 P 增大而增大。当 $P = 50\%$ 时的置信区间最小，准确度最高，但置信度低，仅有 50%的把握。当 $P = 99\%$时，置信度最大，但置信区间也大，即准确度较低。分析中常选 90%或 95%以保证一定的可靠性和准确度。

三、显著性检验

实际分析中，测定结果的平均值和真值并不一致，即 $\bar{x} - T \neq 0$；或一个对象的两组测定结果的平均值也不一致，$\bar{x}_1 - \bar{x}_2 \neq 0$。问题在于，这种不一致是随机误差造成的还是系统误差造成的，并不十分清楚。**显著性检验**（significant test）就是为了处理这类问题而提出的。

（一）平均值与标准值的比较——t 检验法

分析工作中常用测定标准试样的方法来检验某一分析方法是否存在系统误差。这时可采用

t 检验法来检验测定结果的平均值 $\bar{x}$ 与标准值 μ（真值）之间是否存在显著性差异。**t 检验法**理论基础是 t 分布，t 检验法步骤为：（1）根据测量值给出 $\bar{x}$、s、n 等统计量；（2）根据式（2-17）计算 t 值，并取绝对值 $|t_{计}|$；（3）根据 f 及 P（或 α）查 t 值表中对应 t 值（$t_{表}$）；（4）比较 $|t_{计}|$ 和 $t_{表}$，当 $|t_{计}| \leqslant t_{表}$ 时，说明此时以 $\bar{x}$ 为中心的某区间，已按指定的置信度将真值包含在内，两者不存在显著性差异，该差异由随机误差引起；反之，当 $|t_{计}| > t_{表}$，则认为 $\bar{x}$ 与标准值 μ 存在系统误差。

例 2-9 某新方法用于测定纯 $(NH_4)_2SO_4$ 中氮含量（标准值 $\mu = 21.20\%$），分析结果为 $n = 6$、$\bar{x} = 21.14\%$、$s = 0.12\%$，问该方法有无系统误差（给定 $\alpha = 0.05$）？

解：将 μ、n、$\bar{x}$ 和 s 的值代入下式，得

$$|t_{计}| = \left|\frac{\bar{x}-\mu}{s}\sqrt{n}\right| = \left|\frac{21.14\% - 21.20\%}{0.12\%} \times \sqrt{6}\right| = 1.22$$

当 $n = 6$，$\alpha = 0.05$ 时，查 $t_{表} = 2.57$，有 $|t_{计}| < t_{表}$，所以该方法不存在系统误差。

（二）两个平均值的比较——F 检验和 t 检验

不同分析人员或同一分析人员用不同方法分析同一试样，所得到的平均值一般是不相等的。如何判断这两组数据之间是否存在显著性差异？检验这类问题时，先进行 F 检验，再进行 t 检验。

1. F 检验法

***F* 检验法**又称**方差检验法**，是通过比较两组数据的方差 s^2，以判定它们的精密度是否存在显著性差异的方法。F 检验的步骤为：

（1）先按下式计算统计量 $F_{计}$

$$F_{计} = s_{大}^2 / s_{小}^2 \tag{2-20}$$

式（2-20）中，$s_{大}^2$ 和 $s_{小}^2$ 分别代表两组数据的方差，计算 $F_{计}$ 时，规定 $s_{大}^2$ 为分子，$s_{小}^2$ 为分母，所以 $F_{计} \geqslant 1$。

（2）根据置信度和两组数据的自由度查 F 值表（表 2-5）中对应的统计量 F 值（$F_{表}$）。

（3）比较 $F_{计}$ 和 $F_{表}$，当 $F_{计} \leqslant F_{表}$ 时，表明 $s_{大}^2$ 和 $s_{小}^2$ 没有显著性差异。反之若 $F_{计} > F_{表}$，则表明 $s_{大}^2$ 和 $s_{小}^2$ 存在显著性差异。

表 2-5 F 值表（单边，置信度 0.95）

$f_{s_{小}}$ \ $f_{s_{大}}$	2	3	4	5	6	7	8	9	10	∞
2	19.00	19.16	19.25	19.30	19.33	19.36	19.37	19.38	19.39	19.50
3	9.55	9.28	9.12	9.01	8.94	8.89	8.84	8.81	8.78	8.53
4	6.94	6.59	6.39	6.26	6.16	6.09	6.04	6.00	5.96	5.63
5	5.79	5.41	5.19	5.05	4.95	4.88	4.82	4.78	4.74	4.36
6	5.14	4.76	4.53	4.39	4.28	4.21	4.15	4.10	4.05	3.67
7	4.74	4.35	4.12	3.97	3.87	3.79	3.73	3.68	3.63	3.23
8	4.46	4.07	3.84	3.69	3.58	3.50	3.44	3.39	3.34	2.93
9	4.26	3.86	3.63	3.43	3.37	3.29	3.23	3.18	3.13	2.71
10	4.10	3.71	3.48	3.33	3.22	3.14	3.07	3.02	2.97	2.54
∞	3.00	2.60	2.37	2.21	2.10	2.01	1.94	1.88	1.83	1.00

在进行 F 检验时，应首先确定是单边检验还是双边检验。所谓单边检验是指事先已知两组数据在精密度上的优劣条件下进行的 F 检验。如国家标准方法和某一新方法、老师傅与新徒弟、精密仪器与普通仪器等测定两组数据间存在精密度上的优劣，属**单边检验**。而事先并不清楚两组数据在精密度上优劣条件下进行的 F 检验称**双边检验**。如两种方法、两个分析人员等并无优劣区分，此时属双边检验。使用表 2-5 时，应注意表中 F 值是单边值，置信度为 0.95。如要用此表进行双边检验，由于此时显著性水平 α 为单边检验时的 2 倍，即 $\alpha = 0.10$，则置信度 $P = 0.90$。因此，同一个 F 值表既可用于单边检验也可用于双边检验，但两者的置信度不同。

2. t 检验法

当 F 检验表明两组数据精密度不存在显著性差异时，可认为两组数据属于同一个总体，则可进一步采用 t 检验法判断两组数据的平均值有无显著性差异。具体步骤为：

（1）合并两组数据的标准偏差。设两组数据统计量分别为 n_1、$\bar{x}_1$、s_1 和 n_2、$\bar{x}_2$、s_2，则

$$s_{合} = \sqrt{\frac{(n_1-1)s_1^2 + (n_2-1)s_2^2}{n_1+n_2-2}} \tag{2-21}$$

（2）计算统计量 $t_{计}$

$$t_{计} = \frac{|\bar{x}_1 - \bar{x}_2|}{s_{合}}\sqrt{\frac{n_1 n_2}{n_1+n_2}} \tag{2-22}$$

（3）根据总自由度 $f_{总} = n_1 + n_2 - 2$ 和所设定的置信度在 t 值表中查得对应 t 值（$t_{表}$）。

（4）比较 $t_{计}$ 和 $t_{表}$，当 $t_{计} \leqslant t_{表}$ 时，说明两组数据的平均值 $\bar{x}_1$ 和 $\bar{x}_2$ 不存在显著性差异。反之，当 $t_{计} > t_{表}$ 则认为 $\bar{x}_1$ 和 $\bar{x}_2$ 存在系统误差。

例 2-10 药典法测得某样品有效成分含量 0.751，0.753，0.752，0.750，0.752。采用气相色谱法测得 0.749，0.749，0.751，0.747，0.752。试用统计检验评价气相色谱法可否用于该样品成分测定？

解： 先求两种方法测定数据的统计量有

药典法：$n_1 = 5$、$\bar{x}_1 = 0.752$、$s_1 = 1.1\times10^{-3}$；气相色谱法：$n_2 = 5$、$\bar{x}_2 = 0.750$、$s_2 = 1.9\times10^{-3}$

因两方法涉及优劣比较（药典优于气相色谱法），属单边检验，$P = 0.95$

$$F_{计} = s_{大}^2 / s_{小}^2 = (1.9\times10^{-3})^2 / (1.1\times10^{-3})^2 = 2.98$$

查得 $F_{表} = 6.39$，显然 $F_{计} \leqslant F_{表}$，表明在 $P = 0.95$，药典法和气相色谱法在精密度上无显著性差异。则可进一步进行 t 检验

$$s_{合} = \sqrt{\frac{(n_1-1)s_1^2 + (n_2-1)s_2^2}{n_1+n_2-2}} = \sqrt{\frac{(5-1)\times(1.1\times10^{-3})^2 + (5-1)\times(1.9\times10^{-3})^2}{5+5-2}} = 1.6\times10^{-3}$$

$$t_{计} = \frac{|\bar{x}_1 - \bar{x}_2|}{s_{合}}\sqrt{\frac{n_1 n_2}{n_1+n_2}} = \frac{|0.752-0.750|}{1.6\times10^{-3}} \times \sqrt{\frac{25}{10}} = 1.98$$

根据总自由度 $f_{总} = n_1 + n_2 - 2 = 8$ 和 $P = 0.95$，查 $t_{表} = 2.31$。显然，$t_{计} \leqslant t_{表}$ 时，说明两组数据的平均值 $\bar{x}_1$ 和 $\bar{x}_2$ 不存在显著性差异，气相色谱法可用于该样品成分测定。

四、可疑值的取舍

平行测定数据中的显著偏大或偏小的数据称为**可疑值**（又叫**异常值**或**离群值**）。可疑值由过失或不明原因造成，其对平均值和精密度影响非常显著。如果不确定造成可疑值的原因，则不能主观地对其取舍，而必须按照一定的统计检验方法来确定取舍。常用的可疑值统计检验法有 Q 检验法和 G 检验法。

（一）Q 检验法

***Q* 检验法**常用于 $n = 3 \sim 10$ 的样本中可疑值的检验，其检验步骤如下：

（1）从小到大排列数据：x_1，x_2，…，x_n，其中两个端值 x_1 和 x_n 为可疑值 $x_{疑}$；

（2）计算可疑值与最邻近数据 $x_{邻}$ 的差值，并除以极差 R（$R = x_n - x_1$），所得商称为 Q 值（$Q_{计}$），即：

$$Q_{计} = \frac{|x_{疑} - x_{邻}|}{x_n - x_1} \tag{2-23}$$

（3）根据 n 和 P 查表 2-6 中 Q 值（$Q_{表}$），$Q_{计} > Q_{表}$ 则可疑值要舍去，否则必须保留；

（4）完成 Q 检验，将可疑值判断取舍后，才能计算测定数据的各统计量。

Q 检验法计算简单，但存在准确性较差的问题。如数据越分散，极差越大，Q 值越小，可疑值反而不能舍去。因此，如果测定数据较少，精密度也不高，因 $Q_{计}$ 与 $Q_{表}$ 值相近而对可疑值验证以判断时，最好进行 1～2 次补测再进行检验就更有把握。

表 2-6　Q 值表

P \ n	3	4	5	6	7	8	9	10
0.90	0.94	0.76	0.64	0.56	0.51	0.47	0.44	0.41
0.95	0.97	0.84	0.73	0.64	0.59	0.54	0.51	0.49

表 2-7　G 值表

P \ n	3	4	5	6	7	8	9	10	11	12	13	14	15	20
0.95	1.15	1.46	1.67	1.82	1.94	2.03	2.11	2.18	2.23	2.29	2.33	2.37	2.41	2.56
0.975	1.15	1.48	1.71	1.89	2.02	2.13	2.21	2.29	2.36	2.41	2.46	2.51	2.55	2.71
0.99	1.15	1.49	1.75	1.94	2.1	2.22	2.32	2.41	2.48	2.55	2.61	2.66	2.71	2.88

（二）G 检验法

***G* 检验法**又称**格鲁布斯法**，具体步骤如下：

（1）从小到大排列数据：x_1，x_2，…，x_n，其中两个端值 x_1 和 x_n 为可疑值 $x_{疑}$。

（2）计算数据 $\bar{x}$、s，并按下式计算统计量 $G_{计}$ 值

$$G_{计} = \frac{|\bar{x} - x_{疑}|}{s} \tag{2-24}$$

（3）根据测定次数 n 和 P，查表 2-7 对应 G 值（$G_{表}$）。若 $G_{计} > G_{表}$，则弃去可疑值，反之则保留。

G 检验法引入了 t 分布中最基本的两个参数 $\bar{x}$ 和 s，故该方法的准确度较 Q 检验法高。

例 2-11 用 $K_2Cr_2O_7$ 基准试剂标定 $Na_2S_2O_3$ 溶液的浓度（$mol \cdot L^{-1}$），4 次结果为：0.1029，0.1056，0.1032 和 0.1034。（1）用 Q 检验法检验上述测量值中有无可疑值（$P = 0.90$）；（2）用 G 检验法检验上述测量值中有无可疑值（$P = 0.95$）。

解：（1）数据排序为 0.1029、0.1032、0.1034、0.1056，则可疑值为 0.1029 和 0.1056

因

$$Q_{计1} = \frac{|x_{疑} - x_{邻}|}{x_n - x_1} = \frac{|0.1029 - 0.1032|}{0.1056 - 0.1029} = 0.11$$

$$Q_{计2} = \frac{|x_{疑} - x_{邻}|}{x_n - x_1} = \frac{|0.1056 - 0.1034|}{0.1056 - 0.1029} = 0.81$$

又因 $n = 4$，$P = 0.90$，查 Q 值表得 $Q_{表} = 0.76$

故 Q 检验法结果为 0.1029 保留，0.1056 舍去。

（2）先计算数据统计量有：$\bar{x} = 0.1038$、$s = 0.0013$，根据 G 检验法，有

$$G_{计1} = \frac{|\bar{x} - x_{疑}|}{s} = \frac{|0.1038 - 0.1029|}{0.0013} = 0.69$$

$$G_{计2} = \frac{|\bar{x} - x_{疑}|}{s} = \frac{|0.1038 - 0.1056|}{0.0013} = 1.38$$

又因 $n = 4$，$P = 0.95$，查 G 值表得 $G_{表} = 1.46$

故 G 检验法结果为 0.1029 和 0.1056 均应保留。

第四节　有效数字及运算规则

一、有效数字

分析化学一般使用两类数字，一类是**非测量数字**，一类是实际能测量到的数字和基于测量值计算的数字，又称**有效数字**（significant figures）。非测量数字特点在于数字准确没有误差，如测量次数、倍数、化学计量关系以及 e、π等某些常数。有效数字特点是数字存在误差，反映出测定所用仪器和方法的准确度。有效数字中，除末位数字欠准即存在绝对误差外其余数字都是准确数字。例如，在记录为 22.90mL 的滴定体积中的 2、2 和 9 都准确，而末位数字 0 欠准，通常存在±1 个单位的绝对误差，其实际体积在（22.90±0.01)mL 范围之内。

定量分析中，有效数字相关知识贯穿于数据测量和分析结果的计算之中，十分重要。

二、有效数字的记录

（一）有效数字与分析仪器

滴定分析最终都是根据质量、体积等来计算分析结果，因此了解常用分析仪器（分析天平、滴定管、移液管、容量瓶等）的产品参数是正确记录有效数字的开始。仪器产品参数可从仪器标记或仪器说明书中获取。图 2-7 为滴定管标记示意图，其产品参数如下：

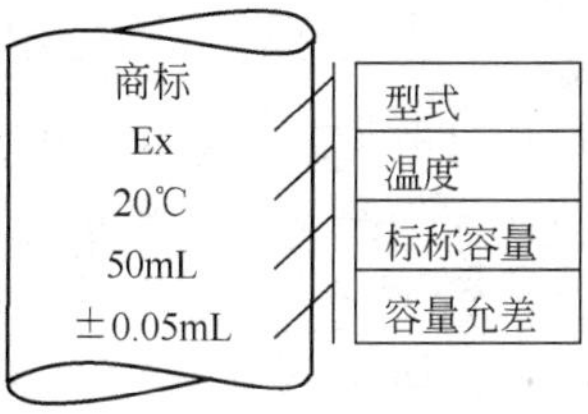

图 2-7　滴定管标记示意图

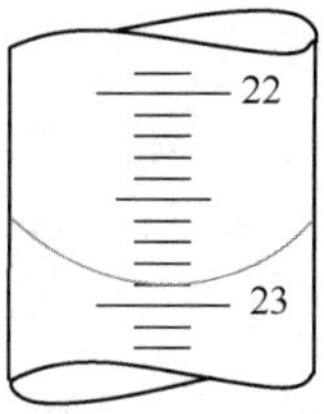

图 2-8　滴定管读数示意图

型式标记：量器的一种分类，分量入式（in-quantity style，In）和量出式（ex-quantity style，Ex）。量入式仪器具有准确的量入体积，如容量瓶；量出式仪器是指通过量器向外转移准确液体体积，以移液管和滴定管为代表。

温度：量器最佳工作温度。

标称容量：指滴定管总容量。

允差：在指定温度时，滴定管的标称容量，零至任意分量，以及任意两点之间的最大误差。**允差反映了仪器的准确度，对同一样品，仪器允差越小，测量结果越准确。**

（二）有效数字的记录

1. 有效数字小数位数和仪器的允差或精度相一致

实验中，记录实验数据时，重点考虑的是数据的小数位数问题，即所记录的数据的小数位数必须与仪器的允差（或精度）相一致，从而正确反映仪器的精度。表 2-8 列出了部分量器（A 级）的标称容量、分度值及允差，并结合量器的允差列出了记录数据必须要满足的小数位数。

表 2-8　部分量器（A 级）的标称容量、分度值及允差

仪器	型式	标称容量/mL	分度值/mL	允差/mL	记录数据的小数位数
吸量管	量出	1	0.01	±0.008	3 位（千分位）
		10	0.1	±0.05	2 位（百分位）
滴定管	量出	25	0.1	±0.04	2 位（百分位）
		50	0.1	±0.05	2 位（百分位）
移液管	量出	10	—	±0.020	2 位（百分位）
		25	—	±0.030	2 位（百分位）
容量瓶	量入	50	—	±0.05	2 位（百分位）
		100	—	±0.10	1 位（十分位）
		250	—	±0.15	1 位（十分位）

例 2-12　如何理解“移取 25mL HCl 溶液”并正确记录其有效数字？

解：移取 25mL HCl 溶液所选用量器为 25mL 移液管，此 25mL 是指移液管的标称容量，数值 25 只反映大小，不反应准确度。由于 25mL 移液管允差为±0.030mL，有效数字保留小数位数到百分位，并用 0 占位。则“移取 25mL HCl 溶液”记录为 25.00mL，其中小数点后第一个 0 为准确数字，第二个 0 为欠准数字，存在±0.03mL 误差，其实际体积在（25.00±0.03）mL 范围之内。

2. 科学估读

读取有分度值的仪器（如吸量管、滴定管等）数据时，对有效数字最后一位的估读应科学、严谨，尽量符合实际情况。由于分度值为准确值，当液体凹液面恰与分度值相切时，则应在该分度值数字后加 0 作为估计值，如图 2-8 滴定体积记录为 22.90mL；当液体凹液面位于某两相邻分度值之间时，则应根据液体凹液面在该两分度值间的偏离程度进行科学估计。

3. 数显式仪器的有效数字记录

电子天平可自动调零、以数字形式自动显示称量质量，应完整记录电子显示数据。例如，对万分之一分析天平，当仪器调零后显示 0.0000g，则记录为 0.0000g，当称量某物显示 0.3500g，则记录为 0.3500g。上两个数的末位数字均欠准，允差为±0.0001g。

三、有效数字位数

（一）确定有效数字位数的方法

有效数字位数指从该数值的最左一位非零数字起向右数至可疑数值止而得到的数字个数，如 0.30，该数值的最左一位非零数字为 3，可疑值为 0，从 3 数到可疑值 0 时，共 2 位，即 0.30 有 2 位有效数字。在确定有效数字位数时应注意“0”的特殊性：

（1）“0”具有“定位”和“有效数字”的双重作用，当起定位作用时，不是有效数字。例如，数值 0.30 前面第 1 个“0”起定位作用，不是有效数字；数字 3 后面的“0”是测定所得的有效数字，故 0.30 有效数字位数为 2 位。

（2）当测量值为整数且末尾为“0”时，应根据仪器精度或允差用科学计数法表示，否则有效数字位数无法确定。例如测量数据记录为 3200，其末尾的“0”起“定位”作用还是作为“数字”并不清楚，可记录为 3.200×10^3（4 位）、3.20×10^3（3 位）及 3.2×10^3（2 位）。

（二）幂指数和对数值的有效数字位数

（1）幂指数 10^x 和 e^x 的有效数字位数由指数 x 的小数位数决定。如 $10^{5.03}$ 为 2 位有效数字。

（2）pH、pM、lg$K$ 等对数或负对数值的有效数字位数由小数位数决定，因其整数部分只是表示该数值的方次，不是有效数字。例如 pH = 11.07 为 2 位有效数字。

（三）影响有效数字位数的因素

1. 对于非测量数字

非测量数字如次数、倍数、分数、e、π等某些常数可视为无限多位有效数字。

2. 对于测量数字

（1）仪器允差（精度）不同，同一样品获得的有效数字位数不同。如表 2-9 所示，用允差为±0.1g 的台秤称量某物重 0.5g，为 1 位有效数字；如果把该物放在允差为±0.0001g 的分析天平上称量得 0.5000g，则有 4 位有效数字。

（2）允差（精度）相同时，测量值大小不同，有效数字的位数不同。如表 2-9 所示，用允差为±0.0001g 的分析天平称量 3 份不同质量样品，分别得 0.0500g、0.5000g、5.0000g，其有效数字位数分别为 3, 4, 5。这些数值有效数字位数的多少并不影响仪器的允差或精度（绝对误差），但影响称量的相对误差，称量值越大，相对误差越小。

表 2-9 影响有效数字的因素

仪器	允差（g）	称量值	相对误差	有效数字位数
台秤	±0.1	0.5	20%	1
		5.0	2%	2
		50.0	0.2%	3
分析天平	±0.0001	0.0500	0.2%	3
		0.5000	0.02%	4
		5.0000	0.002%	5

3. 对于分析计算结果

分析计算结果的有效数字位数由测量值、计算公式以及某些特殊规则共同决定，具体可详见有效数字的运算。

（四）其它有效数字位数规则

（1）小数、科学计数、指数、对数等不同形式数间相互转化时，有效数字位数不变。如 $[H^+]$（$mol\cdot L^{-1}$）表示为 0.0039、3.9×10^{-3}、$10^{-2.41}$ 或 pH=2.41，均为 2 位有效数字。

（2）改变一个数的单位，有效数字位数不变。如质量 3.8000g、3800.0mg 和 3.8000×10^{-3}kg 都是 5 位有效数字。

（3）计算组分含量时，测定结果≥10%时，一般保留四位有效数字；含量测定结果为 1%～10%时，保留三位有效数字。

（4）首位为 8 或 9 的有效数字参与乘除法运算时，其有效数字位数可多计 1 位。如 0.97×1.07 中的 0.97 可看成 3 位有效数字。

（5）误差（偏差）修约，其结果通常采取进位操作。其有效数字位数应根据误差（偏差）计算公式保留，且一般保留为 1 位，最多 2 位。例如，某计算结果的标准偏差为 0.201，取 1 位有效数字时，应修约为 0.3，取 2 位有效数字时，应修约为 0.21。

（6）在做统计检验时，标准偏差可多保留一位或两位数字参与运算。

四、数值修约规则

在数据处理过程中，涉及不同精度器皿或仪器，有效数字位数差异大，在保证准确度条件下，可通过数值修约简化计算和书写。**数值修约**指按要求舍去**原数值**的最后若干位数字（**拟舍去数字**），通过进舍规则调整所**保留值**的末位数字，使最后所得值（**修约值**）最接近原数值的过程。数值修约规则包括进舍规则、负数修约、一次修约规则及安全数字保留规则等。

“拟舍去数字”与进舍密切相关，将“拟舍去数字”首位数字之后加小数点衍生得到的新小数称**尾数**。例如，10.2371 保留 4 位有效数字时，其保留值为 10.23，拟舍去数字为 71，其尾数则为 7.1。经数学推导和简化处理，可通过尾数与 5 的关系设置进舍条件。

（一）进舍规则

（1）当尾数＞5 时，进位。即修约值等于保留值的末位数字加 1；

（2）当尾数＜5 时，舍去尾数，保留值不变。即修约值等于保留值；

（3）当尾数=5 时，如果保留值的末位数字为奇数，则进位，否则舍去尾数。

例 2-13 用进舍规则将下表各数值全部修约为 4 位有效数字。

题号	原数值	保留值	拟舍去数字	尾数	尾数与 5 比较	奇偶判断	进舍操作	修约值
1	10.2371	10.23	71	7.1	＞	不判断	进位	10.24
2	10.24501	10.24	501	5.01	＞	不判断	进位	10.25
3	10.2328	10.23	28	2.8	＜	不判断	舍去	10.23
4	10.235	10.23	5	5	=	奇	进位	10.24
5	10.2350	10.23	50	5.0	=	奇	进位	10.24
6	10.2450	10.24	50	5.0	=	偶	舍去	10.24
7	10.205	10.20	5	5	=	偶	舍去	10.20

解：根据修约要求，题号 1 的“保留值”和“拟舍去数字”分别为 10.23 和 71，因 7.1＞5，进位，得修约值为 10.24。题号 2 的尾数为 5.01，属于“尾数＞5”的情况，进位；题号 3 的尾数 2.8＜5，舍去；题号 4～7 的尾数都等于 5，此时应考虑“保留值”末位数字的奇偶性，题号 4、题号 5 的“保留值”末位为奇数，进位，而题号 6、题号 7 的“保留值”末位为偶数，舍去。所以根据以上分析，将修约过程、条件及修约结果列于上表中。

一些教材采用“四舍六入五留双”修约规则。

（二）负数修约

负数修约时，先将它的绝对值按上述“进舍规则”进行修约，然后在修约值前面加上负号。

（三）一次修约规则

修约数值时，只允许对原数值一次性修约完成。例如，将 5.549 修约为 2 位有效数字为 5.5；如果按 5.549→5.55→5.6 连续修约，则结果是错误的。

（四）安全数字保留规则

修约时，为了避免因数字的进舍而引入计算误差，一般应对参与运算的所有数值按“**进舍规则**”多保留一位数字，多出的一位数字称为**安全数字**，最终结果再按上述规则修约。例如，在计算中，如果 5.539 以 2 位有效数字参与运算时，则以 5.53 参与运算，最后一位 3 即为安全数字。

五、有效数字运算规则

误差会随着有效数字的计算进行传递，影响结果的准确性，所以有效数字参与的计算必须按有效数字的运算规则处理。

有效数字运算错误率极高！建议在熟记规则的基础上结合例题加深理解，最终养成习惯。

（一）有效数字运算总规则

有效数字参与的各类运算，其运算结果只能保留一位可疑数字。例如，$1.1\underline{1}+1.\underline{1}=2.\underline{21}\approx2.\underline{2}$；$1.1\underline{1}\times1.1\underline{1}=1.2\underline{321}\approx1.2\underline{3}$（下划线数字为可疑数字）。但是，运算结果可疑数字的多少通常依赖详细的计算过程，这无疑给修约带来较大麻烦。因此，下面给出加减运算、乘除运算等更为简便的运算规则。

（二）加减法——小数位数最少规则

几个数值相加减时，将“小数位数”最少的加数或减数称为**关键数**。加减运算结果的“小数位数”应与关键数的“小数位数”相同，即小数位数最少规则。

例 2-14 计算 NaOH 的分子量是多少？

解： 查附录十二，得 M_{Na}=22.99、M_O=15.999、M_H=1.0079。下表给出了四种算法。

算法一	算法二	算法三	算法四
22.99	$22.9\underline{9}$	$22.9\underline{9}$	$22.9\underline{9}$
15.999	$15.99\underline{9}$	$16.0\underline{0}$	$15.99\underline{9}$
+） 1.0079	+） $1.007\underline{9}$	+） $1.0\underline{1}$	+） $1.00\underline{8}$
39.9969	$39.9\underline{969}$	$40.0\underline{0}$	$39.99\underline{7}$
—	$40.0\underline{0}$	—	$40.0\underline{0}$
只计算不修约，错误	先计算再修约，正确	先修约再计算，正确	安全数字法，正确

说明： 以下重要知识点，应认真理解和应用：

（1）分析化学中的原子量或分子量应保证其具有足够的有效数字位数，通常不得少于 4 位有效数字，如 M_{Na}=22.99 不能写成 M_{Na}=23。

（2）分析化学所涉及运算要杜绝只计算不修约或随意修约的现象。例如，算法一没有修约，结果中有多位可疑数字，是错误的。如果把 39.9969 修约为 39.997 或 40 则为随意修约。

（3）在 22.99、15.999、1.0079 三个数中的“小数位数”依次为 2、3 和 4 位，所以 22.99 为关键数，所以计算结果只能保留 2 位小数。表中算法二、三和四的结果均为 40.00。

（4）加减运算过程，可先计算再修约（准确但可能因数字位数多而显烦琐），也可先修约再计算（简洁但可能影响准确性）。所以，通常采用安全数字法进行修约。如算法四中 1.0079 4 位小数，可保留 3 位小数参与运算。运算结果 39.997 比关键数 22.99 的小数要多一位，所以必须再次修约为 40.00。

例 2-15 计算有效数字 0.044 及 1.2×10^{-3} 加和是多少？

解： $0.044+1.2\times10^{-3} = 0.044 + 0.0012 = 0.0452\approx0.045(4.5\times10^{-2})$

说明： 当加减数用科学计数法表示时，应将其转换为小数再计算。例如，1.2×10^{-3} 用小数表达时为 0.0012，其小数位数是 4 位而不是 1 位，所以关键数字是 0.044 而不是 1.2×10^{-3}。

例 2-16 以 NaOH 标准溶液滴定某盐酸，平行测定 3 次，得浓度分别为 0.1001mol·L^{-1}、0.1003mol·L^{-1}、0.1003mol·L^{-1}，求该酸的平均浓度是多少？

解： $\bar{c}_{HCl} = \dfrac{0.1001+0.1003+0.1003}{3} = 0.1002\,(\text{mol·L}^{-1})$

说明： 上例看似加法和除法的混合运算，但实为有效数字的加法运算。因上式分母 3 为次数，其有效数字位数可视为无穷，计算时可不予考虑。类似地，当计算公式中如出现次数、倍数、e、π等常数时均可按此方式处理。

（三）乘除法——有效数字位数最少规则

几个数值相乘除时，将“有效数字位数”最少的乘数或除数称为**关键数**。计算结果的“有效数字位数”应与关键数的“有效数字位数”相同，即有效数字位数最少规则。

例 2-17 用分析天平称取 0.2942g NaCl，用少量去离子水溶解后转移定容到 50mL 容量瓶中并定容，请计算 NaCl 溶液的摩尔浓度是多少？

解： $c_{NaCl} = \dfrac{n_{NaCl}}{V_{NaCl}} = \dfrac{m_{NaCl}/M_{NaCl}}{V_{NaCl}} = \dfrac{0.2942/58.443}{50.00\times10^{-3}} = 0.1007\,(\text{mol·L}^{-1})$

说明： 本例中重要知识点有：

（1）题中 50mL 是指容量瓶型号，其所代表的 V_{NaCl} 应根据表 2-8 知识，正确记录为

50.00mL。如果直接将50mL代入计算式中，则是错误的。由容量瓶、移液管、吸量管等所获取的体积数据必须与仪器允差一致。

（2）运算中，50.00mL涉及单位转换，但不影响有效数字的位数。

（3）关键数0.2942或50.00有效数字位数最少，所以结果保留4位有效数字。

例2-18 测得某HAc（pK_a=4.74）溶液pH=2.88，求该酸的浓度为多少（忽略水的解离）？

解： 由一元弱酸pH计算公式$[H^+]=\sqrt{c_{HAc}K_{HAc}}$得

$$c_{HAc}=[H^+]^2/K_{HAc}=(10^{-2.88})^2/10^{-4.74}=0.095\ (mol\cdot L^{-1})$$

说明： 题中$pK_a=4.74$和pH = 2.88为负对数表达形式，均为2位有效数字；例题中对数、指数、小数等不同形式数字间相互转换时不影响有效数字的位数。

（四）混合运算

对混合运算，按先乘除，后加减；先括号内，再括号外等运算顺序进行计算，并同时考虑有效数字修约。

例2-19 以0.1003mol·L⁻¹ NaOH标准溶液滴定25.00mL某盐酸，初始$V_0=0.04$mL，终点$V_t=25.57$mL，求该盐酸的浓度是多少？

解： $$c_{HCl}=\frac{c_{NaOH}V_{NaOH}}{V_{HCl}}=\frac{0.1003\times(25.57-0.04)}{25.00}=\frac{0.1003\times25.53}{25.00}=0.1024\ (mol\cdot L^{-1})$$

说明： 题中先计算括号内的减法，按小数位数最少规则修约；然后计算乘除法，按有效数字位数最少规则修约，结果保留4位有效数字。

思考题与习题

1. 详述误差的分类、特点、来源及消除措施。
2. 系统误差是如何进行检验的？
3. 简述不同偏差表示方法的特点。
4. 说明误差与偏差、准确度与精密度有什么关系。
5. 指出在下列情况下，各自会引起哪种误差？如果是系统误差，应该采用什么方法减免？

（1）砝码被腐蚀　（2）天平的两臂不等长

（3）容量瓶和移液管不配套　（4）试剂中含有微量的被测组分

（5）天平的零点有微小变动　（6）读取滴定体积时最后一位数字估计不准

（7）滴定时不慎从锥形瓶中溅出一滴溶液

（8）标定HCl溶液用的NaOH标准溶液中吸收了CO_2

6. 如果分析天平的称量误差为±0.1mg，拟分别称取试样0.1g和1g左右，称量的相对误差各为多少？这些结果说明了什么问题？

7. 滴定管的读数误差为±0.01mL。如果滴定中用去标准溶液的体积分别为2mL和20mL左右，读数的相对误差各是多少？相对误差的大小说明了什么问题？

8. 下列数据各包括了几位有效数字？

（1）0.0330　（2）$10^{5.030}$　（3）9.010　（4）8.7×10^{-5}

（5）$pK_a=4.74$　（6）pH = 10.00　（7）$\lg\alpha=10.00$

9. 将下列数据修约为两位有效数字：4.149，6.3612，22.5001，25.50，14.50，10.5，8.45。

10. 根据有效数字的运算规则进行计算：

（1）$0.0825\times5.1032\times60.06\div139.8$　　（2）$7.9936\div0.9-5.02$

（3）$1.276\times4.17+1.7\times10^{-4}-0.0021764\times0.0121$　　（4）pH = 1.05，则$[H^+]$=?

（5）将 $10^{5.070}$ 表达成科学计数法

11. 用返滴定法测定软锰矿中 MnO_2 的质量分数，其结果按下式进行计算是多少？

$$w_{MnO_2}=\frac{\left(\frac{0.8000}{126.07}-8.00\times0.1000\times10^{-3}\times\frac{5}{2}\right)\times86.94}{0.5000}\times100\%$$

12. 两位分析者同时测定某一试样中硫的质量分数，称取试样均为 3.5g，分别报告结果：甲 0.042%；乙 0.04099%。问哪一份报告是合理的，为什么？

13. 有两位学生使用相同的分析仪器测定某溶液的浓度（$mol\cdot L^{-1}$），结果如下：甲：0.12，0.12，0.12（相对平均偏差 0.00%）；乙：0.1243，0.1237，0.1240（相对平均偏差 0.16%）。你如何评价他们的实验结果的准确度和精密度？

14. 当置信度为 0.95 时，测得 Al_2O_3 的μ置信区间为（35.21 ± 0.10)%，试说明置信度、置信区间的含义是什么？

15. 测定某铜矿试样，其中铜的质量分数（%）为 24.87，24.93 和 24.69。真值为 25.06%，计算：（1）测定结果的平均值；（2）绝对误差；（3）相对误差。

16. 测定铁矿石中铁的质量分数（%）的 5 次结果为 67.48，67.37，67.47，67.43 和 67.40。计算：（1）平均偏差；（2）相对平均偏差；（3）标准偏差；（4）相对标准偏差；（5）极差。

17. 现有一组平行测量值，符合正态分布（$\mu=20.40$，$\sigma=0.04$）。计算：（1）$x=20.30$ 和 $x=20.46$ 时的 u 值；（2）测量值在 20.30～20.46 区间出现的概率。

18. 测定试样中蛋白质的质量分数（%），5 次测定结果的平均值为：34.92，35.11，35.01，35.19 和 34.98。（1）经统计处理后的测定结果应如何表示（报告 n，$\bar{x}$ 和 s）？（2）计算并比较在 95%和 90%置信度下平均值的置信区间。

19. 测定石灰中铁的质量分数（%），4 次测定结果为：1.59，1.53，1.54 和 1.83。（1）分别用 Q 检验法和 G 检验法判断第 4 个结果应否弃去？（2）如第 5 次测定结果为 1.65，此时情况又如何（$P=0.95$）？

20. 某药厂生产铁剂，要求每克药剂中含铁 48.00mg。对一批药品测定 5 次含铁量（$mg\cdot g^{-1}$），其结果为：47.44，48.15，47.90，47.93 和 48.03。问这批产品含铁量是否合格（$P=0.95$）？

21. 电分析法测定某患者血糖含量（$mmol\cdot L^{-1}$），6 次结果为：7.4，7.5，7.6，7.7，7.6，7.6，求置信度为 95%时平均值的置信区间，此结果与正常人血糖含量 $6.7mmol\cdot L^{-1}$ 是否有显著性差异（置信度 95%）？

22. 用原子吸收法测定活体肝样中锌的质量分数（$\mu g\cdot L^{-1}$），8 次测定结果如下：125，128，129，132，134，136，138，140（显著性水平 0.05）。

（1）用格鲁布斯法检验有无应舍弃的异常值；（2）求取舍后合理结果的置信区间；

（3）如果正常肝样中锌的标准值为 $128\mu g\cdot L^{-1}$，试问此样品中锌含量是否正常？

23. 用新方法或标准方法同时测定某患者血糖含量（$mmol\cdot L^{-1}$）的各 5 次，新方法结果为 7.7，7.4，7.5，7.6，7.5；标准方法结果为 7.6，7.7，7.5，7.6，7.6。（1）试判断两组数据密度是否存在显著性差异？（2）在置信度为 90%时，两种方法是否存在显著性差异？

第三章

滴定分析法概论

滴定分析法是将一种已知准确浓度的试剂用滴定管滴加到被测物质的溶液中，直到与被测物质按化学计量关系定量反应完全为止，然后根据试剂溶液浓度和用量，计算被测物质含量的分析方法。滴定分析法又称容量分析法，是化学分析法中最重要的分析方法之一。

第一节 滴定分析概述

一、滴定分析法基本术语

（1）**标准溶液**（standard solution） 已知准确浓度的溶液，又称为滴定剂。准确是相对，分析化学中标准溶液浓度通常具有 4 位有效数字，如浓度为 $0.1000mol \cdot L^{-1}$ 和 $0.10mol \cdot L^{-1}$ 的两种 $K_2Cr_2O_7$ 溶液，前者浓度准确，是标准溶液。

（2）**待测溶液** 含有待测组分的试样溶液。

（3）**滴定** 把滴定剂用滴定管滴加到待测溶液中的操作及过程。

（4）**化学计量点**（stoichiometric point，以 sp 表示） 标准溶液与待测组分恰好按化学反应计量关系完全反应的这一点。化学计量点也称为理论终点。

（5）**滴定终点**（end point，简称终点，以 ep 表示） 滴定过程中，指示剂发生颜色突变时停止滴定，这时称为滴定终点。

（6）**终点误差**（end point error，以 E_t 表示） 滴定终点与化学计量点不一致造成的相对误差。

二、滴定分析操作过程

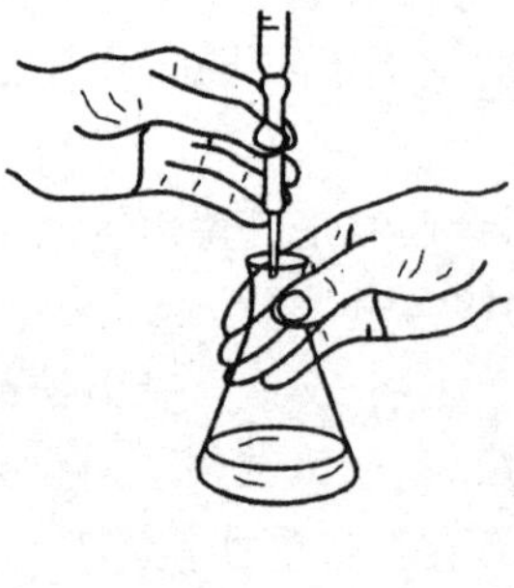

通常情况下，用移液管将确定体积的**待测溶液**置于锥形瓶中，并加入少量**指示剂**；将**标准溶液**置于滴定管中，并调节标准溶液初始体积，读取并记录该体积（V_0）；通过**滴定**操作（见左图），将标准溶液滴加到待测溶液中发生化学反应，当指示剂发生颜色突变时停止滴定，此时，达到**滴定终点**；读取并记录滴定终点时标准溶液末体积（V_t），计算滴定消耗的标准溶液的体积ΔV（$\Delta V = V_t - V_0$）；最后，根据化学反应式计算待测

组分含量。

三、滴定分析法分类

根据滴定分析所利用的化学反应类型不同，滴定分析法一般分为四类：

（1）**酸碱滴定法** 以质子传递反应为基础的滴定分析法，可用来测定酸、碱含量，也可用于测定其它可定量转换为酸碱的物质。

（2）**氧化还原滴定法** 以氧化还原反应为基础的滴定分析法，可以测定具有氧化性或还原性的物质，也可测定那些能与氧化剂或还原剂定量反应但自身不具有氧化性或还原性的物质。

（3）**配位滴定法** 以配位反应为基础的滴定分析法，主要用于测定各种金属离子的含量，也可测定某些非金属离子。

（4）**沉淀滴定法** 以沉淀反应为基础的滴定分析法，可用于 Ag^+、CN^-、SCN^-及卤素离子等的测定。

四、滴定反应条件及滴定方式

（一）滴定反应条件

化学反应的类型很多，但能直接用于滴定分析的化学反应必须具备以下条件：

（1）反应必须具有确定的化学计量关系，即反应按一定的反应方程式进行，这是定量计算的基础。

（2）反应必须定量进行完全，反应完全度达 99.9%以上，即平衡常数足够大。

（3）反应必须具有较快的反应速度。对于反应速率较慢的反应，有时可以通过加热或加入催化剂来加速反应的进行。

（4）必须有适当简便的方法准确指示终点。

（二）滴定方式

由于化学反应的多样性和复杂性，许多反应并不完全满足上述四个滴定反应条件，因此发展了**直接滴定法**、**返滴定法**、**置换滴定法**及**间接滴定法**等多种滴定方式。

1. 直接滴定法

凡能满足上述四个滴定反应条件要求的化学反应都可用标准溶液直接滴定，这是最常用和最基本的滴定方式。如 NaOH 滴定 HCl，化学计量关系明确，反应完全，反应速率快，可用酚酞方便、准确指示滴定终点。

2. 返滴定法

当试液中待测物质与滴定剂反应较慢（如试样 Al^{3+}与滴定剂 EDTA 反应），或滴定的是固体物质（如用 HCl 滴定固体 $CaCO_3$）时，不能用直接滴定法进行测定。此时，可先准确加入过量的滴定剂，与试剂中的待测物质或固体试样反应，待反应完成后，再用另一种标准溶液滴定剩余的滴定剂，根据反应中实际消耗滴定剂的量计算待测物质的含量，这种滴定方式称为**返滴定法**，又称为**回滴法**。例如，Al^{3+}与滴定剂 EDTA 反应慢，采用返滴定法测定。先在 Al^{3+}溶液中加入定量且过量的 EDTA 标准溶液，加热反应完全后，用 Zn^{2+}标准溶液滴定过量的 EDTA。

有时采用返滴定法是由于某些反应没有合适指示剂。如在酸性溶液中用 $AgNO_3$ 滴定 Cl^-，因缺乏合适的指示剂，此时可先加入过量 $AgNO_3$ 标准溶液，再以 $NH_4Fe(SO_4)_2$ 作指示剂，用 NH_4SCN 标准溶液返滴定过量 Ag^+，出现淡红色即为终点。

3. 置换滴定法

待测组分与滴定剂能发生反应但却没有确定化学计量关系或伴有副反应，此时不能采用直接滴定法，而选用另一试剂与待测组分发生反应，使其定量地置换出另一种物质，再用标准溶液滴定这种物质，此滴定方式被称为**置换滴定法**。

例如，$K_2Cr_2O_7$ 不能用来直接滴定 $Na_2S_2O_3$，因为在酸性溶液中 $K_2Cr_2O_7$ 能将 $S_2O_3^{2-}$ 氧化为 SO_4^{2-} 及 $S_4O_6^{2-}$ 等混合物，反应没有定量的化学计量关系。但若在 $K_2Cr_2O_7$ 的酸性溶液中加入过量的 KI，KI 与 $K_2Cr_2O_7$ 发生氧化还原反应并定量析出 I_2，再将溶液调为弱酸性，即可用待测溶液 $Na_2S_2O_3$ 滴定生成的 I_2，从而计算出 $Na_2S_2O_3$ 的含量。

4. 间接滴定法

不能与滴定剂直接发生反应的被测组分，借助另一相关化学反应，通过滴定法测量该反应某一相关物质从而定量被测组分含量的分析方法，称为间接滴定法。例如，$KMnO_4$ 测 Ca^{2+} 含量时，因两者完全不反应，不能用直接滴定法。此时可先将 Ca^{2+} 完全转化为 CaC_2O_4 沉淀，过滤洗净后用 H_2SO_4 溶解，产生的 $H_2C_2O_4$ 便可用 $KMnO_4$ 标准溶液滴定，从而间接测得 Ca^{2+} 的含量。

返滴定法、置换滴定法、间接滴定法等多种滴定方式极大地扩展了滴定分析的应用范围。

第二节 基准物质与标准溶液的配制

一、基准物质

滴定分析离不开标准溶液，能用于直接配制标准溶液或标定溶液准确浓度的物质称为**基准物质**，基准物质应符合下列要求：

（1）试剂组成与化学式完全相符。若含有结晶水，如 $H_2C_2O_4\cdot 2H_2O$、$Na_2B_4O_7\cdot 10H_2O$ 等，其结晶水的含量均应与化学式一致。

（2）试剂纯度足够高。试剂主要成分含量达 99.9%以上，所含杂质应不影响滴定准确度。

（3）性质稳定。不易吸收空气中的水分及二氧化碳，不易被空气中 O_2 氧化等，所以再纯的 NaOH 都不能做为基准物质。

（4）最好有较大的摩尔质量，以减小称量误差。

应该注意的是，有些高纯试剂和光谱纯试剂虽然纯度很高，但只能说明其满足了作为基准物质的部分而不是全部条件，因此不能因纯度高就认为是基准物质。

在分析化学中，常用基准物质见表 3-1，在使用中应按规定进行用前处理和保存。

表 3-1 滴定分析常用的基准物质

标定对象	基准物质	用前处理及保存条件
酸	Na_2CO_3（无水碳酸钠）	270～300℃烘干至恒重，干燥器中放冷保存
	$Na_2B_4O_7\cdot 10H_2O$（硼砂）	置于装有 NaCl 和蔗糖饱和溶液的干燥器中

续表

标定对象	基准物质	用前处理及保存条件
碱 或 $KMnO_4$	$KHC_8H_4O_4$（邻苯二甲酸氢钾，KHP）	105～110℃烘干至恒重，干燥器中放冷保存
	$H_2C_2O_4 \cdot 2H_2O$（二水合草酸）	室温空气干燥
还原剂	$K_2Cr_2O_7$（重铬酸钾）	120℃烘干至恒重，干燥器中放冷保存
	KIO_3（碘酸钾）	180℃烘干至恒重，干燥器中放冷保存
氧化剂	As_2O_3（三氧化二砷）	硫酸干燥器中保存
	$Na_2C_2O_4$（草酸钠）	105℃烘干至恒重，干燥器中放冷保存
EDTA	$CaCO_3$（碳酸钙）	110℃烘干至恒重，干燥器中放冷保存
	Zn（锌）	室温干燥器中保存
$AgNO_3$	NaCl（氯化钠）	500～550℃烘干至恒重，干燥器中放冷保存
	KCl（氯化钾）	500～550℃烘干至恒重，干燥器中放冷保存
氯化物	$AgNO_3$（硝酸银）	硫酸干燥器中保存

二、标准溶液的配制

标准溶液可通过直接法和标定法获取。

（一）直接法

直接法配制标准溶液的基本步骤为：用分析天平准确称取一定量基准物质，溶解后转入容量瓶中，稀释定容，然后根据溶质的量和溶液的体积可计算出该溶液的准确浓度。例如配制 $0.02000mol \cdot L^{-1}$ $K_2Cr_2O_7$ 250mL，用分析天平称 $K_2Cr_2O_7$ 1.4709g，溶解后转入 250mL 容量瓶定容即得。

（二）标定法

标定法又称间接配制法。许多化学试剂不能完全符合基准物质必备条件，如 NaOH 易吸潮、HCl 准确含量不清楚、$KMnO_4$ 不易提纯等，这类试剂只能采用间接配制法。即先将这类物质配制成近似于所需浓度的溶液，然后利用该物质与某基准物质或另一标准溶液之间的滴定反应来确定其准确浓度，这一操作过程称为**标定**。

例如，配制 $0.10mol \cdot L^{-1}$ NaOH 溶液 1000mL 时，考虑到 NaOH 易吸潮，则用台秤称取大约 4.0g NaOH，加大约 1L 的去离子 H_2O，摇匀。此时 NaOH 溶液浓度近似为 $0.10mol \cdot L^{-1}$，并不十分准确。标定时，可用基准物质 $KHC_8H_4O_4$，或用另一标准溶液如 HCl 标定得到准确浓度。采用基准物质进行溶液的标定，更有利于提高测定结果的准确度。

在常量组分的测定中，标准溶液浓度一般为 $0.01mol \cdot L^{-1}$ 至 $1mol \cdot L^{-1}$ 范围。通常根据待测组分的含量高低来选择标准溶液浓度的大小，并使两者的浓度尽量接近，可减少测量误差。

第三节　滴定分析中的计算

一、滴定分析中的计算基础

滴定分析法中涉及一系列计算问题，如标准溶液的配制和标定，滴定剂和待测组分间的计量关系以及分析结果的计算等。其中，物质的量、物质的量浓度、质量浓度及质量分数等是滴定分析计算的基础，有关计算公式等详见表 3-2。

表 3-2 滴定分析中的计算基础

计算量名称	符号	量纲	计算公式
物质的量	n	mol	1. 已知纯固体质量 m (g)和摩尔质量 M ($g \cdot mol^{-1}$)，则 $n = m/M$ 2. 已知溶液浓度 c ($mol \cdot L^{-1}$)和体积 V (L)，则 $n = cV$
物质的量浓度	c	$mol \cdot L^{-1}$	1. 已知溶质物质的量 n (mol)和溶液体积 V (L)，则 $c = n/V$ 2. 已知浓度溶液(c_1,V_1)稀释为另一浓度溶液(c_2,V_2)，则 $c_1V_1 = c_2V_2$，或 $n_1 = n_2$
质量浓度	c	$g \cdot L^{-1}$，…	已知溶质质量 m (g, mg, μg…等)和溶液体积 V (L)，则 $c = m/V$
质量分数	w	1	试样质量 m_s (g)，试样待测组分质量 m_B (g)，则 $w_B = \frac{m_B}{m_s} \times 100\%$

二、滴定反应的计量关系

在直接滴定法中，设滴定剂 T（标准溶液）与待测物质 B 有下列化学反应

$$tT + bB = cC + dD$$

式中 C 和 D 为滴定产物。当上述滴定反应达到化学计量点时，即 $t$mol T 物质恰与 $b$mol B 物质完全反应，此时，滴定剂 T 的物质的量 n_T 与待测物质 B 的物质的量 n_B 之间满足

$$n_T : n_B = t : b$$

即

$$n_B = \frac{b}{t} n_T \tag{3-1}$$

式（3-1）中，$\frac{b}{t}$ 称为**反应计量比**，简称计量比。式（3-1）是滴定分析计算最重要公式之一，许多其它公式皆可以由它派生出来，所以应根据滴定反应方程式快速准确写出计算公式。

例如在酸性溶液中，用 $H_2C_2O_4 \cdot 2H_2O$ 作为基准物质标定 $KMnO_4$ 溶液时，滴定反应为

$$2MnO_4^- + 5C_2O_4^{2-} + 16H^+ = 2Mn^{2+} + 10CO_2 + 8H_2O$$

即可得出滴定终点时 $H_2C_2O_4 \cdot 2H_2O$ 与 $KMnO_4$ 完全反应时的物质的量的关系

$$n_{MnO_4^-} = \frac{2}{5} n_{C_2O_4^{2-}}$$

三、滴定度

（一）滴定度的定义

在生产部门的例行分析中，由于测定对象比较固定，常使用同一标准溶液测定同种物质，

因此采用了滴定度表示标准溶液的浓度，简化计算。所谓**滴定度**是指每毫升标准溶液 T 相当于待测物质 B 的质量（g），以符号 $T_{B/T}$ 表示，单位为 $g\cdot mL^{-1}$。

即：
$$T_{B/T}=\frac{m_B}{V_T} \tag{3-2}$$

如 $T_{Fe/K_2Cr_2O_7}=0.005000g\cdot mL^{-1}$，其意义是指 1mL $K_2Cr_2O_7$ 标准溶液相当于待测样含 0.005000g 的 Fe。若某次滴定用去此标准溶液 22.00mL，则此待测样中 Fe 的质量为

$$m_{Fe}=T_{Fe/K_2Cr_2O_7}\ V_{K_2Cr_2O_7}=0.005000\times 22.00=0.1100(g)$$

（二）滴定度与标准溶液物质的量浓度之间的关系

设待测物质 B 质量为 m_B，摩尔质量为 M_B，标准溶液浓度为 c_T，滴定消耗体积为 V_T，代入式（3-1），得

$$\frac{m_B}{M_B}=\frac{b}{t}c_TV_T$$

整理得

$$\frac{m_B}{V_T}=\frac{bM_B}{t}c_T$$

根据式（3-2），则有

$$T_{B/T}=\frac{bM_B}{t}c_T(g\cdot L^{-1})$$

或
$$T_{B/T}=\frac{bM_B}{t1000}c_T(g\cdot mL^{-1}) \tag{3-3}$$

式（3-3）中，由于标准溶液浓度 c_T、待测物摩尔质量 M_B 以及计量比均已知，所以 $T_{B/T}$ 为一定值。在已知滴定度时，可以根据式（3-3）计算标准溶液的物质的量浓度。

四、滴定分析计算示例

（一）溶液配制、标定和稀释的计算

例 3-1 配制 $0.01000mol\cdot L^{-1}$ $K_2Cr_2O_7$ 溶液 500mL，需取基准 $K_2Cr_2O_7$ 多少克？配制 $0.1mol\cdot L^{-1}$ NaOH 溶液 500mL，应称取 NaOH 多少克？请说明主要仪器选择及配制步骤上的区别。

本题特点：基准物质、普通试剂、溶液配制、称量质量计算

解：设应称量 $K_2Cr_2O_7$ 质量为 m，则有

$$c_{K_2Cr_2O_7}=\frac{n_{K_2Cr_2O_7}}{V_{K_2Cr_2O_7}}=\frac{m/M_{K_2Cr_2O_7}}{V_{K_2Cr_2O_7}}$$

代入已知条件得：
$$0.01000=\frac{m/294.2}{0.5000}$$

解得：
$$m=1.471g$$

同理，对于 NaOH，有：
$$c_{NaOH}=\frac{n_{NaOH}}{V_{NaOH}}=\frac{m/M_{NaOH}}{V_{NaOH}}$$

即：
$$0.1=\frac{m/40.00}{0.500}$$
解得：
$$m=2.0\text{g}$$

配制 $K_2Cr_2O_7$ 溶液时用到仪器主要有分析天平、容量瓶。溶液配制主要过程是用分析天平准确称取 1.471g $K_2Cr_2O_7$ 于小烧杯中，加入适量去离子水溶解后转入 500mL 容量瓶中，稀释定容即得 0.01000mol·L^{-1} $K_2Cr_2O_7$ 溶液。但配制 0.1mol·L^{-1} NaOH 溶液主要仪器是台秤、量杯等，这些仪器精度相对较差。溶液配制主要过程是用台秤快速取大约 2.0g NaOH，用量杯加 500mL 去离子 H_2O，此时 NaOH 溶液浓度近似为 0.1mol·L^{-1}，并不十分准确。

例 3-2 欲配制 0.1mol·L^{-1} 的 H_2SO_4 溶液 500mL，应取浓硫酸多少毫升？（已知浓硫酸密度ρ = 1.84g·mL^{-1}，质量分数 w = 96%）

本题特点：溶液配制、溶液稀释、体积计算

解：本题涉及到表 3-2 中物质的量浓度计算基本公式，对溶液稀释时，有
$$c_1V_1=c_2V_2，\text{或 } n_1=n_2$$
所以，假设取浓硫酸 V_1（毫升），其物质的量为 n_1，则
$$n_1=\frac{m_{H_2SO_4}}{M_{H_2SO_4}}=\frac{\rho V_1 w}{M_{H_2SO_4}}$$
稀释后，则满足
$$n_1=c_2V_2$$
联立以上两方程得
$$\frac{\rho V_1 w}{M_{H_2SO_4}}=c_2V_2$$
代入相应数据
$$\frac{1.84V_1\times 96\%}{98.07}=0.1\times\frac{500}{1000}$$
解得
$$V_1=2.8\text{mL}$$

例 3-3 用基准物质硼砂（$Na_2B_4O_7\cdot 10H_2O$）来标定 HCl 浓度，已准确称量硼砂 0.6021g，滴定终点时消耗 V_{HCl} = 31.47mL，求 HCl 浓度是多少？

本题特点：基准物质、标定法、标定反应、浓度计算、酸碱滴定

解：因标定反应为 $Na_2B_4O_7\cdot 10H_2O + 2HCl = 4H_3BO_3 + 2NaCl + 5H_2O$，根据式（3-1），得
$$n_{HCl}=\frac{2}{1}n_{Na_2B_4O_7\cdot 10H_2O}$$
即
$$c_{HCl}V_{HCl}=\frac{2}{1}\times\frac{m_{Na_2B_4O_7\cdot 10H_2O}}{M_{Na_2B_4O_7\cdot 10H_2O}}$$
代入已知数据，
$$c_{HCl}\frac{31.47}{1000}=\frac{2}{1}\times\frac{0.6021}{381.37}$$
解得
$$c_{HCl}=0.1003\text{mol·L}^{-1}$$

例 3-4 用基准物质 $H_2C_2O_4\cdot 2H_2O$ 标定 0.1mol·L^{-1} 的 NaOH 溶液，求应称草酸的质量范围，假设滴定体积 20～30mL。

本题特点：基准物质、标定法、标定反应、基准物质质量范围计算、酸碱滴定

解：因 $H_2C_2O_4\cdot 2H_2O + 2NaOH = Na_2C_2O_4 + 4H_2O$，根据式（3-1），得
$$n_{NaOH}=\frac{2}{1}n_{H_2C_2O_4\cdot 2H_2O}$$

$$c_{NaOH}V_{NaOH}=\frac{2}{1}\times\frac{m_{H_2C_2O_4\cdot 2H_2O}}{M_{H_2C_2O_4\cdot 2H_2O}}$$

假设，当 NaOH 消耗 20mL，代入上式，得

$$0.1\times\frac{20.00}{1000}=\frac{2}{1}\times\frac{m_{H_2C_2O_4\cdot 2H_2O}}{126.1}$$

解得需要基准物质 $H_2C_2O_4\cdot 2H_2O$ 的质量为 0.13g。

同理，当 NaOH 消耗 30mL 时，解得需要基准物质 $H_2C_2O_4\cdot 2H_2O$ 的质量为 0.19g，所以称量基准物质 $H_2C_2O_4\cdot 2H_2O$ 的质量范围为 0.13～0.19g。

（二）分析结果的计算

分析结果的计算涉及单一组分和混合组分、直接或非直接滴定等。

1. 直接滴定

例 3-5 称含 Fe_2O_3 试样 0.3143g，溶解还原成 Fe^{2+} 后用 $0.02000mol\cdot L^{-1}$ 的 $K_2Cr_2O_7$ 滴定消耗 21.30mL。求（1）求 Fe_2O_3 质量分数；（2）Fe 质量分数。已知 Fe 和 Fe_2O_3 摩尔质量分别为 $55.85g\cdot mol^{-1}$ 和 $159.69g\cdot mol^{-1}$。

本题特点：单一组分、前处理、氧化还原滴定、直接滴定

解：（1）当待测组分为 Fe_2O_3 时，并不能与 $K_2Cr_2O_7$ 反应。因此，先将 Fe_2O_3 溶于足量的酸中，生成 Fe^{3+}，并用还原剂将 Fe^{3+} 还原 Fe^{2+}。则有

$$Fe_2O_3 \cong 2Fe^{3+} \cong 2Fe^{2+}$$

对滴定反应：

$$Cr_2O_7^{2-}+6Fe^{2+}+14H^+ = 2Cr^{3+}+6Fe^{3+}+7H_2O$$

所以：

$$3Fe_2O_3 \cong （6Fe^{2+}） \cong 1\ Cr_2O_7^{2-}$$

根据式（3-1）得

$$n_{K_2Cr_2O_7}=\frac{1}{3}n_{Fe_2O_3}$$

即：

$$c_{K_2Cr_2O_7}V_{K_2Cr_2O_7}=\frac{1}{3}\times\frac{m_{Fe_2O_3}}{M_{Fe_2O_3}}$$

得

$$m_{Fe_2O_3}=0.2041g$$

则：

$$w_{Fe_2O_3}=\frac{m_{Fe_2O_3}}{m_s}\times 100\%=\frac{0.2041}{0.3143}\times 100\%=64.94\%$$

（2）当以 Fe 计时，有： $Fe_2O_3 \cong 2Fe^{3+} \cong 2Fe^{2+}$

对滴定反应：

$$Cr_2O_7^{2-}+6Fe^{2+}+14H^+ = 2Cr^{3+}+6Fe^{3+}+7H_2O$$

根据式（3-1）得

$$n_{K_2Cr_2O_7}=\frac{1}{6}n_{Fe^{2+}}$$

即：

$$c_{K_2Cr_2O_4}V_{K_2Cr_2O_4}=\frac{1}{6}\times\frac{m_{Fe^{2+}}}{M_{Fe^{2+}}}$$

得

$$m_{Fe^{2+}}=0.1428\ g$$

则：

$$w_{Fe}=\frac{m_{Fe}}{m_s}\times 100\%=\frac{0.1428}{0.3143}\times 100\%=45.43\%$$

2. 返滴定

例 3-6 称铝样 0.2018g，溶解后加入 30.00mL 0.02018mol·L^{-1} EDTA 标准溶液，pH = 4.2，加热使 Al^{3+}完全反应。然后用 0.02035mol·L^{-1} Zn^{2+}标准溶液返滴定多余的 EDTA，用去 Zn^{2+}标准溶液 6.50mL，求 Al_2O_3质量分数是多少？提示：EDTA 与 Al^{3+}和 Zn^{2+}反应比均为 1:1。

本题特点：单一组分、前处理、配位滴定、返滴定

解：返滴定分析流程图能更清楚表达出滴定过程及量的关系：

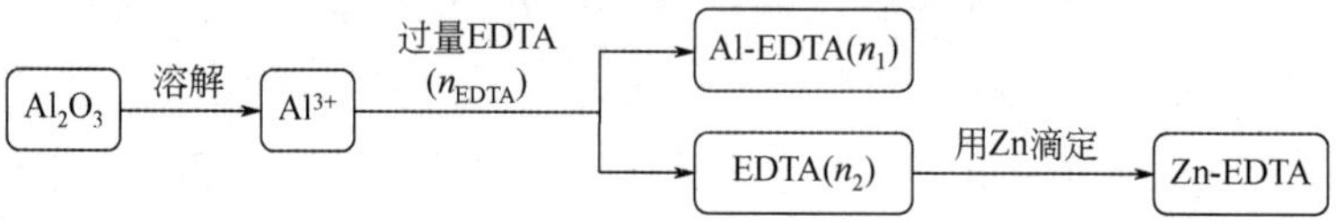

从上面流程图可知 $n_{EDTA}=n_1+n_2$，其中 n_1 为 EDTA 与 Al^{3+}定量反应的物质的量，n_2 为过量 EDTA 的物质的量，可由 Zn^{2+}标准溶液来确定。

根据上述分析流程，容易得到待测组分与滴定剂反应的计量比关系：

$$Al_2O_3 \cong 2Al^{3+} \cong 2Al\text{-}EDTA$$

得：

$$n_{Al_2O_3}=\frac{1}{2}n_1=\frac{1}{2}(n_{EDTA}-n_2)$$

即：

$$\frac{m_{Al_2O_3}}{M_{Al_2O_3}}=\frac{1}{2}(c_{EDTA}V_{EDTA}-c_{Zn^{2+}}V_{Zn^{2+}})$$

$$\frac{m_{Al_2O_3}}{101.96}=\frac{1}{2}\left(0.02018\times\frac{30.00}{1000}-0.02035\times\frac{6.50}{1000}\right)$$

解得：

$$m_{Al_2O_3}=0.02412\text{g}$$

则：

$$w_{Al_2O_3}=\frac{m_{Al_2O_3}}{m_s}\times 100\%=\frac{0.02412}{0.2018}\times 100\%=11.95\%$$

3. 间接滴定

例 3-7 准确吸取某可溶性钙盐溶液 25.00mL，加入适当过量的 $Na_2C_2O_4$ 溶液，使 Ca^{2+}完全以 CaC_2O_4 形式沉淀。将沉淀过滤洗涤后溶于 H_2SO_4，再以 0.1000mol·L^{-1} $KMnO_4$ 标准溶液滴定所产生的 $C_2O_4^{2-}$，终点时消耗 $KMnO_4$ 溶液 24.00mL。求钙盐中 Ca^{2+}的浓度。

本题特点：单一组分、前处理、氧化还原滴定、间接滴定

解：前处理相关物质计量比：$Ca^{2+} \cong CaC_2O_4 \cong C_2O_4^{2-}$

滴定反应：

$$2MnO_4^- + 5C_2O_4^{2-} + 16H^+ = 2Mn^{2+} + 10CO_2 + 8H_2O$$

所以，待测组分与滴定剂之间的计量比为

$$5Ca^{2+} \cong (5CaC_2O_4 \cong 5C_2O_4^{2-}) \cong 2MnO_4^-$$

则有：

$$n_{Ca^{2+}}=\frac{5}{2}n_{MnO_4^-}=\frac{5}{2}c_{MnO_4^-}V_{MnO_4^-}$$

$$c_{Ca^{2+}}=\frac{n_{Ca^{2+}}}{V_{Ca^{2+}}}=\frac{5}{2}\times 0.1000\times\frac{24.00}{25.00}=0.2400\ (\text{mol·L}^{-1})$$

4. 置换滴定

例 3-8 移取 25mL 未知浓度的 Ag^+ 溶液于锥形瓶中，加入过量 $[Ni(CN)_4]^{2-}$，当充分反应后，调节 pH=10，以紫脲酸胺作指示剂，用去 $0.1002mol \cdot L^{-1}$ 标准溶液 EDTA 27.06mL，问 Ag^+ 离子浓度为多少？提示：EDTA 与 Ni^{2+} 反应比为 1:1。

本题特点：单一组分、配位滴定、置换滴定

解：根据题意有

置换反应为：
$$2Ag^+ + [Ni(CN)_4]^{2-} = 2[Ag(CN)_2]^- + Ni^{2+}$$

滴定反应为：
$$Ni^{2+} + EDTA = Ni\text{-}EDTA$$

故有：
$$2Ag^+ \triangleq Ni^{2+} \triangleq EDTA$$

则：
$$n_{Ag^+} = 2n_{EDTA} = 2c_{EDTA}V_{EDTA} = 2 \times 0.1002 \times 27.06 = 5.423(mmol)$$

则：
$$c_{Ag^+} = n_{Ag^+} / V_{Ag^+} = 5.423 / 25.00 = 0.2169\,(mol \cdot L^{-1})$$

5. 混合物测定

例 3-9 今有纯 CaO 和 BaO 的混合物 2.212g，转化为混合硫酸盐后其质量为 5.023g，计算原混合物中 CaO 和 BaO 的质量分数各是多少？

本题特点：混合组分、重量分析法

解：设 CaO 的质量为 x(g)，则 BaO 的质量为 $(2.212 - x)$g

$$\frac{M_{CaSO_4}}{M_{CaO}}x + \frac{M_{BaSO_4}}{M_{BaO}} \times (2.212 - x) = 5.023$$

$$\frac{136.2}{56.08}x + \frac{233.4}{153.3} \times (2.212 - x) = 5.023$$

解得：
$$x = 1.828g$$

则：
$$w_{CaO} = \frac{1.828}{2.212} \times 100\% = 82.64\%$$

$$w_{BaO} = \frac{2.212 - 1.828}{2.212} \times 100\% = 17.36\%$$

（三）与滴定度相关的计算

例 3-10 已知浓度为 $0.02010mol \cdot L^{-1}$ 的 $KMnO_4$ 标准溶液，求其 $T_{Fe/KMnO_4}$ 和 $T_{Fe_2O_3/KMnO_4}$。如果称取含铁试样 0.2718g，溶解后将溶液中的 Fe^{3+} 还原成 Fe^{2+}，然后用 $KMnO_4$ 标准溶液滴定，用去 26.30mL，求试样中 Fe、Fe_2O_3 的质量分数？

本题特点：滴定度、单一组分、前处理、氧化还原滴定、直接滴定

解：含 Fe 组分经前处理得滴定组分 Fe^{2+}，物质的量不变，即

$$Fe \triangleq Fe^{2+}$$

对滴定反应：$5Fe^{2+} + MnO_4^- + 8H^+ = 5Fe^{3+} + Mn^{2+} + 4H_2O$，根据式（3-3）有：

$$T_{Fe/KMnO_4} = \frac{5}{1} \times \frac{M_{Fe}}{1000} c_{KMnO_4} = \frac{5}{1} \times \frac{0.02010 \times 55.85}{1000} = 0.005613\ (g \cdot mL^{-1})$$

同理，对 $T_{Fe_2O_3/KMnO_4}$ 有 $Fe_2O_3 \triangleq 2Fe^{2+}$，则

$$T_{Fe_2O_3/KMnO_4} = \frac{5}{2} \times \frac{M_{Fe_2O_3}}{1000} c_{KMnO_4} = \frac{5}{2} \times \frac{0.02010 \times 159.7}{1000} = 0.008025\ (g \cdot mL^{-1})$$

则：

$$w_{Fe} = \frac{T_{Fe/KMnO_4} V_{KMnO_4}}{m_S} = \frac{0.005613 \times 26.30}{0.2718} = 0.5431 = 54.31\%$$

$$w_{Fe_2O_3} = \frac{T_{Fe_2O_3/KMnO_4} V_{KMnO_4}}{m_S} = \frac{0.008025 \times 26.30}{0.2718} = 0.7765 = 77.65\%$$

思考题与习题

1. 解释：滴定分析法、基准物质、标准溶液（滴定剂）、化学计量点、滴定终点、滴定、标定。

2. 用于滴定分析的化学反应必须具备哪些条件？

3. 基准物质应该满足的条件是什么？标定酸碱溶液常用的基准物质各有哪些？

4. 标准溶液的配制方法有哪些？简述不同方法的基本步骤。

5. 按照滴定反应的类型滴定分析法分为哪几种？

6. 滴定分析法按滴定操作方式分为哪几种？

7. 什么叫滴定度，滴定度与物质的量浓度如何换算？试举例说明。

8. 下列情况将对分析结果产生何种影响（偏高、偏低、无影响、不确定），请写明原因。

（1）标定 HCl 时，基准物质 Na_2CO_3 中含有少量 H_2O。

（2）减量法称量时，承接试样的锥形瓶有去离子水。

（3）溶解锥形瓶中的基准物质时，加水体积有多有少。

（4）碱式滴定管使用操作手法不正确，滴定完成后，滴定管尖有回流气泡。

（5）$H_2C_2O_4 \cdot 2H_2O$ 基准物质部分失水，用它标定 NaOH。

9. 将 10mg NaCl 溶于100mL 水中，请用 c，w，ρ表示该溶液中 NaCl 的含量。

10. 为标定 $0.10mol \cdot L^{-1}$ NaOH 溶液的浓度，应称取基准物质邻苯二甲酸氢钾的质量范围是多少克？

11. 称取基准 $Na_2C_2O_4$ 物质 0.2262g 以标定 $KMnO_4$溶液，滴定达化学计量点时，消耗 41.50mL $KMnO_4$，计算（1）$KMnO_4$ 溶液的物质的量浓度；（2）求滴定度 $T_{Fe/KMnO_4}$ 、$T_{Fe_2O_3/KMnO_4}$ 。

12. 采用 $KMnO_4$ 法间接测定血液中钙含量。取10.0mL 血液试样，先沉淀为草酸钙，再以硫酸溶解后，用 $0.00500mol \cdot L^{-1}$ $KMnO_4$ 标准溶液滴定消耗其体积 5.00mL，试计算每 10mL 血液试样中含钙多少毫克？

13. 测定石灰石中 Ca 含量时，称取 0.3000g 试样，加入 25.00mL $0.2500mol \cdot L^{-1}$ HCl 标准溶液，煮沸除去 CO_2 后用 $0.1000mol \cdot L^{-1}$ NaOH 回滴过量酸，消耗 11.68mL NaOH。请分别用 w_{Ca}、w_{CaO}、w_{CaCO_3} 表示分析结果。已知Ca、CaO 及$CaCO_3$摩尔质量分别为 $40.08g \cdot mol^{-1}$、$56.08g \cdot mol^{-1}$ 和 $100.09g \cdot mol^{-1}$。

第四章

酸碱滴定法

酸碱滴定法（acid-base titration）是以质子转移反应为基础的滴定分析，是滴定分析的重要方法之一。酸碱滴定法因具有反应速度快、操作简单、指示剂选择范围广等特点而被广泛应用。

第一节 酸碱平衡的理论基础

一、酸碱质子理论

（一）酸、碱及共轭酸碱对

酸碱质子理论认为凡是能给出质子的物质为酸，凡是能接受质子的物质为碱。例如：

$$HA（酸）\rightleftharpoons A^-（碱）+ H^+（质子）$$

上述反应称为**酸碱半反应**。反应中或是 HA 失去一个质子（H^+）生成其共轭碱 A^-；或是碱 A^-接受一个质子（H^+）转变成其共轭酸 HA。HA 和 A^-称为**共轭酸碱对**。共轭酸碱对彼此只相差一个质子，如 HCO_3^-和 CO_3^{2-}为共轭酸碱对，H_2CO_3 和 CO_3^{2-}不是共轭酸碱对。

质子理论中的酸碱可以是阳离子、阴离子、中性分子或配离子，如：

共轭酸		共轭碱		质子
HAc	$\rightleftharpoons$	Ac^-	+	H^+
NH_4^+	$\rightleftharpoons$	NH_3	+	H^+
H_2CO_3	$\rightleftharpoons$	HCO_3^-	+	H^+
HCO_3^-	$\rightleftharpoons$	CO_3^{2-}	+	H^+
$(CH_2)_6N_4H^+$	$\rightleftharpoons$	$(CH_2)_6N_4$	+	H^+
$^+H_3N\text{-}R\text{-}NH_3^+$	$\rightleftharpoons$	$^+H_3N\text{-}R\text{-}NH_2$	+	H^+
NH_3OH^+	$\rightleftharpoons$	NH_2OH	+	H^+
$Fe(H_2O)_6^{3+}$	$\rightleftharpoons$	$Fe(H_2O)_5(OH)^{2+}$	+	H^+

在上述酸碱半反应中，HCO_3^-在不同的共轭酸碱对中，有时是酸，有时是碱，这类物质称为**酸碱两性物质**。

（二）水的质子自递反应

根据酸碱质子理论，H_2O 既可以给出质子，形成 H_2O/OH^-共轭酸碱对，也可以接受质子形成 H_2O/H_3O^+共轭酸碱对，因此，H_2O 为酸碱两性物质。但与其它酸碱两性物质不同，这里把作为溶剂的 H_2O 分子间的质子转移反应称为**水的质子自递反应**

$$H_2O\text{（酸 1）} + H_2O\text{（碱 2）} \rightleftharpoons H_3O^+\text{（酸 2）} + OH^-\text{（碱 1）}$$

上述反应可简化形式为

$$H_2O \rightleftharpoons H^+ + OH^-$$

该反应平衡常数（K_w）称为水的**质子自递常数**，K_w 受温度影响，温度越高，K_w 越大，在 25℃时

$$K_w = [H^+][OH^-] = 10^{-14.00}$$

即

$$pK_w = 14.00$$

（三）酸碱反应

酸碱反应的本质是物质之间的质子传递过程，是共轭酸碱对共同作用的结果，例如 HAc 在水溶液中的解离

半反应 1： $HAc \rightleftharpoons Ac^- + H^+$

半反应 2： $H_2O + H^+ \rightleftharpoons H_3O^+$

总反应： $HAc + H_2O \rightleftharpoons Ac^- + H_3O^+$

总反应为 HAc 的解离反应。HAc 作为酸给出质子生成新的碱 Ac^-，H_2O 作为碱获得质子生成新的酸 H_3O^+。如果没有作为碱的溶剂 H_2O 的存在，HAc 就无法实现上述解离反应。

为书写方便，通常将水合质子 H_3O^+书写成 H^+，则 HAc 的解离反应简化为

$$HAc \rightleftharpoons Ac^- + H^+$$

因此，上述反应式既表示了 HAc 的半反应，也表示了一个完整的酸碱反应。本书在以后的许多计算中，也常采用这种简化表示方法，如其它酸碱反应简化形式

$$OH^- + H^+ \rightleftharpoons H_2O$$

$$HAc + NH_3 \rightleftharpoons NH_4^+ + Ac^-$$

二、酸碱平衡

（一）浓度与活度

在溶液中，带电离子之间及带电离子与溶剂之间的相互作用，使得离子在溶液中的**有效浓度**与其**真实平衡浓度**$[c]$之间存在差别，通常将离子在溶液中表现出的有效浓度称为**活度**（a）。活度与平衡浓度之间的关系用下式表示：

$$a = \gamma[c] \tag{4-1}$$

式（4-1）中，γ为**活度系数**，其数值随溶液中离子强度 I 的改变而改变。离子强度 I 可根据下式计算：

$$I = \frac{1}{2}\sum[c_i]Z_i^2 \tag{4-2}$$

式（4-2）中，c_i 和 Z_i 分别为 i 种离子的物质的量浓度和所带的电荷数。**离子强度** I 反映的是

溶液中所有带电荷组分的综合作用。

活度系数γ可用戴维斯方程计算：

$$\lg\gamma_i = Z_i^2\left(-\frac{0.50\sqrt{I}}{1+\sqrt{I}}+0.15I\right) \tag{4-3}$$

当离子强度较小时，可用德拜-休克尔公式计算：

$$\lg\gamma_i = -0.50Z_i^2\sqrt{I} \tag{4-4}$$

可见，当I一定时，离子电荷Z越高，γ越小；当Z一定时，离子强度I越大，γ越小。当离子强度I趋近于0时，γ趋近于1，此时$a\approx[c]$。在极稀的溶液中，可忽略离子强度的影响，即$\gamma\approx1$，$a\approx[c]$。

例4-1　已知0.025mol·L^{-1} Na_2HPO_4和0.025mol·L^{-1} KH_2PO_4混合体系，（1）计算体系的离子强度；（2）计算HPO_4^{2-}和$H_2PO_4^-$离子的活度系数及活度。

解：（1）Na_2HPO_4和KH_2PO_4解离后，存在Na^+、K^+、HPO_4^{2-}和$H_2PO_4^-$四种浓度较大的离子，由式（4-2）得

$$I=\frac{1}{2}\sum[c_i]Z_i^2=\frac{1}{2}([Na^+]Z_{Na^+}^2+[K^+]Z_{K^+}^2+[HPO_4^{2-}]Z_{HPO_4^{2-}}^2+[H_2PO_4^-]Z_{H_2PO_4^-}^2)$$

$$=\frac{1}{2}(0.025\times2\times1+0.025\times1+0.025\times2^2+0.025\times1)$$

$$=0.10\ (mol\cdot L^{-1})$$

（2）根据式（4-3），HPO_4^{2-}和$H_2PO_4^-$离子的活度系数

$$\lg\gamma_{HPO_4^{2-}}=Z_{HPO_4^{2-}}^2\left(-\frac{0.5\sqrt{I}}{1+\sqrt{I}}+0.15I\right)=2^2\times\left(-\frac{0.5\sqrt{0.10}}{1+\sqrt{0.10}}+0.15\times0.10\right)=-0.42$$

$$\lg\gamma_{H_2PO_4^-}=Z_{H_2PO_4^-}^2\left(-\frac{0.5\sqrt{I}}{1+\sqrt{I}}+0.15I\right)=1^2\times\left(-\frac{0.5\sqrt{0.10}}{1+\sqrt{0.10}}+0.15\times0.10\right)=-0.11$$

即

$$\gamma_{HPO_4^{2-}}=0.38,\quad \gamma_{H_2PO_4^-}=0.78$$

根据式（4-1），HPO_4^{2-}和$H_2PO_4^-$的活度为

$$a=\gamma_{HPO_4^{2-}}[c]=0.38\times0.025=0.0095\ (mol\cdot L^{-1})$$

$$a=\gamma_{H_2PO_4^-}[c]=0.78\times0.025=0.020\ (mol\cdot L^{-1})$$

（二）活度平衡常数、浓度平衡常数及混合平衡常数

以一元弱酸HA的解离及其共轭碱A^-水解为例，其相关反应如下

$$HA \rightleftharpoons H^+ + A^-$$

$$H_2O + A^- \rightleftharpoons HA + OH^-$$

当平衡常数用活度a表示时，则上述两反应的**活度平衡常数**分别为

$$K_a=\frac{a_{H^+}a_{A^-}}{a_{HA}};\quad K_b=\frac{a_{HA}a_{OH^-}}{a_{A^-}} \tag{4-5}$$

平衡常数用平衡浓度[c]表示，称为**浓度平衡常数**，如对 HA 的解离平衡有：

$$K_a^c = \frac{[H^+][A^-]}{[HA]}$$

浓度平衡常数与活度平衡常数的关系为

$$K_a^c = \frac{a_{H^+}a_{A^-}}{a_{HA}} \times \frac{\gamma_{HA}}{\gamma_{H^+}\gamma_{A^-}} = K_a \frac{\gamma_{HA}}{\gamma_{H^+}\gamma_{A^-}}$$

实验中，氢离子或氢氧根离子的活度 a_{H^+} 或 a_{OH^-} 由 pH 计测定计算得到，其余组分则仍按浓度表示，则此时的平衡常数称为**混合平衡常数**：

$$K_a^M = \frac{a_{H^+}[A^-]}{[HA]}$$

由于分析化学中的反应经常在较稀的溶液中进行，有关酸碱解离常数值存在百分之几的误差，大部分酸碱浓度和 pH 值的计算准确度要求不高（一般允许 5%的误差），所以通常忽略离子强度对溶液浓度的影响，用平衡浓度代替活度，则活度平衡常数可近似得

$$K_a = \frac{[H^+][A^-]}{[HA]};\quad K_b = \frac{[HA][OH^-]}{[A^-]} \tag{4-6}$$

从附录一、二中可以查出常见弱酸弱碱在水溶液中的 K_a 和 K_b 值。

（三）共轭酸碱对 K_a 与 K_b 的关系

对于共轭酸碱对 HA 与 A^-，其 K_a 与 K_b 的关系为：

$$K_a K_b = \frac{[H^+][A^-]}{[HA]}\frac{[HA][OH^-]}{[A^-]} = [H^+][OH^-] = K_w \tag{4-7}$$

或：

$$pK_a + pK_b = pK_w = 14.00 \tag{4-8}$$

对于多元酸碱，如 H_3PO_4 能形成三个共轭酸碱对：

$$H_3PO_4 \underset{K_{b3}}{\overset{K_{a1}}{\rightleftharpoons}} H_2PO_4^- \underset{K_{b2}}{\overset{K_{a2}}{\rightleftharpoons}} HPO_4^{2-} \underset{K_{b1}}{\overset{K_{a3}}{\rightleftharpoons}} PO_4^{3-}$$

对于每一共轭酸碱对的 K_a 和 K_b 都存在式（4-7）和式（4-8）中所述关系，所以

$$K_{a1}K_{b3} = K_{a2}K_{b2} = K_{a3}K_{b1} = K_w$$

第二节 弱酸（碱）各型体的分布

弱酸（碱）在水溶液中存在解离平衡，例如 HAc 在水溶液中解离达到平衡时，存在 HAc 和 Ac^-两种型体；而 H_3PO_4 水溶液平衡体系则存在 H_3PO_4、$H_2PO_4^-$、HPO_4^{2-}和 PO_4^{3-}四种型体。改变 pH 值可使平衡移动，致使各型体浓度发生改变。了解酸度对弱酸（碱）型体分布的影响对于掌握与控制分析条件具有重要意义。

一、一元弱酸（碱）溶液中各型体的分布

一元弱酸（HA）在水溶液中存在 HA 和 A^-两种型体，用 c 表示其**总浓度**，又称**分析浓度**，用[HA]和[A^-]表示各型体的平衡浓度，则**分布分数**定义为某型体的平衡浓度占总浓度的分数，以 δ_i 表示（i 表示某种型体）。则 HA 和 A^-两型体的分布分数为

$$\delta_{HA}=\frac{[HA]}{c} \qquad \delta_{A^-}=\frac{[A^-]}{c} \tag{4-9}$$

分布分数的大小反映了各型体的平衡浓度大小

$$[HA]=\delta_{HA}c \qquad [A^-]=\delta_{A^-}c \tag{4-10}$$

根据分布分数定义和平衡常数 K_a 的表达式，有

$$\delta_{HA}=\frac{[HA]}{c}=\frac{[HA]}{[HA]+[A^-]}=\frac{[HA]}{[HA]+\dfrac{[HA]K_a}{[H^+]}}=\frac{[H^+]}{[H^+]+K_a} \tag{4-11}$$

$$\delta_{A^-}=\frac{[A^-]}{c}=\frac{[A^-]}{[HA]+[A^-]}=\frac{[A^-]}{\dfrac{[H^+][A^-]}{K_a}+[A^-]}=\frac{K_a}{[H^+]+K_a} \tag{4-12}$$

上式表明，在平衡状态下，一元弱酸（碱）各型体的分布分数的大小不仅与酸（碱）自身的性质（K_a）有关，而且与溶液的 pH 值有关。对某确定的一元弱酸（碱）而言，分布分数仅为 pH 的函数。图 4-1 反映了 HAc 的分布分数 δ_i 与 pH 值的关系，称**分布分数图**或**分布分数曲线**。

由图 4-1 可获得如下重要信息：

（1）δ_{HAc} 或 HAc 的平衡浓度随 pH 升高而减小，δ_{Ac^-} 或 Ac^-平衡浓度随 pH 升高而增加。两曲线交叉点坐标为（$\delta_{HAc}=\delta_{Ac^-}=0.5$，pH = p$K_a$），此时有[HAc] = [$Ac^-$]；

（2）当 pH＜pK_a 时，该区域为 HAc 型体优势区；当 pH＞pK_a 时，该区域为 Ac^-型体优势区；

（3）任一 pH 值下，有 $\delta_{HAc}+\delta_{Ac^-}=1$。

任何一元弱酸各型体的分布分数图形状都相似，只是图中曲线的交点随其 pK_a 大小不同而左右移动。

弱碱的分布分数表达式的推导可以通过将弱碱转化成其共轭酸，再按共轭酸的分布分数来处理。

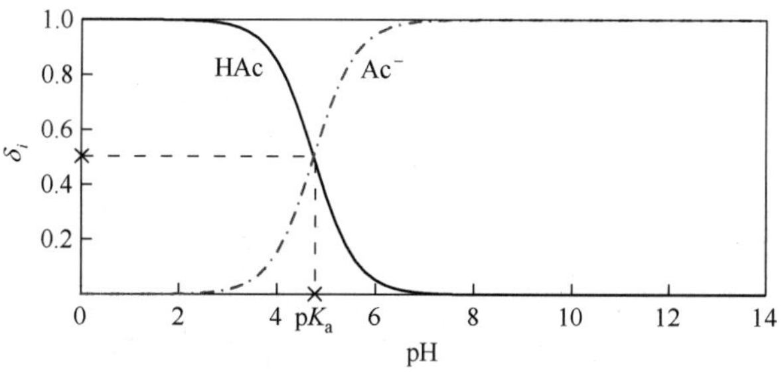

图 4-1　HAc 各型体的 δ_i -pH 曲线（pK_a=4.74）

二、多元弱酸（碱）各型体的分布

以二元弱酸 H_2A 为例，用 δ_{H_2A}、δ_{HA^-} 及 $\delta_{A^{2-}}$ 分别代表溶液中 H_2A、HA^-和 A^{2-}的分布分数。H_2A 分步解离及总解离平衡为

$$（1）H_2A \rightleftharpoons H^+ + HA^- \quad K_{a1}$$

$$（2）HA^- \rightleftharpoons H^+ + A^{2-} \quad K_{a2}$$

$$（3）H_2A \rightleftharpoons 2H^+ + A^{2-} \quad K_{a1}K_{a2}$$

因：

$$c = [H_2A] + [HA^-] + [A^{2-}] = [H_2A] + \frac{[H_2A]K_{a1}}{[H^+]} + \frac{[H_2A]K_{a1}K_{a2}}{[H^+]^2}$$

$$= [H_2A]\left(1+\frac{K_{a1}}{[H^+]}+\frac{K_{a1}K_{a2}}{[H^+]^2}\right)$$

所以

$$\delta_{H_2A} = \frac{[H_2A]}{c} = \frac{[H_2A]}{[H_2A]+[HA^-]+[A^{2-}]} = \frac{1}{1+\frac{K_{a1}}{[H^+]}+\frac{K_{a1}K_{a2}}{[H^+]^2}} = \frac{[H^+]^2}{[H^+]^2+[H^+]K_{a1}+K_{a1}K_{a2}}$$

同理，可推导出 δ_{HA^-}、$\delta_{A^{2-}}$：

$$\delta_{HA^-} = \frac{[HA^-]}{c} = \frac{[H^+]K_{a1}}{[H^+]^2+[H^+]K_{a1}+K_{a1}K_{a2}}$$

$$\delta_{A^{2-}} = \frac{[A^{2-}]}{c} = \frac{K_{a1}K_{a2}}{[H^+]^2+[H^+]K_{a1}+K_{a1}K_{a2}}$$

图 4-2 为 H_2A 弱酸的 δ_i-pH 曲线，主要信息如下：

（1）二元弱酸的每一共轭酸碱对分布曲线的交点对应的 pH 值依次为 pK_{a1} 和 pK_{a2}；

（2）当 pH＜pK_{a1} 时，溶液中 H_2A 为优势型体；pH＞pK_{a2} 时，A^{2-}为优势型体；在 pK_{a1}＜pH＜pK_{a2} 时，两性型体 HA^-为优势型体；

（3）ΔpK_a（$\Delta pK_a = pK_{a2} - pK_{a1}$）影响多元弱酸中的两性型体的分布。$\Delta pK_a$ 的大小不仅影响两性型体 HA^-优势分布范围，也影响 HA^-浓度占比。ΔpK_a 越大，HA^-优势分布范围越宽，且浓度占比越高；ΔpK_a 越小，HA^-优势分布范围越窄，且浓度占比越低。例如，图 4-2(a)中 $\Delta pK_a = 5$，HA^-优势分布范围 pH=4～9，最高浓度占比 99%；而图 4-2(b)中 $\Delta pK_a = 1$，HA^-浓度最大时，H_2A 和 A^{2-}仍具较大浓度（占比近 20%）。

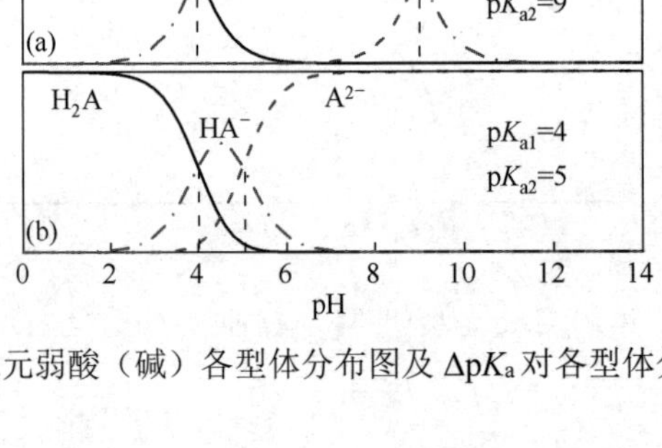

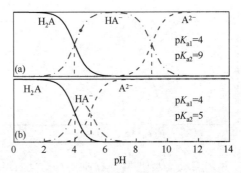

图 4-2　二元弱酸（碱）各型体分布图及 ΔpK_a 对各型体分布的影响

同理，可得三元弱酸 H_3A 的分布分数公式：

$$\delta_{H_3A}=\frac{[H^+]^3}{[H^+]^3+[H^+]^2K_{a1}+[H^+]K_{a1}K_{a2}+K_{a1}K_{a2}K_{a3}}$$

$$\delta_{H_2A^-}=\frac{[H^+]^2K_{a1}}{[H^+]^3+[H^+]^2K_{a1}+[H^+]K_{a1}K_{a2}+K_{a1}K_{a2}K_{a3}}$$

$$\delta_{HA^{2-}}=\frac{[H^+]K_{a1}K_{a2}}{[H^+]^3+[H^+]^2K_{a1}+[H^+]K_{a1}K_{a2}+K_{a1}K_{a2}K_{a3}}$$

$$\delta_{A^{3-}}=\frac{K_{a1}K_{a2}K_{a3}}{[H^+]^3+[H^+]^2K_{a1}+[H^+]K_{a1}K_{a2}+K_{a1}K_{a2}K_{a3}}$$

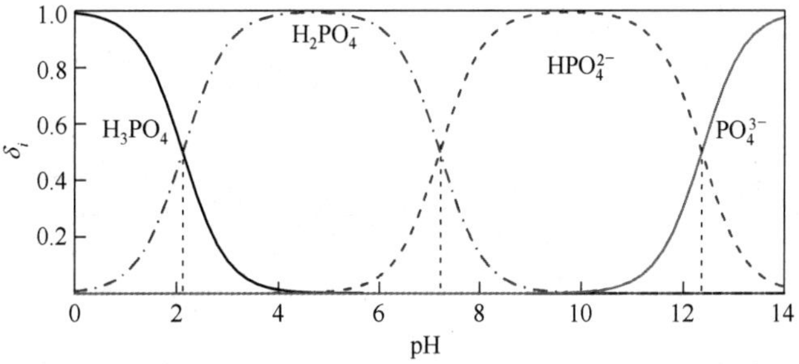

图 4-3　H_3PO_4 各型体的 δ_i -pH 曲线（pK_a=2.12、7.20、12.36）

图 4-3 为 H_3PO_4 各型体的 δ_i -pH 曲线，由于 H_3PO_4 各 pK_a 之间相差较大，$H_2PO_4^-$和 HPO_4^{2-}为主要型体的 pH 范围较宽，可以用 NaOH 滴定 H_3PO_4 到 $H_2PO_4^-$，进一步到 HPO_4^{2-}，即可以对多元酸进行分步滴定。**优势区域图**（图 4-4）可简洁表达 pH 区间与多元酸碱各优势型体的关系，如当 pH＜pK_{a1} 时，磷酸溶液中的优势型体为 H_3PO_4。

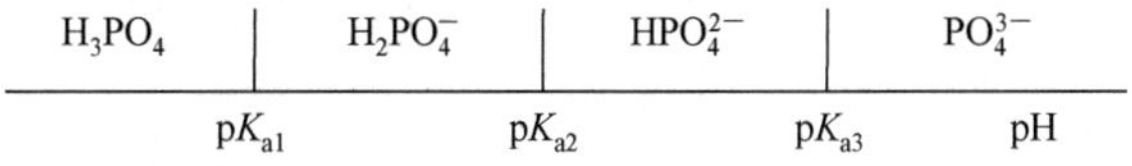

图 4-4　H_3PO_4 各型体优势区域图

对 n 元酸 H_nA，可以推导出的各型体分布分数计算公式，公式中具有相同的分母 M，即 $M=[H^+]^n+[H^+]^{n-1}K_{a1}+\cdots+[H^+]K_{a1}K_{a2}\cdots K_{a(n-1)}+K_{a1}K_{a2}\cdots K_{an}$，共有 $n+1$ 项。其分子则依次为分母中的相应项，则 n 元酸 H_nA 各型体分布的计算公式可表示如下：

$$\delta_{H_nA}=[H^+]^n/M$$

$$\delta_{H_{n-1}A^-}=[H^+]^{n-1}K_{a1}/M$$

……

$$\delta_{A^{n-}}=K_{a1}K_{a2}\cdots K_{an}/M$$

例 4-2　pH = 5.00 时，计算：（1）0.10mol·L^{-1} HAc 水溶液中各型体的分布分数和平衡浓度；（2）0.10mol·L^{-1} NH_3 水溶液中各型体的分布分数和平衡浓度。

解：（1）对 HAc，查表有 $K_a = 1.8\times10^{-5}$，因 pH = 5.00，所以$[H^+] = 1.0\times10^{-5} mol\cdot L^{-1}$，则

$$\delta_{HAc} = \frac{[H^+]}{[H^+]+K_a} = \frac{1.0\times10^{-5}}{1.0\times10^{-5}+1.8\times10^{-5}} = 0.36$$

$$\delta_{Ac^-} = \frac{K_a}{[H^+]+K_a} = \frac{1.8\times10^{-5}}{1.0\times10^{-5}+1.8\times10^{-5}} = 0.64$$

或：

$$\delta_{Ac^-} = 1 - \delta_{HAc} = 1 - 0.36 = 0.64$$

则：

$$[HAc] = \delta_{HAc}c = 0.36\times0.10 = 0.036\ (mol\cdot L^{-1})$$

$$[Ac^-] = \delta_{Ac^-}c = 0.64\times0.10 = 0.064\ (mol\cdot L^{-1})$$

（2）对 NH_3，查表有 $K_b = 1.8\times10^{-5}$，则 $K_a = 5.6\times10^{-10}$

$$\delta_{NH_4^+} = \frac{[H^+]}{[H^+]+K_a} = \frac{1.0\times10^{-5}}{1.0\times10^{-5}+5.6\times10^{-10}} = 1.0$$

$$\delta_{NH_3} = \frac{K_a}{[H^+]+K_a} = \frac{5.6\times10^{-10}}{1.0\times10^{-5}+5.6\times10^{-10}} = 5.6\times10^{-5}$$

$$[NH_4^+] = \delta_{NH_4^+}c = 1.0\times0.10 = 0.10\ (mol\cdot L^{-1})$$

$$[NH_3] = \delta_{NH_3}c = 5.6\times10^{-5}\times0.10 = 5.6\times10^{-6}\ (mol\cdot L^{-1})$$

第三节 酸碱溶液中$[H^+]$的计算

酸碱水溶液$[H^+]$或 pH 值的计算与溶液中各类平衡关系密切相关，这些平衡关系包括物料平衡、电荷平衡及质子平衡等。

一、处理水溶液中酸碱平衡的方法

（一）物料平衡

平衡状态下，溶质的分析浓度等于其各型体平衡浓度之和，这种关系称为**物料平衡**或**质量平衡**（mass balance equation，MBE）。例如，分析浓度为 $c(mol\cdot L^{-1})$的 HF 溶液，其 MBE 为

$$c = [HF] + [F^-]$$

又如，浓度为 $c\ (mol\cdot L^{-1})$的 Na_2CO_3 溶液，其 MBE 为

$$c = [CO_3^{2-}] + [HCO_3^-] + [H_2CO_3]$$

$$2c = [Na^+]$$

（二）电荷平衡

电荷平衡即电中性规则，在电解质溶液中，解离达平衡时，溶液中带正电荷离子的总浓度等于溶液中带负电荷离子的总浓度，这就是**电荷平衡方程式**，简称**电荷平衡式**（charge balance equation，CBE）。考虑溶液中各离子的平衡浓度和电荷数，中性分子不包含在电荷平衡式中。例如，$0.1mol\cdot L^{-1}$ 的 NaCl 溶液的 CBE 为

$$[Na^+] + [H^+] = [Cl^-] + [OH^-]$$

又如，$0.1mol\cdot L^{-1}$ Na_2CO_3 溶液的 CBE 为

$$[Na^+] + [H^+] = 2[CO_3^{2-}] + [HCO_3^-] + [OH^-]$$

注意，对于多价离子，其平衡浓度前面还要乘以相应的系数（即离子所带电荷数），这样电荷平衡式才能成立。

（三）质子平衡

根据酸碱质子理论，酸失去的质子数等于碱所接受的质子数，这种关系式称为**质子平衡方程式**，又称为**质子条件式**（proton balance equation，PBE）。质子条件式反映酸碱反应的本质，其书写步骤为：

（1）选择**零水准**（又称**参考水准**）。零水准指溶液中大量存在并参与质子转移的物质，通常是起始酸碱组分，包括溶剂分子。表 4-1 列出了常见酸、碱溶液的零水准，表 4-2 列出了酸、碱混合溶液的零水准。

表 4-1 常见酸碱水溶液的零水准

溶质	零水准	溶质	零水准
H_2O	H_2O	NH_3	NH_3、H_2O
HCl	HCl、H_2O	$NaHCO_3$	HCO_3^-、H_2O
NaOH	NaOH、H_2O	$NH_4H_2PO_4$	NH_4^+、$H_2PO_4^-$、H_2O
HAc	HAc、H_2O	NH_4Cl	NH_4^+、H_2O

表 4-2 酸、碱混合溶液的零水准

混合情况	实例	零水准
酸 1+酸 2	HCl + HAc	HCl、HAc、H_2O
碱 1+碱 2	NaOH + NaAc	NaOH、Ac^-、H_2O
酸+碱	NaOH + HCl	NaOH、HCl、H_2O
	NH_3 + HCl	NH_3、HCl、H_2O
	NaOH + HAc	NaOH、HAc、H_2O
缓冲溶液	HAc-NaAc	NaOH、HAc、H_2O

因酸碱种类多，酸碱体系较复杂，现结合表 4-1、表 4-2 对零水准的选择做如下说明：

① 表 4-1 中，酸式盐如 $NaHCO_3$，因 Na^+不参与质子传递，所以选择 HCO_3^-和溶剂 H_2O 为零水准；但 $NH_4H_2PO_4$ 解离后的 NH_4^+和 $H_2PO_4^-$都参与质子传递，所以零水准为 NH_4^+、$H_2PO_4^-$ 和 H_2O。

② 表 4-2 中，不管是酸+酸、碱+碱，还是酸+碱的混合溶液，其零水准均可选择起始酸碱组分和 H_2O 分子；但对酸+碱，因存在酸碱中和反应，也可根据反应后溶液实际组成情况来确定零水准。两种方法得到的 PBE 形式不同，但它们是等价的，详见例题 4-4（1）。

③ 表 4-2 中，对于缓冲混合溶液，例如 HAc-NaAc 缓冲溶液，相当于 NaOH 与过量的 HAc 反应的结果，因此，可按 NaOH 和 HAc 混合体系确定其零水准为 NaOH、HAc、H_2O。又如 NH_4Cl- NH_3 缓冲溶液，其零水准可确定为 HCl、NH_3、H_2O。

（2）根据零水准写出所有相关的质子转移方程，明确得失质子后新生成的酸或碱。写质子转移方程时，应注意以下几种情况：

① 对溶剂 H_2O 及一元酸碱（如 HCl、HAc、NH_3 等），质子转移方程为

$$H_2O + H_2O \rightleftharpoons H_3O^+\text{（新酸）} + OH^-\text{（新碱）}，简写为 H_2O \rightleftharpoons H^+ + OH^-$$

$$HCl \rightleftharpoons H^+\text{（新酸）} + Cl^-\text{（新碱）}$$

$$HAc \rightleftharpoons H^+\text{（新酸）} + Ac^-\text{（新碱）}$$

$$H_2O + NH_3 \rightleftharpoons NH_4^+\text{（新酸）} + OH^-\text{（新碱）}$$

由上可见，对 H_2O 及一元酸碱，无论其酸碱强弱，所生成的新酸与新碱的物质的量相等。

② 对多元酸碱如 H_3PO_4，其质子转移方程示例如下

$$H_3PO_4 \rightleftharpoons H^+ + H_2PO_4^-$$

$$H_3PO_4 \rightleftharpoons 2H^+ + HPO_4^{2-}$$

$$H_3PO_4 \rightleftharpoons 3H^+ + PO_4^{3-}$$

示例表明，多元酸如 H_3PO_4 存在三个质子传递反应。在书写质子转移方程时，每一个质子传递反应都是以零水准为出发点，如 H_3PO_4 失去 1、2、3 分子 H^+时，分别对应生成 1 分子的 $H_2PO_4^-$、HPO_4^{2-}和 PO_4^{3-}，所以上述三个质子转移方程分别满足$[H^+] = [H_2PO_4^-]$、$[H^+]=2[HPO_4^{2-}]$、$[H^+] = 3[PO_4^{3-}]$。

③ 对两性物质如 $H_2PO_4^-$，其质子转移方程示例如下

$$H_2PO_4^- \rightleftharpoons H^+ + HPO_4^{2-}$$

$$H_2PO_4^- \rightleftharpoons 2H^+ + PO_4^{3-}$$

$$H_2PO_4^- + H_2O \rightleftharpoons H_3PO_4 + OH^-$$

示例表明，两性物质如 $H_2PO_4^-$存在两个解离反应和一个水解反应，共三个质子传递反应；在 $H_2PO_4^-$解离为 PO_4^{3-}时，$H_2PO_4^-$失去 2 分子 H^+，对应生成 1 分子 PO_4^{3-}。

（3）根据得失质子的量相等原则写出 PBE。书写 PBE 时，对多元酸碱及其酸式盐，由于质子传递反应存在新生成的酸碱，其物质的量并不一定相等。所以应注意在其平衡浓度前面添加相应的得失质子数。如 H_3PO_4 溶液的 PBE 为

$$[H^+] = [OH^-] + [H_2PO_4^-] + 2[HPO_4^{2-}] + 3[PO_4^{3-}]$$

正确的 PBE 中不包含与质子转移无关的组分，一般也不包含零水准本身。

例 4-3 写出下列水溶液的质子条件式

（1）溶剂 H_2O；（2）c_a HCl；（3）$NH_4H_2PO_4$。

解：（1）溶剂 H_2O 的零水准为 H_2O，其质子转移方程为

$$H_2O \rightleftharpoons H^+ + OH^-$$

则 PBE：

$$[H^+] = [OH^-]$$

（2）c_a HCl 的零水准为 HCl、H_2O，其质子转移方程为

$$H_2O \rightleftharpoons H^+ + OH^-$$

$$HCl \rightleftharpoons H^+ + Cl^-$$

则 PBE：

$$[H^+] = [OH^-] + [Cl^-]$$

因 HCl 为强电解质，有$[Cl^-] = c_a$，所以质子条件式也可写为

$$[H^+] = [OH^-] + c_a$$

（3）$NH_4H_2PO_4$ 的零水准为 NH_4^+、$H_2PO_4^-$、H_2O，其质子转移方程为

$$H_2O \rightleftharpoons H^+ + OH^-$$

$$NH_4^+ \rightleftharpoons H^+ + NH_3$$

$$H_2PO_4^- \rightleftharpoons H^+ + HPO_4^{2-}$$

$$H_2PO_4^- \rightleftharpoons 2H^+ + PO_4^{3-}$$

$$H_2PO_4^- + H_2O \rightleftharpoons H_3PO_4 + OH^-$$

则 PBE：　$[H_3PO_4] + [H^+] = [OH^-] + [NH_3] + [HPO_4^{2-}] + 2[PO_4^{3-}]$

例 4-4　写出下列混合溶液的 PBE：（1）$0.20mol \cdot L^{-1}$ HCl 和等体积的 $0.20mol \cdot L^{-1}$ NH_3 混合；（2）$0.20mol \cdot L^{-1}$ HCl 和等体积的 $0.10mol \cdot L^{-1}$ NH_3 混合；（3）$0.10mol \cdot L^{-1}$ HCl 和等体积的 $0.20mol \cdot L^{-1}$ NH_3 混合。

解：（1）$0.20mol \cdot L^{-1}$ HCl 和等体积的 $0.20mol \cdot L^{-1}$ NH_3 混合后，当以起始酸碱组分 HCl、NH_3、H_2O 为零水准时，得 PBE 为：

$$[H^+] + [NH_4^+] = [OH^-] + [Cl^-] \qquad (1)$$

当以反应产物来确定零水准时，因产物为 $0.10mol \cdot L^{-1}$ NH_4Cl，则零水准为 NH_4^+、H_2O，则得 PBE 为：

$$[H^+] = [OH^-] + [NH_3] \qquad (2)$$

从形式看，从不同角度得到的同一体系的 PBE（1）和 PBE（2）是不一样的，但根据物料平衡：

$$[Cl^-] = c_{HCl} = [NH_3] + [NH_4^+]$$

将上式代入 PBE（1）式，整理得 PBE（2）式，所以 PBE（1）和 PBE（2）是等价的。

（2）$0.20mol \cdot L^{-1}$ HCl 和等体积的 $0.10mol \cdot L^{-1}$ NH_3 混合，其反应产物及浓度为 $0.050mol \cdot L^{-1}$ HCl 和 $0.050mol \cdot L^{-1}$ NH_4Cl，则零水准为 HCl、NH_4^+、H_2O，其质子转移方程为

$$H_2O \rightleftharpoons H^+ + OH^-$$

$$HCl \rightleftharpoons H^+ + Cl^-$$

$$NH_4^+ \rightleftharpoons H^+ + NH_3$$

所以 PBE：　$[H^+] = [OH^-] + [NH_3] + [Cl^-]$

（3）$0.10mol \cdot L^{-1}$ HCl 和等体积的 $0.20mol \cdot L^{-1}$ NH_3 混合，其反应产物及浓度为 $0.050mol \cdot L^{-1}$ NH_4Cl 和 $0.050mol \cdot L^{-1}$ NH_3，体系为缓冲溶液，所以零水准为 HCl、NH_3、H_2O，其质子转移方程为

$$H_2O \rightleftharpoons H^+ + OH^-$$

$$HCl \rightleftharpoons H^+ + Cl^-$$

$$H_2O + NH_3 \rightleftharpoons NH_4^+ + OH^-$$

所以 PBE：　$[H^+] + [NH_4^+] = [OH^-] + [Cl^-]$

以 c_a、c_b 分别代表共轭酸（NH_4Cl）、碱（NH_3）的浓度，因 NH_4Cl 会完全解离，所以有$[Cl^-] =$

c_a，则上述 PBE 可表述为

$$[H^+] + [NH_4^+] = [OH^-] + c_a$$

又因物料平衡有$[NH_4^+] + [NH_3] = c_a + c_b$，即$[NH_4^+] = c_a + c_b - [NH_3]$，代入上述 PBE 中，得 NH_4Cl-NH_3 缓冲溶液另一 PBE 表达式：

$$[H^+] + c_b = [OH^-] + [NH_3]$$

同理可以推导出 HAc(c_a)-NaAc(c_b)缓冲体系的两种质子条件式

$$[H^+] + c_b = [OH^-] + [Ac^-]$$

$$[H^+] + [HAc] = [OH^-] + c_a$$

二、酸碱溶液 H^+浓度的计算

酸碱溶液 H^+浓度或 pH 值的获取可以通过实验测定，或通过代数法计算。代数法采取“全面考虑、分清主次、合理取舍、近似计算”的思路处理酸碱水溶液的$[H^+]$或 pH 值的计算问题。

图 4-5 为代数法的步骤流程图，由图可知，PBE 作为$[H^+]$计算起点，代入平衡常数关系式便可获得$[H^+]$的精确计算式。这种精确式多为高次方程，不便求解。在实际计算中，通常根据具体情况对精确计算式进行近似处理，略去次要因素，得到近似计算式，甚至最简式。但是在使用近似式或最简式计算时，应控制计算结果的相对误差（与精确式比较）在 5%以内。因此，使用近似式或者最简式计算 H^+浓度时应注意其使用条件。

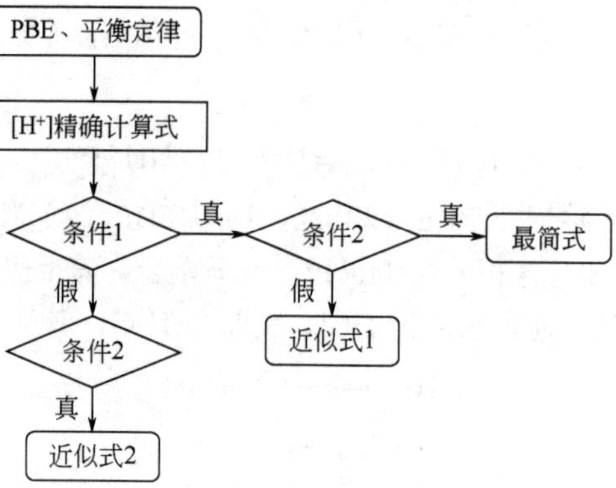

图 4-5　代数法的步骤流程图

（一）一元强酸（碱）溶液

计算浓度为 c ($mol\cdot L^{-1}$)的 HCl 溶液的 H^+浓度。平衡时，其 PBE 为

$$[H^+] = [Cl^-] + [OH^-] = c + [OH^-]$$

因为：［OH^-］$= K_w/[H^+]$，代入 PBE 并整理得

$$[H^+]^2 - c[H^+] - K_w = 0$$

所以计算 H^+浓度的**精确式**

$$[H^+] = \frac{c + \sqrt{c^2 + 4K_w}}{2} \tag{4-13}$$

一般来说，当 $c \geqslant 10^{-6} mol\cdot L^{-1}$ 时，可以忽略水的解离，PBE 简化为

$$[H^+] \approx [Cl^-]$$

得到计算 pH 的**最简式**

$$pH = -\lg c \qquad (4\text{-}14)$$

而当 $10^{-8}mol\cdot L^{-1} < c < 10^{-6}mol\cdot L^{-1}$ 时，必须考虑水解离的影响，用精确式计算 H^+浓度。

对于浓度为 c $mol\cdot L^{-1}$ 一元强碱，具有相类似的精确式

当 $10^{-8}mol\cdot L^{-1} < c < 10^{-6}mol\cdot L^{-1}$ 时

$$[OH^-] = \frac{c + \sqrt{c^2 + 4K_w}}{2} \qquad (4\text{-}15)$$

当 $c \geqslant 10^{-6}mol\cdot L^{-1}$ 时最简式　　　　$pOH = -\lg c$

例 4-5　求 $1.0\times10^{-7}mol\cdot L^{-1}$ NaOH 溶液的 pH。

解：因 $10^{-8}mol\cdot L^{-1} < 10^{-7}mol\cdot L^{-1} < 10^{-6}mol\cdot L^{-1}$，须用精确式计算

$$[OH^-] = \frac{c + \sqrt{c^2 + 4K_w}}{2}$$

$$= \frac{1.0\times10^{-7} + \sqrt{(1.0\times10^{-7})^2 + 4\times10^{-14.00}}}{2}$$

$$= 1.6\times10^{-7}\ (mol\cdot L^{-1})$$

$$pOH = 6.80$$

所以　　$pH = 14.00 - pOH = 14.00 - 6.80 = 7.20$

若按最简式计算得$[OH^-] = 1.0\times10^{-7}mol\cdot L^{-1}$，其相对误差 E_r 高达-38%。

（二）一元弱酸（碱）溶液

一元弱酸 HA（分析浓度为 c_a）的 PBE 为

$$[H^+] = [A^-] + [OH^-]$$

利用平衡常数表达式将各项写成$[H^+]$的函数，即

$$[H^+] = \frac{[HA]K_a}{[H^+]} + \frac{K_w}{[H^+]}$$

整理得一元弱酸$[H^+]$计算的**精确式**：

$$[H^+] = \sqrt{[HA]K_a + K_w} \qquad (4\text{-}16)$$

式中，$[HA] = c_a\delta_{HA} = \dfrac{c_a[H^+]}{[H^+] + K_a}$，代入并进一步整理得$[H^+]$的一元三次方程

$$[H^+]^3 + K_a[H^+]^2 - (c_aK_a + K_w)[H^+] - K_aK_w = 0$$

上式求解困难，实际计算时，在控制计算结果的相对误差在 5%以内时，可根据具体情况对精确式进行简化处理。

（1）忽略 K_w。当 $c_aK_a \geqslant 10K_w$，可以忽略水的解离，此时 PBE 可简化为$[H^+] \approx [A^-]$，精确式可简化为**近似式 1**

$$[H^+] = \sqrt{[HA]K_a} = \sqrt{(c_a - [H^+])K_a}$$

整理得一元二次方程

$$[H^+]^2 + K_a[H^+] - c_aK_a = 0 \quad (4\text{-}17)$$

求解得

$$[H^+] = \frac{-K_a + \sqrt{K_a^2 + 4c_aK_a}}{2} \quad (4\text{-}17a)$$

（2）[HA]≈c_a。若酸极弱，且浓度极小，即 $c_aK_a < 10K_w$，且 $c_a / K_a \geqslant 105$。水的解离是溶液中 H^+主要来源，不能忽略；又因酸极弱，可不考虑解离对其浓度的影响，[HA]≈c_a，代入式（4-16），得一元弱酸[H^+]计算的**近似式 2**

$$[H^+] = \sqrt{c_aK_a + K_w} \quad (4\text{-}18)$$

（3）忽略 K_w 且满足[HA]≈c_a。即 $c_a / K_a \geqslant 105$，且 $c_aK_a \geqslant 10K_w$，近似式可以进一步简化为**最简式**

$$[H^+] = \sqrt{c_aK_a} \quad (4\text{-}19)$$

例 4-6 计算下列一元弱酸溶液的 pH 值。

（1）0.10mol·L^{-1} 一氯乙酸（$CH_2ClCOOH$）溶液，已知 $K_a = 1.38 \times 10^{-3}$；

（2）1.0×10^{-4}mol·L^{-1} NH_4Cl 溶液，已知 $K_b=1.8\times10^{-5}$；

（3）0.10mol·L^{-1} HF 溶液，已知 $K_a = 6.6\times10^{-4}$。

解：（1）对一氯乙酸，因

$c_aK_a = 0.10\times1.38\times10^{-3} \gg 10K_w$，且 $c_a / K_a = 0.10\div1.38\times10^{-3} < 105$，所以

$$\begin{aligned}[H^+] &= \frac{-K_a + \sqrt{K_a^2 + 4c_aK_a}}{2} \\ &= \frac{-1.38\times10^{-3} + \sqrt{(1.38\times10^{-3})^2 + 4\times0.10\times1.38\times10^{-3}}}{2} \\ &= 1.1\times10^{-2}(\text{mol}\cdot\text{L}^{-1})\end{aligned}$$

$$pH = 1.96$$

（2）对 NH_4Cl 溶液，$K_{a(NH_4^+)} = K_w / K_b = 10^{-14.00}/(1.8\times10^{-5}) = 5.6\times10^{-10}$，因

$c_aK_a = 1.0\times10^{-4}\times5.6\times10^{-10} < 10K_w$，且 $c_a / K_a = 1.0\times10^{-4} / 5.6\times10^{-10} \gg 105$，所以

$$[H^+] = \sqrt{c_aK_a + K_w} = \sqrt{1.0\times10^{-4}\times5.6\times10^{-10} + 10^{-14.00}} = 2.6\times10^{-7}(\text{mol}\cdot\text{L}^{-1})$$

$$pH = 6.59$$

（3）对 HF 溶液，因

$c_aK_a = 0.10\times6.6\times10^{-4} \gg 10K_w$，且 $c_a / K_a = 0.10 / 6.6\times10^{-4} \gg 105$，所以

$$[H^+] = \sqrt{c_aK_a} = \sqrt{0.10\times6.6\times10^{-4}} = 8.1\times10^{-3}(\text{mol}\cdot\text{L}^{-1})$$

$$pH = 2.09$$

用同样的方法可以得到一元弱碱 A^-(c_b，K_b)的 pH 计算公式

精确式：$[OH^-] = \sqrt{[A^-]K_b + K_w}$（条件：$c_b K_b < 10K_w$，且 $c_b/K_b < 105$） (4-20)

近似式 1：$[OH^-] = \dfrac{-K_b + \sqrt{K_b^2 + 4c_bK_b}}{2}$（条件：$c_b K_b \geqslant 10 K_w$，且 $c_b/K_b < 105$） (4-21)

近似式 2: $[OH^-]=\sqrt{c_bK_b+K_w}$（条件：$c_b K_b$＜10 K_w，且 c_b/K_b≥105） （4-22）

最简式: $[OH^-]=\sqrt{c_bK_b}$（条件：$c_b K_b$≥10 K_w，且 c_b/K_b≥105） （4-23）

（三）多元弱酸（碱）溶液

二元弱酸 H_2A（分析浓度为 c_a）的 PBE 为

$$[H^+] = [HA^-] + 2[A^{2-}] + [OH^-]$$

利用平衡常数表达式将各项写成[H⁺]的函数，即

$$[H^+]=\frac{[H_2A]K_{a1}}{[H^+]}+\frac{2[H_2A]K_{a1}K_{a2}}{[H^+]^2}+\frac{K_w}{[H^+]}=\frac{[H_2A]K_{a1}}{[H^+]}\left(1+\frac{2K_{a2}}{[H^+]}\right)+\frac{K_w}{[H^+]}$$

通常，当 $\sqrt{c_aK_{a1}}>40K_{a2}$时，满足 $\frac{2K_{a2}}{[H^+]}\approx\frac{2K_{a2}}{\sqrt{c_aK_{a1}}}\ll1$，则上式可简化为

$$[H^+]=\frac{[H_2A]K_{a1}}{[H^+]}+\frac{K_w}{[H^+]}$$

$$[H^+]=\sqrt{[H_2A]K_{a1}+K_w} \qquad (4\text{-}24)$$

式（4-24）与式（4-16）形式上完全相似，意味着，当 $\sqrt{c_aK_{a1}}>40K_{a2}$ 时，二元弱酸$[H^+]$的计算可以近似为一元弱酸来进行。相应的近似式和最简式如下

近似式 1：$[H^+]=\frac{-K_{a1}+\sqrt{K_{a1}^2+4c_aK_{a1}}}{2}$ （条件：$c_aK_{a1}\geq10\,K_w$，且 $c_a/K_{a1}<105$） （4-25）

近似式 2：$[H^+]=\sqrt{c_aK_{a1}+K_w}$ （条件：$c_aK_{a1}<10\,K_w$，且 $c_a/K_{a1}\geq105$） （4-26）

最简式：$[H^+]=\sqrt{c_aK_{a1}}$ （条件：$c_a/K_{a1}\geq105$，且 $c_aK_{a1}\geq10K_w$） （4-27）

通常多元酸$[H^+]$的计算都可以按照二元酸来近似处理。多元碱体系$[H^+]$的计算可以比照多元酸体系，采用类似的近似思路、近似公式和使用条件。

例 4-7 计算 0.10mol·L⁻¹ H_3PO_4溶液的 pH 值。H_3PO_4的 pK_{a1}=2.12，pK_{a2}=7.20，pK_{a3} = 12.36。

解：因 $\sqrt{c_aK_{a1}}=\sqrt{0.10\times10^{-2.12}}>40\times10^{-7.20}$，且 $K_{a2}\gg K_{a3}$，因此 H_3PO_4溶液$[H^+]$计算近似为一元酸处理

$c_aK_{a1}=0.10\times10^{-2.12}\gg10K_w$，且 $c_a/K_{a1}=0.10/10^{-2.12}<105$，所以

$$[H^+]=\frac{-10^{-2.12}+\sqrt{(10^{-2.12})^2+4\times0.10\times10^{-2.12}}}{2}=0.024\ (\text{mol}\cdot\text{L}^{-1})$$

$$pH = 1.62$$

例 4-8 计算 0.10mol·L⁻¹ Na_2CO_3溶液的 pH 值。H_2CO_3的 pK_{a1} = 6.38，pK_{a2} = 10.25。

解：对二元碱 CO_3^{2-}，pK_{b1} = 3.75，pK_{b2} = 7.62。

因 $\sqrt{c_bK_{b1}}=\sqrt{0.10\times10^{-3.75}}>40\times10^{-7.62}$，因此 CO_3^{2-}溶液$[OH^-]$计算近似为一元碱处理。

又因 $c_bK_{b1}=0.10\times10^{-3.75}\gg10K_w$，$c_b/K_{b1}=0.10/10^{-3.75}>105$，所以

$$[OH^-]=\sqrt{c_bK_{b1}}=\sqrt{0.10\times10^{-3.75}}=0.0042\ (\text{mol}\cdot\text{L}^{-1})$$

$$pOH = 2.38，pH = 11.62$$

（四）两性物质

除水以外，两性物质还包括多元弱酸的酸式盐、弱酸弱碱盐以及氨基酸等。下面重点讨论酸式盐溶液的$[H^+]$计算问题。

以 NaHA 为例，设其分析浓度为 c，弱酸 H_2A 的解离常数为 K_{a1} 和 K_{a2}，HA^-的 PBE 为

$$[H_2A] + [H^+] = [A^{2-}] + [OH^-]$$

利用平衡常数表达式将各项写成$[H^+]$的函数，即

$$\frac{[HA^-][H^+]}{K_{a1}} + [H^+] = \frac{[HA^-]K_{a2}}{[H^+]} + \frac{K_w}{[H^+]}$$

整理得

$$[H^+] = \sqrt{\frac{K_{a1}([HA^-]K_{a2} + K_w)}{[HA^-] + K_{a1}}} \tag{4-28}$$

下面重点讨论有关的近似公式

（1）一般地，HA^-给出质子和接受质子的能力都比较弱，则有$[HA^-] \approx c$，则可近似为

$$[H^+] = \sqrt{\frac{K_{a1}(cK_{a2} + K_w)}{c + K_{a1}}} \tag{4-29}$$

（2）当 $cK_{a2} > 10K_w$ 时，可忽略式（4-29）中的 K_w 项，则式（4-29）可近似为

$$[H^+] = \sqrt{\frac{cK_{a1}K_{a2}}{c + K_{a1}}} \tag{4-30}$$

（3）当 $c > 10K_{a1}$ 时，式（4-30）中的（$c + K_{a1} \approx c$），所以式（4-30）可近似为最简式

$$[H^+] = \sqrt{K_{a1}K_{a2}} \tag{4-31}$$

例 4-9 计算 $1.0 \times 10^{-3} mol \cdot L^{-1}$ 的 NaH_2PO_4 和 Na_2HPO_4 溶液的 pH。已知 $pK_{a1}=2.12$，$pK_{a2}=7.20$，$pK_{a3} = 12.36$。

解：对于 NaH_2PO_4，因 $cK_{a2} = 1.0 \times 10^{-3} \times 10^{-7.20} > 10K_w$；$c(1.0 \times 10^{-3}) < 10K_{a1}$，所以

$$[H^+] = \sqrt{\frac{cK_{a1}K_{a2}}{c + K_{a1}}} = \sqrt{\frac{1.0 \times 10^{-3} \times 10^{-2.12} \times 10^{-7.20}}{1.0 \times 10^{-3} + 10^{-2.12}}} = 7.47 \times 10^{-6}\ (mol \cdot L^{-1})$$

$$pH = 5.13$$

对 Na_2HPO_4，因 $cK_{a3} = 1.0 \times 10^{-3} \times 10^{-12.36} < 10K_w$，水的解离必须考虑；另 $c > 10K_{a2}$，所以

$$[H^+] = \sqrt{\frac{K_{a2}(cK_{a3} + K_w)}{c}} = \sqrt{\frac{10^{-7.20} \times (1.0 \times 10^{-3} \times 10^{-12.36} + 10^{-14.00})}{1.0 \times 10^{-3}}} = 8.11 \times 10^{-10}\ (mol \cdot L^{-1})$$

$$pH = 9.09$$

（五）混合溶液

代数法也适用于混合酸碱溶液的$[H^+]$计算。如以一元强酸（c_1）和一元弱酸（c_2，K_a）混合溶液为例，其 PBE 为

$$[H^+] = c_1 + [A^-] + [OH^-]$$

因溶液为酸性，可忽略水解离，则上式近似为

$$[H^+]\approx c_1+[A^-]，即有$$

$$[H^+]=c_1+\frac{c_2K_a}{[H^+]+K_a}$$

整理后得

$$[H^+]=\frac{(c_1-K_a)+\sqrt{(c_1-K_a)^2+4(c_1+c_2)K_a}}{2} \tag{4-32}$$

当 $c_1>20[A^-]$，则上式进一步简化为 $[H^+]=c_1$。

第四节 酸碱缓冲溶液

酸碱缓冲溶液对溶液的酸度起稳定作用，对外加少量 H^+ 或 OH^- 或水，溶液的酸度基本不变。缓冲溶液可以分三类：（1）一定浓度的共轭酸碱对组成，如 HAc-NaAc;（2）两性物质，如 KH_2PO_4、Na_2HPO_4、$NaHCO_3$;（3）浓度较大的强酸（强碱）溶液。要求强酸的 pH 小于 2，强碱的 pH 大于 12。缓冲溶液根据应用目的不同可分为**一般缓冲溶液**和**标准缓冲溶液**。一般缓冲溶液主要用于控制溶液的酸度；标准缓冲溶液作为测定 pH 值的参照标准，用于校正 pH 计。表 4-3 列出了几种常用的标准缓冲溶液及其 pH 的实验值。

表 4-3 几种常用的标准缓冲溶液

标准缓冲溶液	pH 实验值（25℃）
邻苯二甲酸氢钾（$0.050mol\cdot kg^{-1}$）	4.01
$0.025mol\cdot kg^{-1}$ KH_2PO_4 +$0.025mol\cdot kg^{-1}$ Na_2HPO_4	6.86
硼砂（$0.010mol\cdot kg^{-1}$）	9.18

一、缓冲溶液 pH 的计算

设共轭酸碱缓冲对 HA、NaA 的浓度分别为 c_a 和 c_b，酸常数为 K_a。则 PBE 有两种形式

（1）$[H^+]+c_b=[OH^-]+[A^-]$

（2）$[H^+]+[HA]=[OH^-]+c_a$

移项，可得

（1'）$[A^-]=c_b+[H^+]-[OH^-]$

（2'）$[HA]=c_a-[H^+]+[OH^-]$

将上式代入 HA 的解离平衡表达式，得到 HA-NaA 缓冲溶液 $[H^+]$ 计算的**精确式**：

$$[H^+]=\frac{[HA]}{[A^-]}K_a=\frac{c_a-[H^+]+[OH^-]}{c_b+[H^+]-[OH^-]}K_a \tag{4-33}$$

当溶液 pH≤6 时，溶液中 $[H^+]\gg[OH^-]$，忽略 $[OH^-]$ 项，得**近似式 1**

$$[H^+]=\frac{c_a-[H^+]}{c_b+[H^+]}K_a \tag{4-34}$$

当溶液 pH≥8 时，溶液中$[OH^-]\gg[H^+]$，忽略$[H^+]$项，得**近似式 2**

$$[H^+]=\frac{c_a+[OH^-]}{c_b-[OH^-]}K_a \tag{4-35}$$

当 $c_a\gg[OH^-]-[H^+]$且 $c_b\gg[H^+]-[OH^-]$，可得**最简式**

$$[H^+]=\frac{c_a}{c_b}K_a \tag{4-36}$$

即

$$pH=pK_a-\lg\frac{c_a}{c_b}$$

缓冲溶液 pH 值计算一般先用最简式计算出$[H^+]$，然后根据缓冲对的酸碱性以及缓冲对浓度与$[H^+]$比较，确定最简式是否合理，若不合理，则重新选择相应近似式进行计算。

例 4-10 计算：（1）$0.040mol\cdot L^{-1}$ HAc 和 $0.060mol\cdot L^{-1}$ NaAc；（2）$0.080mol\cdot L^{-1}$ 二氯乙酸和 $0.12mol\cdot L^{-1}$ 二氯乙酸钠缓冲体系 pH 值。已知 HAc 和二氯乙酸的 pK_a 分别为 4.76 和 1.26。

解：（1）对 HAc-NaAc 先按最简式计算

$$[H^+]=\frac{c_a}{c_b}K_a=\frac{0.040}{0.060}\times10^{-4.76}=10^{-4.94}\ mol\cdot L^{-1}$$

因 HAc-NaAc 为酸性，且 $c_a\gg[H^+]$且 $c_b\gg[H^+]$，所以用最简式是合理的。则

$$pH=4.94$$

（2）对于二氯乙酸和二氯乙酸钠缓冲体系，先按最简式计算

$$[H^+]=\frac{c_a}{c_b}K_a=\frac{0.080}{0.12}\times10^{-1.26}=0.037\ mol\cdot L^{-1}$$

因 c_a和 c_b与$[H^+]$相差不大，$[H^+]$不能忽略，需用近似式 1 计算

$$[H^+]=\frac{0.080-[H^+]}{0.12+[H^+]}\times10^{-1.26}\ mol\cdot L^{-1}$$

解一元二次方程，$[H^+]=10^{-1.65}mol\cdot L^{-1}$，pH = 1.65

二、缓冲容量与缓冲范围

任何缓冲溶液的缓冲能力都是有限的。缓冲能力的大小用**缓冲容量β**来表示，定义为

$$\beta=\frac{db}{dpH}=-\frac{da}{dpH} \tag{4-37}$$

其物理意义是使 1L 溶液的 pH 值增加 dpH 单位所需要强碱的量为 d$b$mol。或是使 1L 溶液的 pH 值减少 dpH 单位所需要强酸的量为 d$a$mol。酸度增加使溶液 pH 减小，故在 da/dpH 前加一负号。β越大，溶液的缓冲能力越强。对于总浓度为 c（$c=[HA]+[A^-]$）的 HA-NaA 缓冲体系，可以证明：

$$\beta = 2.3c\delta_{HA}\delta_{A^-} = \frac{2.3c[H^+]K_a}{([H^+]+K_a)^2} \qquad (4\text{-}38)$$

根据式（4-38）可绘制β-pH 曲线，称为**缓冲容量曲线**。如图 4-6 为总浓度分别为 0.10mol·L^{-1}和 0.20mol·L^{-1}的 HAc-NaAc 缓冲体系的缓冲容量曲线。

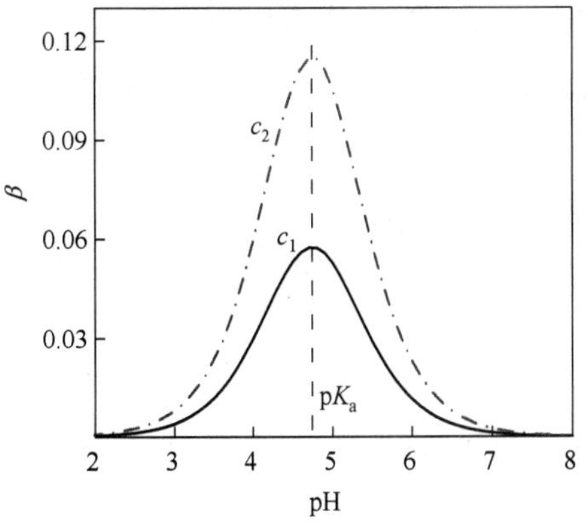

图 4-6　HAc-NaAc 缓冲体系的缓冲容量曲线
（缓冲对总浓度：c_1 = 0.10mol·L^{-1} 和 c_2 = 0.20mol·L^{-1}）

由式（4-38）和图 4-6 可得以下重要结论

（1）缓冲容量β的大小与共轭酸碱的组分的总浓度 c 有关。c 越大，β越大；c 越小，β越小，当 c 足够小时，体系失去缓冲能力。如图 4-6，总浓度 c_2=0.20mol·L^{-1}比 c_1=0.10mol·L^{-1}的 HAc-NaAc 缓冲体系具有更大的缓冲容量。

（2）当总浓度一定时，缓冲容量与缓冲对比值[HA]/[A$^-$]有关。[HA]/[A$^-$]比值越接近于 1，β越大；[HA]/[A$^-$]比值越远离于 1，β越小，甚至失去缓冲能力。从图 4-6 可知，缓冲容量曲线以 pH = pK_a为对称，当 pH = pK_a时，具有最大缓冲容量β_{max}，此时缓冲比[HA]/[A$^-$] = 1，$\delta_{HAc} = \delta_{Ac^-} = 0.5$，则根据式（4-38）可求得$\beta_{max}$

$$\beta_{max} = 2.3c\delta_{HA}\delta_{A^-} = 2.3c \times 0.50 \times 0.50 = 0.575c$$

（3）缓冲容量是有限的，仅在以 pH = pK_a为中心的一定 pH 范围内才具有缓冲能力，该范围称为**缓冲范围**。一般缓冲范围为

$$pH = pK_a \pm 1$$

当 pH = pK_a ± 1 时，有[HA]/[A$^-$] = 1/10（或 10/1），按式（4-38）可得此时缓冲溶液的β值约为β_{max}的 1/3。当 pH 低于或高于此范围，缓冲能力将显著下降直到失去缓冲能力。

三、缓冲溶液的选择与配制

（1）选择缓冲对中弱酸的 pK_a等于或接近所要求的 pH 值，并保证 pK_a–1＜pH＜pK_a+1。pH→pK_a可以保证缓冲溶液具有较大的缓冲容量。pK_a – 1＜pH＜pK_a + 1 可保证缓冲溶液具有有效的缓冲范围。例如，若需要控制溶液的酸度在 pH = 5 左右，可以选择 pK_a= 4.74 的 HAc–NaAc 缓冲溶液。

要注意的是，以上缓冲溶液的选择是根据共轭酸的 pK_a 来实施的，当给定共轭碱缓冲对时，可将其转化为共轭酸缓冲对来处理。如 NH_3-NH_4Cl 缓冲体系的缓冲范围为 pH = (14 – pK_b) ± 1。

（2）保证缓冲组分具有一定浓度。缓冲组分浓度大小可根据实际要求的缓冲容量，采用式（4-38）进行计算。通常总浓度为 0.10～1.0mol·L^{-1}。

（3）缓冲溶液的组分对于体系的反应是惰性的。

例 4-11　怎样配制 1.0 L pH = 5.00，β = 0.10 的缓冲溶液？

解：选择 pK_a= 4.74 的 HAc-NaAc 缓冲溶液，根据式（4-11）有

$$\delta_{HAc} = \frac{[H^+]}{[H^+]+K_a} = \frac{10^{-5.00}}{10^{-5.00}+10^{-4.74}} = 0.35$$

$$\delta_{\mathrm{NaAc}}=1-\delta_{\mathrm{HAc}}=1-0.35=0.65$$

又因

$$\beta=2.3c\delta_{\mathrm{HA}}\delta_{\mathrm{A^-}}$$

即

$$0.10=2.3c\times0.35\times0.65$$

解得

$$c=0.19\ \mathrm{mol\cdot L^{-1}}$$

因此 1.0L 该缓冲溶液需要移取冰醋酸 HAc 体积为：

$$V_{\mathrm{HAc}}=m_{\mathrm{HAc}}/\rho_{\mathrm{HAc}}=0.19\times0.35\times1.0\times60.05/1.049=3.8\ (\mathrm{mL})$$

称量 NaAc 质量为：

$$m_{\mathrm{NaAc}}=0.19\times0.65\times1.0\times136.08=16.8\ (\mathrm{g})$$

所以，将 3.9mL HAc 和 16.5g NaAc 溶解并稀释到 1.0L，即得 1.0L pH = 5.00，β = 0.10 的 HAc-NaAc 缓冲溶液。

由于缓冲溶液 pH 的理论计算通常忽略离子强度、温度等对 pK 值的影响，因此所得结果与实际情况有一定出入。实际工作中，在理论计算的基础上，还应借助 pH 计进行校正。

第五节 酸碱指示剂

在酸碱滴定过程中，溶液 pH 值随滴定剂的加入而变化。滴定终点一般要借助酸碱指示剂来确定，因此必须了解指示剂的作用原理。

一、酸碱指示剂的作用原理

酸碱指示剂一般为有机弱酸或弱碱。其酸式型体或碱式型体具有不同的结构和不同的颜色，并借以指示滴定终点。下面以甲基橙和酚酞为例说明指示剂的变色原理。

甲基橙为弱碱，在溶液中存在解离平衡：

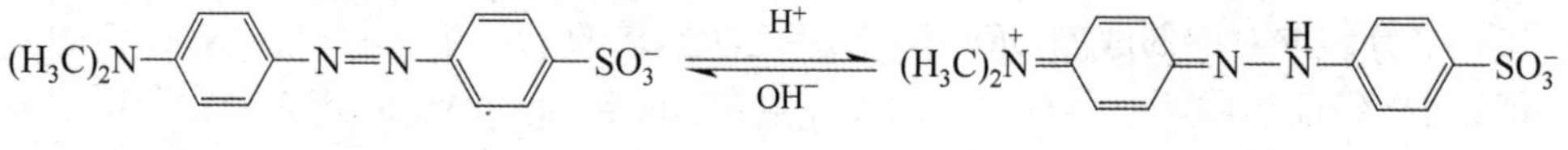

偶氮式（碱式），黄色　　　　醌式（酸式），红色

甲基橙偶氮式（碱式）呈黄色，当降低溶液 pH，甲基橙向酸式转化并异构化为醌式结构显红色，溶液由黄色经橙色转变为红色。反之，则溶液由红色经橙色转变为黄色。这种酸式或碱式型体都有颜色的指示剂，称为**双色指示剂**。

酚酞为有机弱酸，在溶液中的解离平衡如下：

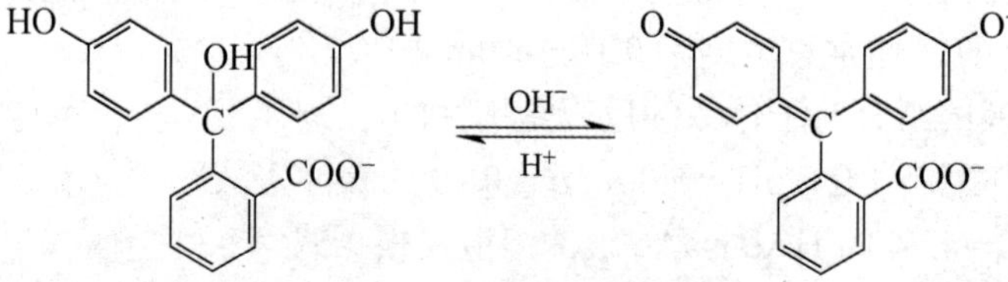

酸式，无色　　　　碱式（醌式），红色

酚酞在酸性溶液中无色，在碱性溶液中，羟基上的质子全部解离并异构化为红色的醌式结构，此时酚酞溶液显红色。这种仅酸式或碱式型体显色的指示剂，称为**单色指示剂**。

二、酸碱指示剂的变色点及变色范围

酸碱指示剂在溶液中颜色的改变与溶液的 pH 值密切相关。以 HIn 代表指示剂酸式型体，以 In^-代表指示剂的碱式型体，则指示剂在溶液中的解离平衡为

$$HIn \rightleftharpoons In^- + H^+$$

$$K_a = \frac{[H^+][In^-]}{[HIn]}$$

或：

$$\frac{K_a}{[H^+]} = \frac{[In^-]}{[HIn]}$$

或：

$$pH = pK_a + \lg\frac{[In^-]}{[HIn]}$$

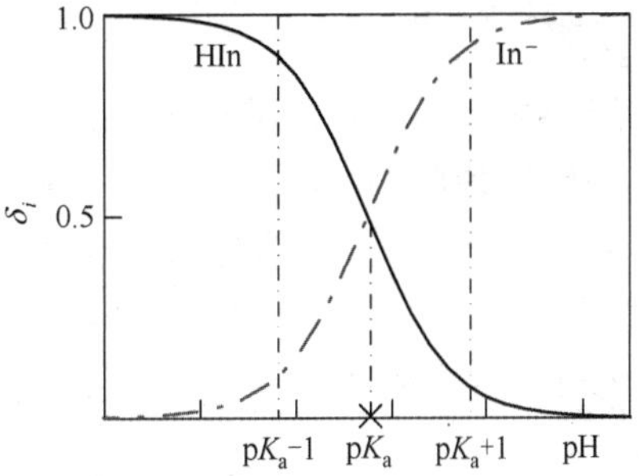

图 4-7　HIn（pK_a）各型体的 δ_i -pH 曲线

根据指示剂解离平衡及图 4-7 指示剂各型体的 δ_i -pH 曲线，可以深刻理解指示剂显色与 $[In^-]/[HIn]$比值及 pH 三者的关系：

（1）对于一给定 HIn 指示剂，$[In^-]/[HIn]$的比值决定了溶液颜色，$[In^-]/[HIn]$的比值仅取决于 pH；

（2）当$[In^-]/[HIn] = 1$ 时，$pH = pK_a$，该点称为指示剂的**理论变色点**。不同指示剂由于 pK_a 不同，理论变色点也各不相同；

（3）当$[In^-]/[HIn] \leqslant 1:10$ 时，$pH \leqslant pK_a - 1$，溶液中[HIn]为优势型体，显 HIn 色；

（4）当$[In^-]/[HIn] \geqslant 10:1$ 时，$pH \geqslant pK_a + 1$，溶液中$[In^-]$为优势型体，显 In^-色；

（5）当 $1/10 < [In^-]/[HIn] < 10/1$ 时，$pK_a - 1 < pH < pK_a + 1$，溶液中$[In^-]$和[HIn]都较大，显 In^-和 HIn 的复合色，把 $pH = pK_a \pm 1$ 称为指示剂的**理论变色范围**。理论变色范围有 2 个 pH 值单位。

由于对不同颜色的敏锐程度不同，在目视观察颜色变化时一般有±（0.2～0.3）个 pH 单位的误差，因此，指示剂实际变色点和变色范围与理论值之间通常存在一定差别。例如，甲基橙的理论变色点为 pH = 3.4，滴定过程中，当 pH 由高到低变化时（4.4→3.1），可观察到甲基橙由黄色变为显著橙色的一点，即**实际变色点**或**滴定终点**，此时溶液 pH = 4.0。当 pH 由低到高变化时（3.1→4.4），红色变橙色并不易观察，而是把橙色变黄时作为滴定终点，此时实际变色点 pH=4.4。因此，甲基橙的**实际变色范围** pH 3.1～4.4 与理论变色范围 pH 2.4～4.4 也不一致。通常，指示剂的实际变色范围小于理论变色范围，即小于 2 个 pH 值单位。

表 4-4 列出了部分常用的酸碱指示剂的颜色变化、理论及实际变色点和实际变色范围。

表 4-4　常用的酸碱指示剂

指示剂	颜色			pK_a	终点判断及实际变色点 pH		实际变色范围 pH
	酸式色	过渡色	碱式色				
甲基橙	红	橙	黄	3.4	黄→橙：4.0	橙→黄：4.4	3.1～4.4
甲基红	红	橙	黄	5.0	黄→橙：5.0	橙→黄：6.2	4.4～6.2

续表

指示剂	颜色			pK_a	终点判断及实际变色点 pH		实际变色范围 pH
	酸式色	过渡色	碱式色				
酚红	黄	橙	红	7.8	黄→橙：7.0	橙→黄：6.4	6.4～8.2
酚酞	无色	粉红	红	9.1	无色→粉红：9.0	粉红→无色：8.0	8.0～9.6
百里酚酞	无色	淡蓝	蓝	10.0	无色→淡蓝：10.0	淡蓝→无色：9.4	9.4～10.6

三、混合指示剂

利用颜色互补原理，采用混合指示剂可缩小变色范围，使滴定终点更敏锐。混合指示剂根据其作用原理分为两类：一类是两种酸碱指示剂混合；另一类是由一种酸碱指示剂与一种惰性染料混合而成，惰性染料不是酸碱指示剂，其颜色不受 pH 值的影响。

例如，随 pH 值升高时，甲基红颜色变化为红→橙→黄，而溴甲酚绿则为黄→绿→蓝。当两者按 1:3 混合后颜色变化为橙红→灰→绿，且变色范围更窄，终点更敏锐。

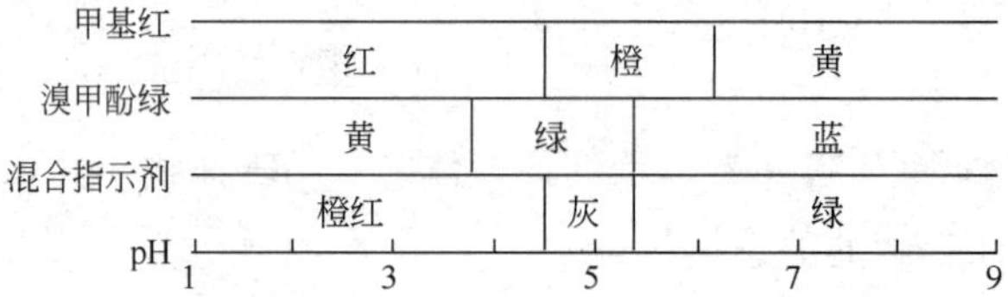

又如，指示剂甲基橙与蓝色染料靛蓝磺酸钠按照一定比例混合后所得到的混合指示剂的变色范围与甲基橙一样为 3.1～4.4，但混合指示剂的颜色由紫到黄绿，比单一甲基橙的黄色变橙色更敏锐。表 4-5 为常用的混合酸碱指示剂。

表 4-5 常用的混合酸碱指示剂

混合指示剂的构成	变色点 pH	颜色变化		备注
		酸式色	碱式色	
一份 0.1%甲基橙水溶液 一份 0.25%靛蓝磺酸钠水溶液	4.1	紫	黄绿	pH＝4.1 灰色
三份 0.1%溴甲酚绿乙醇溶液 一份 0.2%甲基红乙醇溶液	5.1	酒红	绿	pH＝5.1 灰色
一份 0.1%溴甲酚绿钠盐水溶液 一份 0.1%氯酚红钠水溶液	6.1	黄绿	蓝紫	pH＝5.4 蓝紫；pH＝5.8 蓝 pH＝6.0 蓝带紫；pH＝6.2 蓝紫
一份 0.1%中性红乙醇溶液 一份 0.1%亚甲基蓝乙醇溶液	7.0	蓝紫	绿	pH＝7.0 蓝紫
一份 0.1%甲酚红钠盐水溶液 三份 0.1%百里酚蓝钠盐水溶液	8.3	黄	紫	pH＝8.2 玫瑰红 pH＝8.4 清晰的紫
一份 0.1%百里酚蓝 50%水溶液 三份 0.1%酚酞的 50%乙醇溶液	9.0	黄	紫	由黄经绿到紫

四、影响酸碱指示剂变色范围的因素

（一）指示剂的用量

理论上，双色指示剂变色范围只取决于[In]/[HIn]的比值，与指示剂的用量无关。但是，当指示剂用量过多或色调变化不明显时，因指示剂本身也会消耗滴定剂，会给分析结果带来误差，所以双色指示剂应控制适宜的浓度。

单色指示剂用量对其变色范围影响较大。若指示剂浓度为 c，人眼观察到红色碱式型体的最低浓度等于 c_0（该值在一定条件下为常数），根据指示剂的解离平衡有

$$\frac{K_a}{[H^+]}=\frac{[In^-]}{[HIn]}=\frac{c_0}{c-c_0}$$

式中，K_a、c_0 都是定值，如果 c 增加，要维持平衡必须增大$[H^+]$。也就是说，溶液会在更低 pH 值显色。例如，在 100mL 溶液中加入 2～3 滴 0.1%酚酞，在 pH≈9 时显粉红色；如果加入 15～20 滴该酚酞，则在 pH≈8 时就显粉红色。

（二）温度

指示剂的解离平衡常数受温度的影响，进而影响指示剂的变色范围。例如，当温度从室温升高到 100℃时，甲基橙的变色范围从 3.14～4.4 提前到 2.5～3.7。因此，滴定分析一般在室温下进行。

（三）离子强度

离子强度会影响指示剂的解离平衡常数，进而影响指示剂变色点和变色范围。同时，离子强度对不同指示剂的影响程度也不尽相同，要依据具体条件具体分析。因此滴定过程中不宜存在高浓度盐类。

（四）溶剂

不同溶剂具有不同的介电常数及酸碱性，可影响指示剂的解离平衡常数和变色范围。如甲基橙在水溶液中 $pK_a = 3.4$，而在甲醇溶液中 $pK_a=3.8$。

第六节 酸碱滴定法基本原理

酸碱滴定法是以质子转移为基础的滴定方法。本节主要以强碱滴定强酸、弱酸、多元酸为例，讨论酸碱滴定曲线、滴定突跃及其影响因素、酸碱指示剂的选择、酸或碱完全滴定条件等重要酸碱滴定法基本原理。

一、强酸强碱的滴定

（一）滴定曲线

1. 滴定曲线的绘制

滴定曲线是指在滴定过程中，被滴定剂的 pH 值随滴定剂体积 V 增加而变化的曲线，即 pH-V 曲线。现以 $0.1000mol\cdot L^{-1}$ NaOH 滴定 20.00mL 同浓度的 HCl 溶液为例，讨论强碱滴定强酸的滴定曲线绘制方法，深刻理解滴定曲线特点。

滴定过程可分为滴定前、滴定开始至化学计量点前、化学计量点时、化学计量点后四个阶段。每个阶段被滴定剂溶液的零水准、质子条件式及近似质子条件式见下表。

滴定阶段	零水准	质子条件式	近似质子条件式
滴定前	HCl，H_2O	$[H^+] = c_{HCl} + [OH^-]$	$[H^+] \approx c_{HCl}$
滴定开始至化学计量点前	HCl，H_2O	$[H^+] = c_{HCl} + [OH^-]$	$[H^+] \approx c_{HCl}$
化学计量点时	H_2O	$[H^+] = [OH^-]$	$[H^+] = [OH^-]$
化学计量点后	NaOH，H_2O	$c_{NaOH} + [H^+] = [OH^-]$	$[OH^-] \approx c_{NaOH}$

根据近似质子条件式可计算出滴定各阶段的近似 pH 值，例如：

（1）滴定开始至计量点前：当滴入 19.98mL NaOH（滴定百分率 99.9%），则剩余 HCl 浓度为

$$c_{HCl} = 0.1000\times(20.00 - 19.98)/(19.98 + 20.00) = 5.003\times10^{-5}\ (mol\cdot L^{-1})$$

由于 $c_{HCl} > 10^{-6}$，所以用最简式是合理的，则有

$$[H^+] = c_{HCl} = 5.003\times10^{-5} mol\cdot L^{-1},\ pH = 4.30$$

（2）计量点时：滴入 20.00mL NaOH（滴定百分率 100%），相当于 H_2O 体系，则

$$pH = 7.00$$

（3）计量点后：滴入 20.02mL NaOH（滴定百分率 100.1%），则过剩 NaOH 浓度为

$$c_{NaOH} = 0.1000\times(20.02 - 20.00)/(20.02 + 20.00) = 4.998\times10^{-5}\ (mol\cdot L^{-1})$$

由于 $c_{NaOH} > 10^{-6}$，所以用最简式是合理的，则有

$$[OH^-] = c_{NaOH} = 4.998\times10^{-5} mol\cdot L^{-1},\ pOH = 4.30,\ pH = 9.70$$

用类似方法可以计算滴定过程中加入任意体积 NaOH 时溶液的 pH 值，部分结果列于表 4-6 中。

根据表 4-6 可绘制强碱滴定强酸的滴定曲线，如图 4-8 中的实线所示。

表 4-6　0.1000mol·L⁻¹ NaOH 滴定 20.00mL 同浓度 HCl 时体系的 pH 变化

滴定阶段	加入 NaOH 体积 V/mL	HCl 被滴定百分数 T/%	剩余 HCl 体积 V/mL	过量 NaOH 体积 V/mL	pH
滴定前	0.00	0	20.0		1.00
滴定开始至化学计量点前	18.00	90.0	2.00		2.28
	19.80	99.0	0.20		3.00
	19.98	**99.9**	**0.02**		**4.30**
化学计量点时	20.00	100.0	0.00	0.00	7.00
化学计量点后	**20.02**	**100.1**		**0.02**	**9.70**
	20.20	101.0		0.20	10.70
	22.00	110.0		2.00	11.68
	40.00	200.0		20.00	12.52

2. 滴定曲线的特点

滴定曲线特点可用**“三点一突跃两平台”**来概括。三点指图 4-8 中的 sp 点、*A* 点和 *B* 点。*A* 点是指滴定过程中产生–0.1%相对误差时的滴定点，称**滴定突跃的起点**。*B* 点是指滴定过程中产生+0.1%相对误差时的滴定点，称**滴定突跃的终点**。本例中，当 NaOH 滴加至 19.98mL 时，反应进行了 99.9%，产生–0.1%相对误差，此时滴定突跃的起点 pH_A=4.30。当 NaOH 滴加至 20.02mL 时，产生+0.1%相对误差，此时滴定突跃的终点 pH_B=9.70。从 *A* 到 *B* 点的滴定过程中，NaOH 滴定体积约为 1 滴（0.04mL），但 pH 从 4.30 显著变化到 9.70，宽达 5.4 个

pH 值单位，因此将化学计量点前后有±0.1%相对误差时体系 pH 值变化称为**滴定突跃**，该突跃所包括的 pH 值范围称为**突跃范围**。两平台指滴定曲线存在两个缓冲平台。滴定开始时因强酸 HCl 具较大的缓冲容量，随着 NaOH 滴入，体系 pH 值增加缓慢，曲线较平坦，是强酸缓冲平台；当 NaOH 过量且浓度变大时，体系 pH 值增加缓慢，曲线较平坦，是强碱缓冲平台。

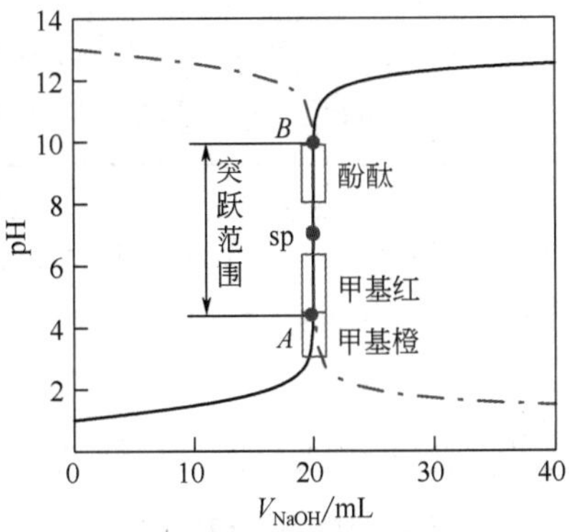

图 4-8　0.1000mol·L^{-1} NaOH 与同浓度 HCl 滴定曲线

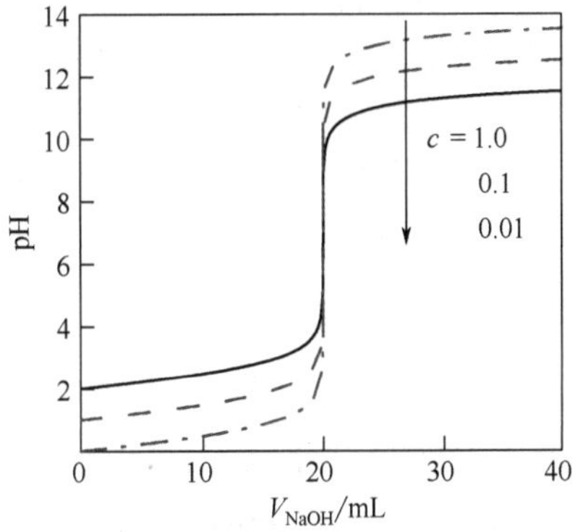

图 4-9　浓度对滴定突跃的影响

（二）影响滴定突跃范围的因素

强酸强碱的滴定过程中，滴定剂浓度影响滴定突跃的大小。图 4-9 显示，滴定剂 NaOH 浓度越大，突跃范围越宽。下表中的计算表明，对等浓度 NaOH 滴定 HCl，当 NaOH 浓度增大 10 倍时，突跃范围扩大两个 pH 单位。

NaOH 浓度/mol·L^{-1}	HCl 浓度/mol·L^{-1}	突跃范围（ΔpH）
1.000	1.000	3.30～10.70　(7.40)
0.1000	0.1000	4.30～9.70　(5.40)
0.01000	0.01000	5.30～8.70　(3.40)

（三）指示剂的选择

指示剂选择原则是指示剂的变色范围要全部或大部分落入滴定突跃范围之内，或指示剂的实际变色点要落在滴定突跃范围之内。实际变色点离化学计量点越近，滴定所产生的误差越小。如 0.1000mol·L^{-1} NaOH 滴定同浓度的 HCl 溶液，指示剂为酚酞、甲基红和甲基橙（滴定至黄色）时实际变色点分别为 9.0、5.0 和 4.4，都落在滴定突跃范围 pH 4.30～9.70 之内，因此能保证误差不超过±0.1%。与酚酞、甲基红相比，甲基橙变色点离 pH 7.00 更远，滴定误差相对更大。

滴定剂浓度的改变影响突跃范围，从而影响指示剂的选择。如 0.01000mol·L^{-1} NaOH 其滴定突跃范围为 pH 5.30～8.70，仅酚酞可以准确指示终点。

强酸滴定强碱时，例如，用 0.1000mol·L^{-1} HCl 溶液滴定 20.00mL 0.1000mol·L^{-1} NaOH 溶液，其滴定曲线的形状如图 4-8 中的虚线所示。此滴定曲线与图 4-8 中的实线位置正好相反，随着 HCl 溶液的体积不断增加，溶液的 pH 值逐渐减小；滴定突跃大小相同，位置相反。酚酞、甲基红均为理想的指示剂。如选甲基橙，从黄色到橙色，产生的相对误差将超过 0.1%。

二、一元弱酸（弱碱）的滴定

（一）滴定曲线

以 0.1000mol·L^{-1} NaOH 滴定 20.00mL 同浓度的 HAc 溶液为例，讨论强碱滴定弱酸的滴定曲线及指示剂的选择原则。

滴定过程可分为滴定前、滴定开始至化学计量点前、化学计量点时、化学计量点后四个阶段。每个阶段被滴定剂溶液零水准、质子条件式及[H$^+$]或［OH$^-$］计算最简式见下表。

滴定阶段	零水准	质子条件式	[H$^+$]或［OH$^-$］最简式
滴定前	HAc，H_2O	[H$^+$]=[Ac$^-$]+[OH$^-$]	$[H^+]=\sqrt{c_aK_a}$
滴定开始至化学计量点前	HAc，Ac$^-$，H_2O	[H$^+$]+c_b=[OH$^-$]+[Ac$^-$]	$[H^+]=c_aK_a/c_b$
化学计量点时	Ac$^-$，H_2O	[HAc]+[H$^+$]=[OH$^-$]	$[OH^-]=\sqrt{c_bK_b}$
化学计量点后	NaOH，H_2O，Ac$^-$	c_{NaOH}+[HAc]+[H$^+$]=[OH$^-$]	$[OH^-]=c_{NaOH}$

表 4-7　0.1000mol·L^{-1} NaOH 滴定 20.00mL 同浓度 HAc 时体系的 pH 变化

滴定阶段	加入 NaOH 体积 V/mL	HAc 被滴定百分数 T/%	剩余 HAc 体积 V/mL	过量 NaOH 体积 V/mL	pH
滴定前	0.00	0	20.0		2.89
滴定开始至化学计量点前	18.00	90.0	2.00		5.70
	19.80	99.0	0.20		6.74
	19.98	**99.9**	**0.02**		**7.74**
化学计量点时	20.00	100.0	0.00	0.00	8.72
化学计量点后	**20.02**	**100.1**		**0.02**	**9.70**
	20.20	101.0		0.20	10.70
	22.00	110.0		2.00	11.68
	40.00	200.0		20.00	12.52

根据[H$^+$]或[OH$^-$]计算最简式可计算出滴定各阶段的近似 pH 值，例如：

（1）滴定开始至计量点前：当滴入 19.98mL NaOH（滴定百分率 99.9%），则生成 NaAc 和剩余 HAc 浓度分别为

$$c_{NaAc}=0.1000\times19.98/(19.98+20.00)=5.0\times10^{-2}\,(\text{mol·L}^{-1})$$

$$c_{HAc}=0.1000\times(20.00-19.98)/(19.98+20.00)=5.0\times10^{-5}\,(\text{mol·L}^{-1})$$

则

$$[H^+]=c_aK_a/c_b=5.0\times10^{-5}\times10^{-4.74}/5.0\times10^{-2}=10^{-7.74}\,(\text{mol·L}^{-1})$$

$$\text{pH}=7.74$$

由于 c_{HAc}、c_{NaAc}≫[OH$^-$]，故使用最简式计算是合理的。

（2）计量点时：滴入 20.00mL NaOH（滴定百分率 100%），相当于 NaAc 溶液，则

$$[OH^-]=\sqrt{c_bK_b}=\sqrt{5.0\times10^{-2}\times10^{-9.26}}=5.3\times10^{-6}\,(\text{mol·L}^{-1})$$

$$\text{pOH}=5.28,\ \text{pH}=8.72$$

（3）计量点后：滴入 20.02mL NaOH（滴定百分率 100.1%），组成为 NaOH 和 NaAc，由于 NaOH 过量，并抑制 Ac$^-$水解，因此溶液的碱度主要由过量的 NaOH 决定，其 pH 计算方法参考强碱滴定强酸部分。

用类似方法可以计算滴定过程中加入任意体积 NaOH 时溶液的 pH 值，部分结果列于表 4-7 中，滴定曲线如图 4-10 黑实线所示。

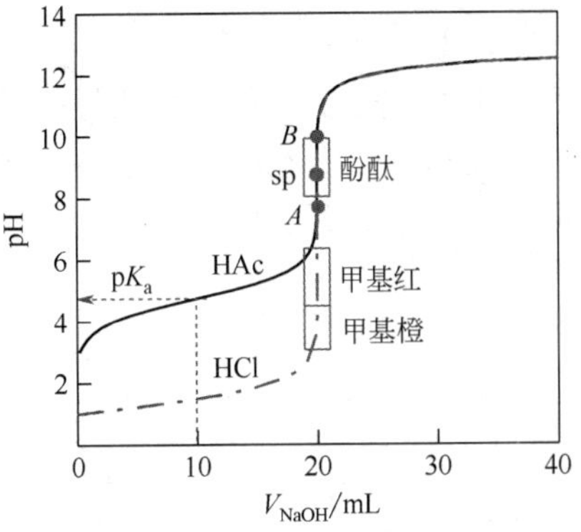

图 4-10 0.1000mol·L^{-1} NaOH 与同浓度 HAc 滴定曲线

与滴定 HCl 的滴定曲线相比，NaOH 滴定 HAc 的滴定曲线与之相似，特别是化学计量点后，计算 NaOH 和 NaAc 混合体系 pH 值时，忽略了 Ac^-水解，曲线与 NaOH 滴定 HCl 的曲线完全重合。所不同的有如下几点：（1）从滴定开始到化学计量点前，为 HAc-NaAc 缓冲体系，缓冲平台比强酸 HCl 的缓冲平台要高。当滴定百分数为 50% 时，溶液 pH 为 HAc 的 pK_a 值；（2）滴定达化学计量点时，产物为 NaAc，溶液为碱性，$pH_{sp}=8.72$；（3）突跃范围显著变小。NaOH 滴定 HAc 突跃范围 pH 7.74～9.70，约 2 个 pH 单位，处于弱碱性区。在弱酸性区域变色的一些指示剂（如甲基橙、甲基红等）不可以作为强碱滴定弱酸的指示剂；一些在弱碱性区域内变色的指示剂（如酚酞、百里酚酞等）是强碱滴定弱酸的合适指示剂。

（二）影响滴定突跃范围的因素

1. 浓度对滴定突跃的影响

弱酸的浓度影响滴定突跃的大小（图 4-11）。在化学计量点前，由于$[H^+]=([HA]/[A^-])K_a$，$[H^+]$取决于$[HA]$与$[A^-]$之比，而与弱酸的总浓度无关，不同浓度弱酸的滴定曲线合为一条曲线，即不同浓度弱酸不影响突跃起点 *A* 点的 pH；化学计量点时，弱酸浓度增大 10 倍，pH 增加约 0.5 个单位；化学计量点后，弱酸浓度增大 10 倍，pH 增加约 1 个单位。

2. pK_a对滴定突跃的影响

酸的强弱是影响突跃大小的重要因素（图 4-12）。在化学计量点前，由于$[H^+]=([HA]/[A^-])K_a$，当$[HA]$与$[A^-]$之比一定时，$[H^+]$取决于 K_a 的大小，即酸的强弱。酸越强，突跃越大；酸越弱，突跃越小。化学计量点后，常忽略弱碱对 pH 的影响，因此，不同强度的弱酸滴定曲线合为一条曲线。

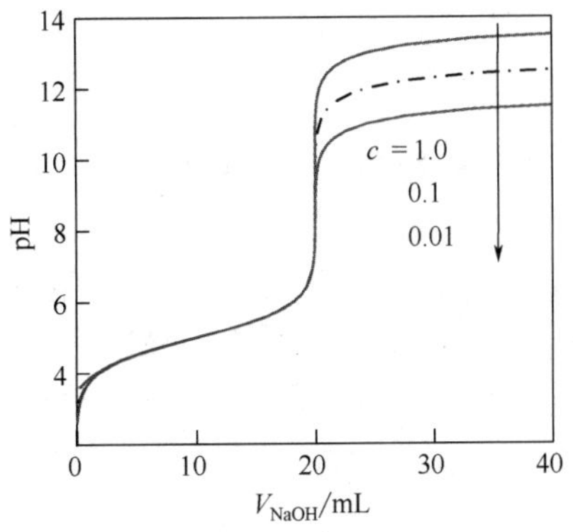

图 4-11 弱酸浓度（mol·L^{-1}）对滴定突跃的影响

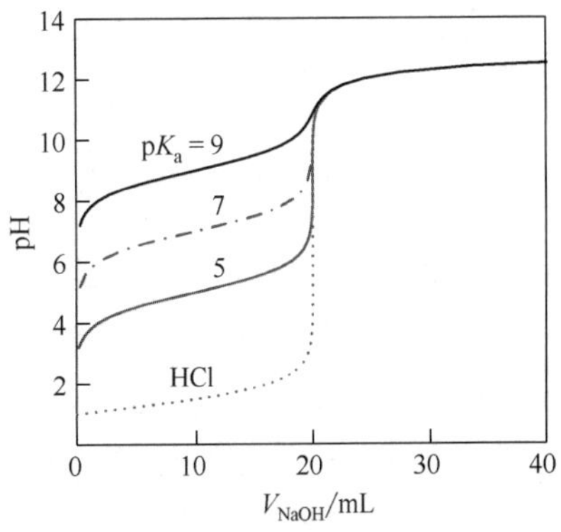

图 4-12 pK_a 对滴定突跃的影响

（三）直接准确滴定一元弱酸（碱）的可行性判据

酸的强弱及浓度显著影响滴定突跃大小并影响指示剂的选择。在目视观察指示剂实际变色点时，至少有±0.2 个 pH 单位的误差，因此要求滴定突跃宽度ΔpH 不得小于 0.4 个 pH 单位。表 4-8 计算了在不同浓度（化学计量点时 c_{sp}）和不同 pK_a 条件下，用等浓度 NaOH 滴定一元弱酸的滴定突跃范围及宽度。表 4-8 清楚表明，当乘积 $c_{sp}K_a$ 一定时，突跃宽度ΔpH 也为一定值，且 $c_{sp}K_a$ 越小，突跃宽度ΔpH 越小。因此根据目视观察误差对滴定突跃宽度ΔpH 不得小于 0.4 个 pH 单位的要求，可得出直接准确滴定一元弱酸的可行性判据为

$$c_{sp}K_a \geqslant 10^{-8} \tag{4-39}$$

式（4-39）中 c_{sp}，为一元弱酸在化学计量点时的浓度。

表 4-8　不同 c_{sp} 和 pK_a 条件下，NaOH 滴定一元弱酸的滴定突跃范围及宽度ΔpH

化学计量点时酸浓度 c_{sp}/mol·L^{-1}		1.0		0.1		0.01	
		突跃范围	ΔpH	突跃范围	ΔpH	突跃范围	ΔpH
pK_a	5	8.00～11.00	3.00	8.00～10.00	2.00	7.96～9.04	1.08
	6	9.00～11.00	2.00	8.96～10.04	1.08	**8.79～9.21**	**0.42**
	7	9.96～11.04	1.08	**9.79～10.21**	**0.42**	9.43～9.57	0.14
	8	**10.79～11.21**	**0.42**	10.43～10.57	0.14	9.98～10.02	0.04
	9	11.43～11.57	0.14	10.98～11.02	0.04	10.49～10.50	0.01

强酸滴定一元弱碱与强碱滴定一元弱酸的基本原理完全相同，只是被滴定溶液的 pH 的变化方向相反。弱碱滴定的化学计量点及滴定突跃落在弱酸性区域，应选择甲基橙和甲基红等指示剂。同样弱碱的强度和浓度会影响滴定突跃的大小，弱碱能够直接准确滴定的条件

$$c_{sp}K_b \geqslant 10^{-8} \tag{4-40}$$

式（4-40）中，c_{sp} 为一元弱碱在化学计量点时的浓度。

应该指出，$c_{sp}K_a \geqslant 10^{-8}$ 和 $c_{sp}K_b \geqslant 10^{-8}$ 使用前提是终点观察不确定性为± 0.2 个 pH 单位以及相对误差控制在±0.1%。在多元弱酸及混合酸碱的滴定中，通常会放宽对滴定误差的要求到±0.5%、±1%，这时 $c_{sp}K_a$ 或 $c_{sp}K_b$ 可以更小。

三、多元酸（碱）的滴定

（一）分步滴定的可行性判据

对多元酸（碱），分别依次滴定至各化学计量点的操作称为**分步滴定**。跟一元酸（碱）一样，浓度（c）和解离常数（K）仍是影响多元酸（碱）能否直接准确滴定的重要条件。同时，当多元酸（碱）逐级解离常数相差不大时（ΔpK），就会存在前一级中和反应未进行完全时，下一级反应又开始了。因此，ΔpK 也是影响多元酸（碱）能否准确滴定的重要因素。

当终点观察不确定性为±0.2 个 pH 单位，相对误差控制在±0.5%，则在此条件下，多元酸（碱）能被准确分步滴定的条件必须同时满足：

$$c_{sp}K_i \geqslant 10^{-9}$$

$$K_i/K_{i+1} \geqslant 10^5 \tag{4-41}$$

当终点观察不确定性为±0.2 个 pH 单位，相对误差控制在±1%，则多元酸（碱）能被准

确分步滴定的条件必须同时满足 $c_{sp}K_i \geqslant 10^{-10}$、$K_i/K_{i+1} \geqslant 10^4$。

（二）总量分析准确滴定的可行性判据

若能准确滴定至多元酸（碱）最后一个化学计量点，称为多元酸（碱）**总量分析**。当终点观察不确定性为± 0.2 个 pH 单位，相对误差控制在±0.5%，多元酸（碱）总量分析准确滴定的条件只须满足：

$$c_{sp}K_i \geqslant 10^{-9} \qquad (4\text{-}42)$$

式（4-42）中，c_{sp} 和 K_i 分别指多元酸（碱）被滴定到最后一个化学计量点时的浓度和解离常数。

例 4-12 以 0.1000mol·L^{-1} NaOH 滴定 20mL 0.1000mol·L^{-1}H_3PO_4，能否准确分步滴定？能否进行总量分析？相对误差控制在±0.5%。已知 H_3PO_4 解离常数：$K_{a1}=7.6\times10^{-3}$、$K_{a2}=6.3\times10^{-8}$、$K_{a3}=4.4\times10^{-13}$。

解：根据题意，相对误差控制在±0.5%，所以用 $c_{sp}K_i \geqslant 10^{-9}$、$K_i/K_{i+1} \geqslant 10^5$ 进行判断。

因 $c_{sp1}K_{a1} = 0.050\times7.6\times10^{-3} \geqslant 10^{-9}$，且 $K_{a1}/K_{a2} =7.6\times10^{-3}/ 6.3\times10^{-8} \geqslant 10^5$，所以可准确滴定至第一化学计量点，产物为 NaH_2PO_4。

又因 $c_{sp2}K_{a2} = 0.033\times6.3\times10^{-8} \geqslant 10^{-9}$，且 $K_{a2}/K_{a3} =6.3\times10^{-8}/4.4\times10^{-13} \geqslant 10^5$，所以可准确滴定至第二化学计量点，产物为 Na_2HPO_4。

又因 $c_{sp3}K_{a3} = 0.025 \times4.4\times10^{-13} < 10^{-9}$，所以不能准确滴定至 PO_4^{3-}，即不能进行总量分析。

（三）指示剂的选择

对于能够分步滴定的多元酸（碱），应根据化学计量点的 pH 值选择适宜的指示剂，实际变色点离化学计量点越近，滴定所产生的误差越小。

以 NaOH 滴定 H_3PO_4 为例，当 NaOH 滴定 H_3PO_4 至第一化学计量点时，产物为 NaH_2PO_4，可用最简式计算其 pH 值

$$[H^+] = \sqrt{K_{a1}K_{a2}} \text{ 即 } pH = \frac{1}{2}(pK_{a1} + pK_{a2}) = 4.69$$

可选择甲基橙作为指示剂。当滴定至第二化学计量点，产物为 Na_2HPO_4，同理可计算其 pH 值为 9.66，可以选择百里酚酞作为指示剂。

四、混合酸的滴定

（一）弱酸混合溶液

对于两种等浓度的弱酸 HA 和 HB 的混合溶液（$K_{HA} > K_{HB}$），其分别滴定条件与多元酸类似，若满足 $c_{sp}K_{HA} \geqslant 10^{-9}$ 且 $K_{HA}/K_{HB} \geqslant 10^5$，就可以分步滴定弱酸 HA，不受 HB 的影响。在第一化学计量点，溶液的组成为 $A^- + HB$，pH 值的计算公式为：

$$[H^+] = \sqrt{K_{HA}K_{HB}}$$

弱碱混合溶液的处理同上。

（二）强酸与弱酸的混合溶液

若用 0.1000mol·L^{-1} NaOH 溶液滴定 20.00mL 0.1000mol·L^{-1}HCl 和 0.2000mol·L^{-1} 弱酸 HA 的混合溶液，因 K_{HA} 不同，分以下几种情况讨论：

（1）当 $K_{HA} \geqslant 10^{-5}$ 时，强酸与弱酸混合溶液第一化学计量点的滴定突跃较小，不能实现强酸与弱酸的分步滴定。但第二化学计量点的滴定突跃较大，可以准确滴定强酸和弱酸的总量。

（2）当 $10^{-9} < K_{HA} < 10^{-5}$ 时，第一化学计量点和第二化学计量点的滴定突跃较大，可以实现强酸与弱酸的分步滴定。第一化学计量点滴定的是强酸的量，第二化学计量点滴定的是弱酸的量。

（3）当 $K_{HA} \leqslant 10^{-9}$ 时，第一化学计量点的滴定突跃比较大，第二化学计量点的滴定突跃较小。可以准确滴定强酸的量，不能准确滴定弱酸的量。

强碱与弱碱混合溶液的处理同上。

第七节 终点误差

因滴定终点与化学计量点不一致所引起的误差称**终点误差**（E_t），其定义式为

$$E_t = \frac{\text{滴定终点时滴定剂实际用量} - \text{化学计量点时滴定剂理论用量}}{\text{化学计量点时滴定剂理论用量}} \times 100\%$$

一、强酸（碱）滴定的终点误差

以 NaOH 滴定 HCl 为例，设滴定终点时 NaOH 实际用量为 $c_{NaOH}^{ep}V^{ep}$，化学计量点时 NaOH 理论用量为 $c_{NaOH}^{sp}V^{sp}$，由终点误差的定义式可得

$$E_t = \frac{c_{NaOH}^{ep}V^{ep} - c_{NaOH}^{sp}V^{sp}}{c_{NaOH}^{sp}V^{sp}} \times 100\%$$

通常，滴定终点和化学计量点体积差很小，又由于 NaOH 与 HCl 反应的物质的量比为 1:1，所以有 $c_{NaOH}^{sp}V^{sp} = c_{HCl}^{sp}V^{sp} \approx c_{HCl}^{ep}V^{ep}$，则终点误差定义式可简化为

$$E_t = \frac{c_{NaOH}^{ep} - c_{HCl}^{ep}}{c_{HCl}^{sp}} \times 100\%$$

又因为，滴定终点时的质子条件式

$$[H^+]^{ep} + [Na^+]^{ep} = [OH^-]^{ep} + [Cl^-]^{ep}$$

即
$$c_{NaOH}^{ep} - c_{HCl}^{ep} = [OH^-]^{ep} - [H^+]^{ep}$$

所以有
$$E_t = \frac{[OH^-]^{ep} - [H^+]^{ep}}{c_{HCl}^{sp}} \qquad (4\text{-}43)$$

式（4-43）即为强碱滴定强酸的终点误差公式。$E_t > 0$ 表示终点在化学计量点之后，滴加的碱过量，产生正误差；$E_t < 0$ 表示终点在化学计量点之前，滴加的碱量不足，产生负误差。

同理，强酸滴定强碱终点误差可由下式计算：

$$E_t = \frac{[H^+]^{ep} - [OH^-]^{ep}}{c_{NaOH}^{sp}} \qquad (4\text{-}44)$$

终点误差公式也可用终点 pH^{ep} 与化学计量点 pH^{sp} 的差 ΔpH（$\Delta pH = pH^{ep} - pH^{sp}$）表示，称林邦误差公式。经推导，强碱滴定强酸**林邦误差公式**为

$$E_t = \frac{\sqrt{K_w}\,(10^{\Delta pH} - 10^{-\Delta pH})}{c_{HCl}^{sp}} \times 100\% \qquad (4\text{-}45)$$

强酸滴定强碱林邦误差公式为

$$E_t = \frac{\sqrt{K_w}\,(10^{-\Delta pH} - 10^{\Delta pH})}{c_{NaOH}^{sp}} \times 100\% \qquad (4\text{-}46)$$

例 4-13 用 0.10 $mol\cdot L^{-1}$ 的 NaOH 滴定 25.00 mL 0.10 $mol\cdot L^{-1}$ 的 HCl，若以甲基橙为指示剂，终点为 pH = 4.0，若以酚酞为指示剂，终点为 pH = 9.0，哪种方法的滴定误差小？

解：终点为 pH = 4.0 时

$$E_t = \frac{[OH^-]^{ep} - [H^+]^{ep}}{c_{HCl}^{sp}} = \frac{10^{-10.0} - 10^{-4.0}}{0.050} = -0.2\%$$

也可用林邦误差公式计算，$\Delta pH = pH_{ep} - pH_{sp} = 4.0 - 7.0 = -3.0$

$$E_t = \frac{\sqrt{K_w}\,(10^{\Delta pH} - 10^{-\Delta pH})}{c_{HCl}^{sp}} \times 100\% = \frac{\sqrt{10^{-14}}\,(10^{-3.0} - 10^{-(-3.0)})}{0.050} \times 100\% = -0.2\%$$

同理，终点为 pH = 9.0 时

$$E_t = \frac{[OH^-]^{ep} - [H^+]^{ep}}{c_{HCl}^{sp}} = \frac{10^{-5.0} - 10^{-9.0}}{0.050} = 0.02\%$$

计算结果表明，用酚酞作指示剂滴定终点误差更小。

二、一元弱酸（碱）滴定的终点误差

以 NaOH 滴定一元弱酸 HA 为例，滴定过程中体系的质子条件式

$$[H^+] + c_{NaOH} = [OH^-] + [A^-]$$

物料平衡式为

$$c_{HA} = [HA] + [A^-]$$

两式相减得

$$c_{NaOH} - c_{HA} = [OH^-] - [H^+] - [HA]$$

滴定终点时有

$$E_t = \frac{c_{NaOH}^{ep} - c_{HA}^{ep}}{c_{HA}^{sp}} = \frac{[OH^-]^{ep} - [H^+]^{ep} - [HA]^{ep}}{c_{HA}^{sp}} = \frac{[OH^-]^{ep} - [H^+]^{ep}}{c_{HA}^{sp}} - \delta_{HA}^{ep} \qquad (4\text{-}47)$$

式（4-47）为强碱滴定一元弱酸的终点误差公式。同理，可得强酸滴定一元弱碱（A^-）的终点误差公式

$$E_t = \frac{[H^+]^{ep} - [OH^-]^{ep}}{c_{A^-}^{sp}} - \delta_{A^-}^{ep} \qquad (4\text{-}48)$$

例 4-14 计算 0.10mol·L^{-1} 的 NaOH 滴定 0.10mol·L^{-1} HAc 至 pH = 9.0 时的终点误差。

解：终点为 pH = 9.0 时

$$E_t = \frac{[OH^-]^{ep} - [H^+]^{ep}}{c_{HAc}^{sp}} - \delta_{HAc}^{ep} = \frac{10^{-5.0} - 10^{-9.0}}{0.050} - \frac{10^{-9.0}}{10^{-9.0} + 10^{-4.76}} = 0.02\%$$

第八节 酸碱滴定中二氧化碳的影响

NaOH 试剂或标准溶液易吸收空气中的 CO_2，形成混合碱，蒸馏水中也常溶有 CO_2，它们的存在会产生试剂误差，影响标定或测定结果。NaOH 吸收 CO_2 的反应为

$$2OH^- + CO_2 \longrightarrow CO_3^{2-} + H_2O$$

反应表明，NaOH 吸收 1 摩尔 CO_2 必损失 2 摩尔 NaOH，同时产生 1 摩尔二元弱碱 CO_3^{2-}，结果使 NaOH 实际浓度低于名义浓度，酸的测定结果偏高。但在一定条件下，CO_3^{2-} 能与酸反应，可补偿 NaOH 的损失，其补偿程度的大小，与滴定酸的强弱和指示剂选择相关。

（一）CO_2 对测定 HCl 浓度的影响

用吸收了 CO_2 的 NaOH 测定 HCl 浓度时可采用甲基橙或酚酞作指示剂。当选择酚酞为指示剂时，终点 pH = 9.0，溶液中 CO_3^{2-} 补偿生成的 HCO_3^- 的分布分数为

$$\delta_{HCO_3^-} = \frac{[H^+]K_{a1}}{[H^+]^2 + [H^+]K_{a1} + K_{a1}K_{a2}} = \frac{10^{-9.0} \times 10^{-6.38}}{(10^{-9.0})^2 + 10^{-9.0} \times 10^{-6.38} + 10^{-6.38} \times 10^{-10.25}} = 94.5\%$$

计算表明，滴定终点时 HCO_3^- 为主要型体，占 94.5%，也就是说，所转化的 CO_3^{2-} 不能完全补偿 NaOH 的损失，结果使 NaOH 溶液的名义浓度大于实际浓度，测定结果偏高。

选甲基橙为指示剂时，甲基橙变色点为 pH = 4.0，终点时，溶液中补偿产生的 H_2CO_3 的分布分数为 99.6%，也就是说，所转化的 CO_3^{2-} 在滴定 HCl 时几乎完全补偿了先前的 NaOH 的损失。因此采用甲基橙作指示剂滴定 HCl 时，可以较好地减少 CO_2 的影响。

（二）CO_2 对测定弱酸浓度的影响

对于弱酸的滴定，由于化学计量点在碱性范围，常采用酚酞作指示剂，必然存在部分 CO_3^{2-} 不能与弱酸全部反应，即存在试剂误差。为减少 CO_2 对滴定的影响，标定和测定都在同一条件下进行，这样可以减少由 CO_2 所造成的系统误差。

第九节 酸碱滴定法的应用

酸碱滴定法除可以直接测定一定强度的酸碱外，还可用于测定极弱酸碱及某些非酸碱物质及某些有机物等。

一、混合碱的测定

（一）烧碱中 NaOH 和 Na_2CO_3 含量的测定

烧碱 NaOH 常因吸收 CO_2 产生 Na_2CO_3 杂质，形成了 NaOH 和 Na_2CO_3 混合碱。由于 Na_2CO_3 为二元弱碱，其 $K_{b1} = K_w/K_{a2} = 10^{-14.00}/10^{-10.25} = 10^{-3.75}$（$>10^{-5}$），所以不能直接准确分步滴定 NaOH 和 Na_2CO_3，但仍可通过**双指示剂法**进行滴定分析，其分析流程、步骤及原理如下：

$$\begin{array}{c}\boxed{\begin{array}{c}\text{NaOH}\\ \text{Na}_2\text{CO}_3\end{array}} \xrightarrow[\text{酚酞}]{\text{HCl}(V_1)} \boxed{\begin{array}{c}\text{H}_2\text{O}\\ \text{NaHCO}_3\end{array}} \xrightarrow[\text{甲基橙}]{\text{HCl}(V_2)} \boxed{\text{H}_2\text{CO}_3}\end{array}$$

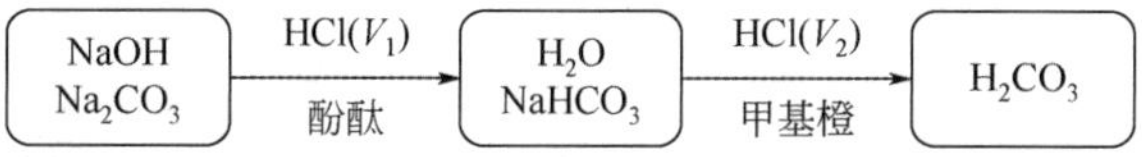

（1）准确称取一定量混合碱试样（m_s）于锥形瓶中，用蒸馏水溶解。

（2）以酚酞为指示剂，用 HCl 标准溶液（c_{HCl}）滴定至第一终点，体系粉红色刚好消失，所消耗 HCl 标准溶液的体积为 V_1。由于变色点 pH = 8.0，此时 NaOH 被完全滴定，且 Na_2CO_3 只被滴定到 $NaHCO_3$，满足

$$c_{HCl}V_1 = n_{NaOH} + n_{Na_2CO_3}$$

（3）然后加入甲基橙指示剂，继续滴定至第二终点，体系由黄色变为橙红色，所消耗的 HCl 标准溶液的体积为 V_2；由于变色点 pH=4.0，$NaHCO_3$ 被滴定到 H_2CO_3，满足

$$c_{HCl}V_2 = n_{Na_2CO_3} = n_{NaHCO_3}$$

（4）根据上两式计算 NaOH 和 Na_2CO_3 物质的量并计算出其质量分数。

$$w_{Na_2CO_3} = \frac{c_{HCl}V_2 M_{Na_2CO_3}}{m_s} \times 100\%$$

$$w_{NaOH} = \frac{c_{HCl}(V_1 - V_2) M_{NaOH}}{m_s} \times 100\%$$

双指示剂法操作简便，但在第一化学计量点时存在 1% 左右误差。

（二）未知成分混合碱的测定

上述双指示剂法步骤及原理也可用于未知成分混合碱的测定。例如，混合碱可能含有 NaOH、$NaHCO_3$、Na_2CO_3 或它们的混合物。用 HCl 标准溶液滴定，先用酚酞为指示剂，终点时，消耗 HCl 体积为 V_1；再用甲基橙为指示剂，继续滴定至第二终点，消耗的 HCl 体积为 V_2，则可以根据 V_1 和 V_2 变化关系判断混合碱组成，总结如下表所示。

V_1 和 V_2 变化关系	试样组成判断
$V_1 > V_2 > 0$	Na_2CO_3 + NaOH
$V_2 > V_1 > 0$	Na_2CO_3 + $NaHCO_3$
$V_1 = V_2 > 0$	Na_2CO_3
$V_1 > 0$，$V_2 = 0$	NaOH
$V_1 = 0$，$V_2 > 0$	$NaHCO_3$

从上表中可知，混合碱中可能存在 NaOH、$NaHCO_3$ 和 Na_2CO_3 等单一组分情况；可能存在 Na_2CO_3 和 NaOH、Na_2CO_3 和 $NaHCO_3$ 两种混合组分情况；混合体系不可能存在 NaOH 和

$NaHCO_3$混合情况，也不存在NaOH、$NaHCO_3$和Na_2CO_3三者混合情况，因为NaOH和$NaHCO_3$存在酸碱反应。

例 4-15 含有酸不溶物的混合碱试样 1.100g，用水溶解后以酚酞为指示剂，用去 $0.4993mol \cdot L^{-1}$ 的 HCl 标准溶液 13.30mL。另取同样质量的试样，以甲基橙为指示剂，滴定至终点时用去 HCl 溶液 V=31.40mL。判断试样中混合碱的组成，计算试样中各组分的质量分数（包括杂质的质量分数）。

解：根据题意，在用酚酞做指示剂滴定到终点后，并没有进行连续滴定，而是另取同样质量的试样，甲基橙为指示剂，直接滴定到了橙色终点，其分析流程图如下。根据流程图，连续滴定与非连续滴定体积满足 $V = V_1 + V_2$。

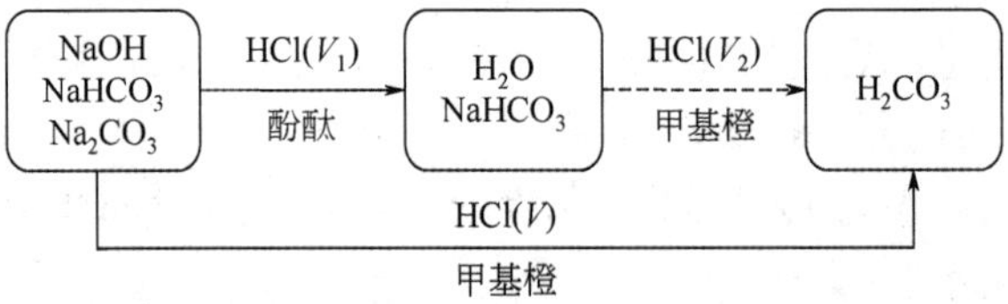

所以，$V_1 = 13.30mL$，$V_2 = 31.40 - 13.30 = 18.10mL$

即 $V_2 > V_1 > 0$，所以试样中混合碱的组成为$NaHCO_3$和Na_2CO_3，于是

$$w_{Na_2CO_3} = \frac{c_{HCl}V_1M_{Na_2CO_3}}{m_s} \times 100\%$$

$$= \frac{0.4993 \times 13.30 \times 10^{-3} \times 105.99}{1.100} \times 100\% = 63.99\%$$

$$w_{NaHCO_3} = \frac{c_{HCl}(V_2 - V_1)M_{NaHCO_3}}{m_s} \times 100\%$$

$$= \frac{0.4993 \times (18.10 - 13.30) \times 10^{-3} \times 84.01}{1.100} \times 100\% = 18.30\%$$

杂质的含量为：100% – 63.99% –18.30% = 17.71%

二、极弱酸碱的滴定

对于一些极弱酸碱，不能进行直接滴定，但可利用某些化学反应使其转变为可直接滴定的较强酸碱，称为极弱酸碱的强化。例如，硼酸的酸性很弱，其 $pK_a = 9.24$，不能用 NaOH 标准溶液直接滴定。通常利用硼酸与多羟基化合物（甘油或甘露醇）反应生成稳定的配合物，该配合物的酸性较强，$pK_a \approx 6$，以酚酞为指示剂用 NaOH 标准溶液直接滴定。

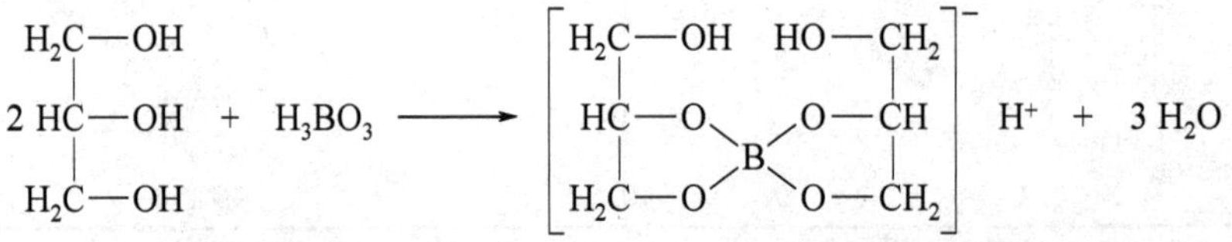

利用沉淀反应也可能使弱酸强化。例如，Na_2HPO_4 的 pK_{a3}=12.36，向其溶液中加入过量$CaCl_2$后，生成$Ca_3(PO_4)_2$沉淀，释放出可直接滴定的H^+。

此外，利用氧化还原反应可将弱酸H_2SO_3转化为强酸H_2SO_4进行强化。甲醛法测定铵盐中含氮量，也是将弱酸强化的例子。

三、含氮化合物中氮的分析

（一）蒸馏法

氮含量是食品、肥料、土壤等试样的重要指标。食品中蛋白质和许多含氮有机化合物中氮的测定通常采用**凯氏定氮法**。先将试样与浓硫酸共热，为了使有机物分解彻底，通常加入硫酸钾提高沸点，加入硫酸铜为催化剂，这时有机物中的氮转化为NH_4^+。将NH_4^+转入蒸馏瓶中，加浓碱液进行蒸馏。蒸馏出的NH_3用过量 HCl 标准溶液吸收，形成 HCl 和NH_4Cl混合酸，选择甲基红为指示剂，用 NaOH 标准溶液回滴过量的 HCl。

蒸馏出的NH_3也可用过量H_3BO_3吸收，反应为$NH_3 + H_3BO_3 \longrightarrow NH_4^+ + H_2BO_3^-$。选甲基红为指示剂，用 HCl 标准溶液滴定$H_2BO_3^-$，其反应为$H_2BO_3^- + H^+ \longrightarrow H_3BO_3$。由于硼酸的酸性非常弱，不干扰滴定。

（二）甲醛法

由于NH_4^+的酸性较弱，不能直接准确滴定。在NH_4^+溶液中加入过量甲醛，其反应为

$$4NH_4^+ + 6HCHO \longrightarrow (CH_2)_6N_4H^+ + 3H^+ + 6H_2O$$

此时NH_4^+全部转化为等量的强酸和六亚甲基四胺酸（$pK_a = 5.15$）混合酸，选酚酞为指示剂，用 NaOH 标准溶液直接滴定其总量。

四、硅酸盐中SiO_2的测定

测定水泥、岩石等硅酸盐试样中的SiO_2含量的方法通常采用重量分析法，也可采用氟硅酸钾容量法，其分析步骤：取SiO_2试样于坩埚中与固体氢氧化钾共熔分解并转化为可溶性K_2SiO_3。在K_2SiO_3溶液中加入过量的 KCl、KF，可反应生成难溶解性K_2SiF_6沉淀；过滤、洗涤K_2SiF_6后，加入沸水中水解产生 HF。生成的 HF 可用碱标准溶液滴定。主要反应有：

$$H_2SiO_3 + 2K^+ + 6F^- + 4H^+ \longrightarrow K_2SiF_6\downarrow + 3H_2O$$

$$K_2SiF_6 + 3H_2O \longrightarrow H_2SiO_3 + 2KF + 4HF$$

$$HF + OH^- \longrightarrow F^- + H_2O$$

五、某些有机化合物含量的测定

（一）酯类化合物的测定

在有机分析中，通常利用酯类化合物在强碱溶液中发生皂化反应，结合酸碱滴定法测定其含量。

$$RCOOC_2H_5 + NaOH \longrightarrow RCOONa + C_2H_5OH$$

反应完成后，以酚酞为指示剂，用 HCl 标准溶液回滴过量 NaOH。

（二）酸酐的测定

利用酸酐的水解反应可以测定酸酐的含量。将酸酐试样加入到过量的 NaOH 标准溶液中，加热、回流，发生反应：

$$(RCO)_2O + 2NaOH \!=\!=\!= 2RCOONa + H_2O$$

反应完成后，以酚酞为指示剂，用 HCl 标准溶液回滴过量 NaOH。

（三）醛、酮的测定

醛或酮能与盐酸羟胺发生下述反应

$$RCH\!=\!O + NH_2OH\cdot HCl \!=\!=\!= RCH\!=\!N\!-\!OH + H_2O + HCl$$

$$R_2C\!=\!O + NH_2OH\cdot HCl \!=\!=\!= R_2C\!=\!N\!-\!OH + H_2O + HCl$$

反应生成的游离酸可用碱标准溶液滴定，指示剂可选择甲基橙。

思考题与习题

1. 酸、碱指示剂的变色原理是什么？选择指示剂的原则是什么？

2. 写出下列酸碱组分的 MBE、CBE 和 PBE，浓度为 c（$mol\cdot L^{-1}$）。

（1）KHP；（2）$NaNH_4HPO_4$；（3）$NH_4H_2PO_4$；（4）NH_4CN；（5）Na_2S

3. 若要配制（1）pH = 3.0，（2）pH = 4.0，（3）pH = 8.0 的缓冲溶液，现有下列物质，问应该选哪种缓冲体系？有关常数见附录。

（1）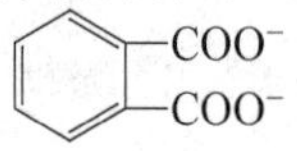　（2）HCOOH　（3）$CH_2ClCOOH$　（4）NH_3

4. 下列酸碱溶液浓度均为 $0.10mol\cdot L^{-1}$，能否采用等浓度的滴定剂直接准确进行滴定？

（1）HF　（2）KHP　（3）NaHS　（4）$NaHCO_3$

（5）$(CH_2)_6N_4$　（6）$(CH_2)_6N_4\cdot HCl$　（7）CH_3NH_2

5. 为什么一般都用强酸（碱）溶液作酸（碱）标准溶液？为什么酸（碱）标准溶液的浓度不宜太浓或太稀？

6. 判断下列情况对测定结果的影响：

（1）用混有少量的邻苯二甲酸的邻苯二甲酸氢钾标定 NaOH 溶液的浓度；

（2）用吸收了 CO_2 的 NaOH 标准溶液滴定 H_3PO_4 至第一计量点；继续滴定至第二计量点，对测定结果各有何影响？

7. 计算 pH = 5.0 时，总浓度 $0.050mol\cdot L^{-1}$ H_3PO_4 中各型体的分布分数及浓度各是多少？

8. 下列多元酸（碱）、混合酸（碱）溶液中每种酸（碱）的分析浓度均为 $0.10mol\cdot L^{-1}$，能否用等浓度的滴定剂进行准确分步滴定和总量分析？根据计算的 pH_{sp} 选择适宜的指示剂。

（1）H_3AsO_4；（2）$H_2C_2O_4$；（3）邻苯二甲酸；（4）H_2SO_4；（5）$HCl + NH_4Cl$

9. 滴定 HCl 与 HAc 的混合溶液（浓度均为 $0.10mol\cdot L^{-1}$），能否以甲基橙为指示剂？用 $0.1000mol\cdot L^{-1}$ NaOH 溶液直接滴定其中的 HCl，此时有多少 HAc 参与了反应？

10. 根据下列各酸碱溶液的近似条件选择恰当的 pH 计算公式。

（1）$2.0\times10^{-7}mol\cdot L^{-1}$ HCl　（2）$0.020mol\cdot L^{-1}$ H_2SO_4

（3）$0.10mol\cdot L^{-1}$ NH_4Cl　（4）$0.025mol\cdot L^{-1}$ HCOOH

（5）$1.0\times10^{-4}mol\cdot L^{-1}$ HCN　（6）$1.0\times10^{-4}mol\cdot L^{-1}$ NaCN

（7）$0.010mol\cdot L^{-1}$ KHP　（8）$0.10mol\cdot L^{-1}$ Na_2S

11. 计算 pH = 3.00 时，$0.10mol\cdot L^{-1}$ H_2S 溶液中各型体的浓度。

12. 20.0 g 六亚甲基四胺加 $12mol\cdot L^{-1}$ HCl 溶液 4.0mL，最后配制成 100mL 溶液，其 pH

为多少？

13. 若配制 pH=10.00，$c_{NH_3}+c_{NH_4^+}=0.20\ mol\cdot L^{-1}$ 的 NH_3-NH_4Cl 缓冲溶液 1.0L，需要 $15mol\cdot L^{-1}$ 的氨水多少毫升？需要 NH_4Cl 多少克？

14. 在 20.00mL $0.1000mol\cdot L^{-1}$ HA（$K_a = 1.0\times10^{-7}$）溶液中加入等浓度的 NaOH 溶液 20.02mL，计算溶液的 pH。

15.（1）在 100mL 由 $1.0mol\cdot L^{-1}$ HAc 和 $1.0mol\cdot L^{-1}$ NaAc 组成的缓冲溶液中，加入 1.0mL $6.0mol\cdot L^{-1}$ NaOH 溶液后，溶液的 pH 有何变化？

（2）若在 100mL pH = 5.00 的 HAc-NaAc 缓冲溶液中加入 1.0mL $6.0mol\cdot L^{-1}$ NaOH 后，溶液的 pH 增大 0.10 单位。问此缓冲溶液中 HAc、NaAc 的分析浓度各为多少？

16. 某弱酸 HA 试样 1.250g 用水溶液稀释至 50.00mL，可用 41.20mL $0.09000mol\cdot L^{-1}$ NaOH 滴定至终点。当加入 8.24mL NaOH 时溶液的 pH = 4.30。（1）求该弱酸的摩尔质量；（2）计算弱酸的解离常数 K_a 和计量点的 pH；（3）选择何种指示剂？

17. 称取不纯的某一元弱酸 HA（摩尔质量为 $82.00g\cdot mol^{-1}$）试样 1.600g，溶解后稀释至 60.00mL，以 $0.2500mol\cdot L^{-1}$ NaOH 进行电位滴定。已知 HA 被中和一半时溶液的 pH = 5.00，而中和至计量点时溶液的 pH = 9.00。计算试样中 HA 的质量分数。

18. 计算用 $0.1000mol\cdot L^{-1}$ HCl 溶液滴定 20.00mL $0.10mol\cdot L^{-1}$ NH_3 溶液时，（1）计量点 pH；（2）计量点前后±0.1%相对误差时溶液的 pH；（3）选择哪种指示剂？

19. 已知苯甲酸的 $K_a = 6.2\times10^{-5}$，现有 20mL 浓度为 $0.10mol\cdot L^{-1}$ 的苯甲酸溶液，（1）计算该溶液的 pH 值；（2）该溶液能否用 $0.1000mol\cdot L^{-1}$ 的 NaOH 标准溶液滴定；（3）如果能，分别计算加入 10.00mL、19.98mL、20.00mL 和 20.02mL NaOH 标准溶液后溶液的 pH 值；（4）根据前述计算，选择合适的指示剂；（5）若以指示剂的理论变色点为滴定终点，计算滴定误差。已知甲基橙、甲基红和酚酞的 pK_a 分别为 3.40，5.05 和 9.00。

20. 二元酸 H_2B 在 pH = 1.50 时，$\delta_{H_2B}=\delta_{HB^-}$；pH = 6.50 时，$\delta_{HB^-}=\delta_{B^{2-}}$。

（1）求 H_2B 的 K_{a1} 和 K_{a2}；（2）能否以 $0.1000mol\cdot L^{-1}$ NaOH 分步滴定 $0.10mol\cdot L^{-1}$ 的 H_2B；（3）计算计量点时溶液的 pH；（4）选择适宜的指示剂。

21. 计算下述情况时的终点误差：

（1）用 $0.1000mol\cdot L^{-1}$ NaOH 溶液滴定 $0.10mol\cdot L^{-1}$ HCl 溶液，以甲基红（$pH_{ep}=5.5$）为指示剂；（2）分别以酚酞（$pH_{ep}=8.0$）、甲基橙（$pH_{ep}=4.0$）作指示剂，用 $0.1000mol\cdot L^{-1}$ HCl 溶液滴定 $0.10mol\cdot L^{-1}$ NH_3 溶液。

22. 标定某 NaOH 溶液得其浓度为 $0.1026mol\cdot L^{-1}$，后因为暴露于空气中吸收了 CO_2。取该碱液 25.00mL，用 $0.1143mol\cdot L^{-1}$ HCl 溶液滴定至酚酞终点，用去 HCl 溶液 22.31mL。计算每升碱液吸收了多少克 CO_2？

23. 用 $0.1000mol\cdot L^{-1}$ HCl 溶液滴定 20.00mL $0.10mol\cdot L^{-1}$ NaOH。若 NaOH 溶液中同时含有 $0.20mol\cdot L^{-1}$ NaAc，（1）求计量点时的 pH；（2）若滴定到 pH = 7.00 结束，有多少 NaAc 参加了反应？

24. 称取含硼酸及硼砂的试样 0.6010g，用 $0.1000mol\cdot L^{-1}$ HCl 标准溶液滴定，以甲基红为指示剂，消耗 HCl 20.00mL；再加甘露醇强化后，以酚酞为指示剂，用 $0.2000mol\cdot L^{-1}$ NaOH 标准溶液滴定消耗 30.00mL。计算试样中硼砂和硼酸的质量分数。

25. 某试样中仅含 NaOH 和 Na_2CO_3。称取 0.3720g 试样用水溶解后，以酚酞为指示剂，消耗 0.1500mol·L^{-1} HCl 溶液 40.00mL，问还需要多少毫升 HCl 溶液达到甲基橙的变色点？

26.干燥的纯 NaOH 和 $NaHCO_3$ 按 2:1 的质量比混合后溶于水，并用盐酸标准溶液滴定。使用酚酞指示剂时用去盐酸的体积为 V_1，继续用甲基橙作指示剂，又用去盐酸的体积为 V_2。求 V_1/V_2（3 位有效数字）。

27. 称取含酸不溶杂质的混合碱（Na_2CO_3 或 $NaHCO_3$ 或 NaOH 的混合物）试样 0.4000g，以酚酞为指示剂，滴定终点时消耗 0.1020mol·L^{-1} HCl 标准溶液 22.40mL；加入甲基橙后继续滴定，又用去上述 HCl 体积为 36.80mL，（1）判断混合碱的组成；（2）计算各组分的质量分数（包括杂质的质量分数）。

28. 取 HCl-NH_4Cl 混合液 25.00mL，以 0.1074mol·L^{-1} 的 NaOH 标准液滴定到酚红变色，消耗 NaOH 标准液 10.42mL；另取混合液 25.00mL，加入中性甲醛液并放置几分钟后以 NaOH 标准液滴定到终点，消耗 NaOH 标准液 20.75mL。求混合液中 HCl 和 NH_4Cl 的浓度各为多少？

29. 某溶液中可能含有 H_3PO_4 或 NaH_2PO_4 或 Na_2HPO_4，或是它们不同比例的混合溶液。以酚酞为指示剂，用 48.36mL 1.000mol·L^{-1} NaOH 标准溶液滴定至终点；接着加入甲基橙，再用 33.72mL 1.000mol·L^{-1} HCl 溶液回滴至甲基橙终点（橙色），问混合后该溶液组成如何？并求出各组分的物质的量（mmol）。

30. 称取 3.000g 磷酸盐试样溶解后，用甲基红作指示剂，以 14.10mL 0.5000mol·L^{-1} HCl 溶液滴定至终点；同样质量的试样，以酚酞作指示剂，需 5.00mL 0.6000mol·L^{-1} NaOH 溶液滴定至终点。（1）试样的组成如何？（2）计算试样中 P_2O_5 的质量分数。

31. 粗铵盐 1.000g，加入过量 NaOH 溶液并加热，逸出氨用 56.00mL 0.2500mol·L^{-1} H_2SO_4 吸收，过量酸用 0.5000mol·L^{-1} NaOH 回滴，用去 1.56mL。计算试样中 NH_3 的质量分数。

第五章
配位滴定法

第一节 配位滴定概述

　　配位滴定法（complexometric titration）是以配位反应（又称络合反应）为基础的一种滴定分析方法。能直接用于滴定分析的配位反应必须具备以下条件：配位反应具有确定的化学计量关系，即配位数必须是确定的；配位反应 $K_稳$ 值要足够大，反应完全度达 99.9% 以上；反应速率要快；要有适当的方法准确指示终点。配位滴定主要用于金属离子含量的测定，通过返滴定、置换滴定和间接滴定等方式也可以测定许多阴离子或有机物。

　　配位滴定中常用配体（又称络合剂）有无机配体和有机配体。无机配体较少用于滴定分析，主要基于以下原因：（1）无机配体与金属离子形成的配合物大多数不够稳定；（2）形成配合物存在逐级配位现象，各级稳定常数相差较小。有机配体中，氨羧配体因满足配位滴定对反应的基本要求而成为配位滴定中最常用的滴定剂。**氨羧配体**是一类含有氨基二乙酸基团 [—N(CH$_2$COOH)$_2$] 的有机化合物，其分子中含有氨氮和羧氧两种配位能力很强的配位原子，可以和许多金属离子形成稳定的可溶性配合物。目前，氨羧配体中乙二胺四乙酸应用最为广泛。

第二节 乙二胺四乙酸

一、结构与性质

（一）结构

乙二胺四乙酸（ethylene diamine tetraacetic acid）简称 EDTA，其在水溶液中的结构式为：

$$\text{HOOC—H}_2\text{C} \diagdown \overset{+}{\text{NH}}\text{—H}_2\text{C—CH}_2\text{—}\overset{+}{\text{NH}} \diagup \text{CH}_2\text{—COO}^- \\ ^-\text{OOC—H}_2\text{C} \diagup \qquad\qquad\qquad \diagdown \text{CH}_2\text{—COOH}$$

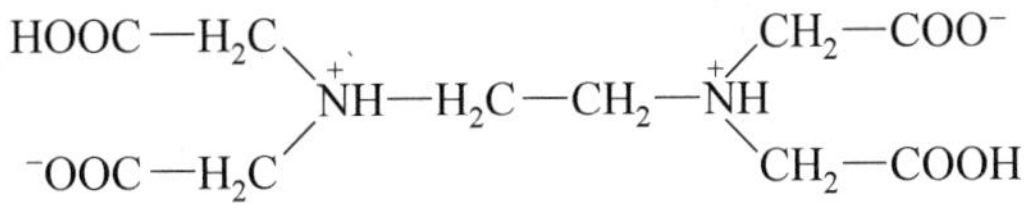

　　乙二胺四乙酸分子常用 H$_4$Y 表示，分子中互为对角线的两个羧基上的 H$^+$ 可以转移到 N 原子上，形成双偶极离子结构。分子中含有 2 个氨氮和 4 个羧氧配位原子，为六齿配体。

（二）EDTA 性质

1. 酸性

当溶液酸度很高时，H_4Y 两个羧基可再接受 H^+ 而形成 H_6Y^{2+}，这样 EDTA 就相当于六元酸，其六级解离平衡常数（25℃，$I = 0.1$）分别为

pK_{a1}	pK_{a2}	pK_{a3}	pK_{a4}	pK_{a5}	pK_{a6}
0.90	1.60	2.00	2.67	6.16	10.26

其中 K_{a1}～K_{a4} 分别对应于四个羧基的解离，K_{a5} 和 K_{a6} 对应于与氨氮结合的两个 H^+ 的解离。

EDTA 在水溶液中存在 H_6Y^{2+}、H_5Y^+、H_4Y、H_3Y^-、H_2Y^{2-}、HY^{3-} 和 Y^{4-} 等 7 种型体，从图 5-1EDTA 分布曲线来看，EDTA 中各型体浓度取决于溶液的 pH。在七种型体中，Y^{4-} 与金属离子形成的配合物最稳定，因此，pH 是影响 EDTA 配合物稳定性的重要因素。

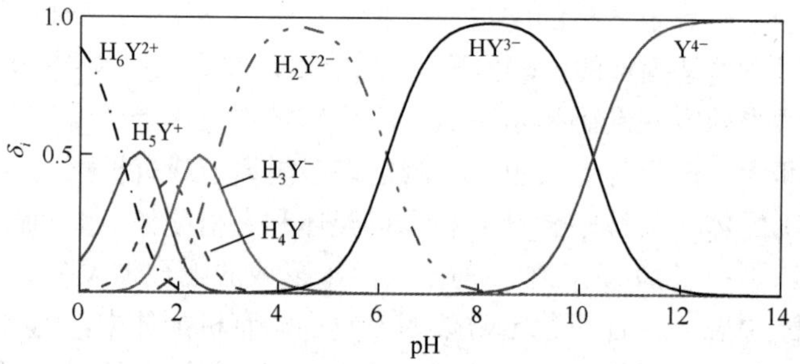

图 5-1　EDTA 各型体的分布曲线

2. 溶解性

H_4Y 在水中的溶解度小，在 22℃时，100mL 水中能溶解 0.02g。通常将其制成 EDTA 二钠盐，也简称 EDTA，常以 $Na_2H_2Y \cdot 2H_2O$ 形式表示。在 22℃时，100mL 水中能溶解 11.1g $Na_2H_2Y \cdot 2H_2O$，此时溶液浓度约为 $0.3mol \cdot L^{-1}$，EDTA 的主要型体为 H_2Y^{2-}。

3. 配位性

由于 EDTA 分子中含有 2 个氨氮和 4 个羧氧配位原子，氨氮易与 Cu^{2+}、Co^{2+}、Ni^{2+}、Zn^{2+} 和 Hg^{2+} 等离子配位，羧氧则几乎与所有高价金属离子配位。EDTA 能与周期表中绝大多数的金属离子形成五元环配合物，又称为**螯合物**。图 5-2 为 EDTA-Co(Ⅲ) 螯合物的立体结构。

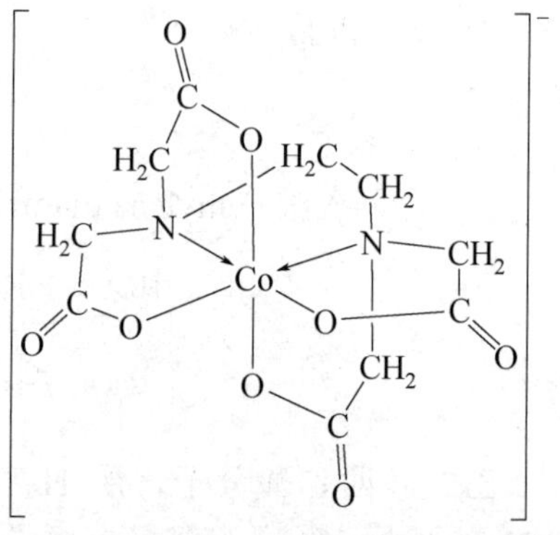

图 5-2　EDTA-Co(Ⅲ) 螯合物的立体结构

二、EDTA 配位反应及配合物的特点

（一）配位反应计量关系

EDTA 与多数金属离子反应形成 1:1 配合物，无逐级配位现象，如 $Al^{3+} + Y^{4-} \longrightarrow AlY^-$。而 Zr(Ⅳ)和 Mo(Ⅵ)等与之形成 2:1 的配合物。

（二）配合物的稳定性

EDTA 与多数金属离子形成的配合物相当稳定。由表 5-1 中 EDTA 与常见金属离子的配合稳定常数可知：碱金属离子配合物最不稳定，$\lg K_{MY}<3$；碱土金属离子配合物稳定性较强，$\lg K_{MY}=8\sim11$；过渡金属离子和三价、四价金属离子配合物都很稳定，$\lg K_{MY}>11$。

表 5-1　EDTA 与常见金属离子的配合稳定常数

金属离子	$\lg K_{MY}$ 值	金属离子	$\lg K_{MY}$ 值	金属离子	$\lg K_{MY}$ 值
Na^+	1.66	Ce^{4+}	15.98	Cu^{2+}	18.80
Li^+	2.79	Al^{3+}	16.30	Ga^{2+}	20.30
Ag^+	7.32	Co^{2+}	16.31	Ti^{3+}	21.30
Ba^{2+}	7.86	Pt^{2+}	16.31	Hg^{2+}	21.70
Mg^{2+}	8.70	Cd^{2+}	16.46	Sn^{2+}	22.11
Sr^{2+}	8.73	Zn^{2+}	16.50	Th^{4+}	23.20
Be^{2+}	9.20	Pb^{2+}	18.04	Cr^{3+}	23.40
Ca^{2+}	10.69	Y^{3+}	18.09	Fe^{3+}	25.10
Mn^{2+}	13.87	VO^{2+}	18.80	U^{4+}	25.80
Fe^{2+}	14.32	Ni^{2+}	18.62	Bi^{3+}	27.94
La^{3+}	15.50	Pd^{2+}	18.50	Co^{3+}	36.00

表中数据是指无副反应的情况下的数据，不能反映实际滴定过程中的真实状况。

（三）其它特点

（1）EDTA 与多数金属离子形成的配合物大多带电荷，水溶性较好。

（2）除 Al、Cr、Ti 等金属外，配位反应的速率快，一般都能迅速地完成。

（3）EDTA 与无色金属离子配位，形成无色螯合物，与有色的金属离子配位，一般形成颜色更深的螯合物，如：

NiY^{2-}	CuY^{2-}	CoY^{2-}	MnY^{2-}	CrY^-	FeY^-
蓝色	深蓝	紫红	紫红	深紫	黄

因此，当溶液中有色金属离子浓度较高时，会对终点观察产生显著影响。

上述特点说明 EDTA 和许多金属离子的配位反应能够符合滴定分析对反应的要求。为表述方便，通常均略去离子的电荷，如用 Y 表示 EDTA 酸根 Y^{4-}，以 M 表示各种金属离子，以 MY 表示其配合物，则 EDTA 与金属离子 M 的配位反应可简写为

$$M + Y \rightleftharpoons MY$$

第三节　配位平衡与配合物分布分数

一、稳定常数与不稳定常数

配合物的生成是分步进行的，因此溶液中存在系列配位平衡，相应的平衡常数称为**逐级**

稳定常数（$K_{稳i}$，以下简写为 K_i）。对配合物 ML_n，相应的逐级稳定常数为

$$M + L \rightleftharpoons ML \qquad K_1 = \frac{[ML]}{[M][L]}$$

$$ML + L \rightleftharpoons ML_2 \qquad K_2 = \frac{[ML_2]}{[ML][L]}$$

$$\cdots \qquad \cdots$$

$$ML_{n-1} + L \rightleftharpoons ML_n \qquad K_n = \frac{[ML_n]}{[ML_{n-1}][L]} \tag{5-1}$$

配合物的解离也是分步进行的，相应的平衡常数称为**逐级不稳定常数**（$K_{不稳i}$）。对配合物 ML_n，相应的逐级不稳定常数为

$$ML_n \rightleftharpoons ML_{n-1} + L \qquad K_{不稳1} = \frac{1}{K_n} = \frac{[ML_{n-1}][L]}{[ML_n]}$$

$$ML_{n-1} \rightleftharpoons ML_{n-2} + L \qquad K_{不稳2} = \frac{1}{K_{n-1}} = \frac{[M_{n-2}][L]}{[ML_{n-1}]}$$

$$\cdots \qquad \cdots$$

$$ML \rightleftharpoons M + L \qquad K_{不稳n} = \frac{1}{K_1} = \frac{[M][L]}{[ML]} \tag{5-2}$$

配合物稳定常数越大，其不稳定常数就越小，配合物越稳定。

二、累积稳定常数

若将配合物 ML_n 逐级稳定常数渐次相乘，就得到各级**累积稳定常数**（β_i）

$$M + L \rightleftharpoons ML \qquad \beta_1 = K_1 = \frac{[ML]}{[M][L]}$$

$$M + 2L \rightleftharpoons ML_2 \qquad \beta_2 = K_1K_2 = \frac{[ML_2]}{[M][L]^2}$$

$$\cdots \qquad \cdots$$

$$M + nL \rightleftharpoons ML_n \qquad \beta_n = K_1K_2\cdots K_n = \frac{[ML_n]}{[M][L]^n} \tag{5-3}$$

第 n 级累积稳定常数又称配合物的**总形成常数**。部分金属配合物的累积稳定常数见附录三。运用各级累积稳定常数可方便地计算各级配合物型体的平衡浓度

$$[ML_i] = \beta_i[M][L]^i \tag{5-4}$$

三、配体的质子化常数

通常，配位平衡常用形成（稳定）常数来表示，而酸碱平衡用解离常数表示。如果把酸（H_nL）看作为它的碱型 L^{n-} 与 H^+ 形成的配合物，就可以把酸碱平衡处理与配位平衡处理统一起来。如 EDTA 可以看作 Y 与 H^+ 逐级形成 HY、H_2Y、…、H_6Y 等各种型体的配合物，其形成常数称为**质子化常数**，用 K^H 表示；H_6Y 逐级质子化常数渐次相乘，就得到各级**累积质子化常数**（β_i^H）。因此 EDTA 的 K^H、β_i^H 以及 K_{ai} 的关系可表示为

$$Y + H \rightleftharpoons HY \qquad K_1^H = \frac{[HY]}{[H][Y]} = \frac{1}{K_{a6}} \qquad \beta_1^H = K_1^H = \frac{[HY]}{[H][Y]}$$

$$HY + H \rightleftharpoons H_2Y \qquad K_2^H = \frac{[H_2Y]}{[H][HY]} = \frac{1}{K_{a5}} \qquad \beta_2^H = K_1^H K_2^H = \frac{[H_2Y]}{[H]^2[Y]}$$

$$\cdots \qquad \cdots \qquad \cdots$$

$$H_5Y + H \rightleftharpoons H_6Y \qquad K_6^H = \frac{[H_6Y]}{[H][H_5Y]} = \frac{1}{K_{a1}} \qquad \beta_6^H = K_1^H K_2^H \cdots K_6^H = \frac{[H_6Y]}{[H]^6[Y]} \tag{5-5}$$

运用各级累积质子化常数可方便地计算各级酸型体的平衡浓度：

$$[H_iY] = \beta_i^H [Y][H]^i \tag{5-6}$$

四、分布分数

在配位平衡中，金属离子或其配合物中某型体的平衡浓度与该金属离子分析浓度的比值称为该型体的**分布分数**（δ）。对配合物 ML_n，设金属离子的分析浓度为 c_M，当配位反应达到平衡时，根据物料平衡关系得：

$$c_M = [M] + [ML] + [ML_2] + \cdots + [ML_n]$$

利用式（5-4），将配合物各型体平衡浓度用各级累积平衡常数代换，得

$$c_M = [M] + \beta_1[M][L] + \beta_2[M][L]^2 + \cdots + \beta_n[M][L]^n$$
$$= [M](1 + \beta_1[L] + \beta_2[L]^2 + \cdots + \beta_n[L]^n)$$

故各型体分布分数为

$$\delta_M = \frac{[M]}{c_M} = \frac{1}{1 + \beta_1[L] + \beta_2[L]^2 + \cdots + \beta_n[L]^n}$$

$$\delta_{ML} = \frac{[ML]}{c_M} = \frac{\beta_1[L]}{1 + \beta_1[L] + \beta_2[L]^2 + \cdots + \beta_n[L]^n} = \delta_M \beta_1[L]$$

$$\cdots$$

$$\delta_{ML_n} = \frac{[ML_n]}{c_M} = \frac{\beta_n[L]^n}{1 + \beta_1[L] + \beta_2[L]^2 + \cdots + \beta_n[L]^n} = \delta_M \beta_n[L]^n \tag{5-7}$$

从上各式可知，各型体δ值的大小与其本身的性质及［L］的大小有关，而与总浓度无关。对某一配合物，因 β_i 为定值，因此δ仅为［L］的函数。以 Cu^{2+}与 NH_3 的配位反应为例，其各型体分布分数曲线（δ-p［NH_3］）如图 5-3 所示：

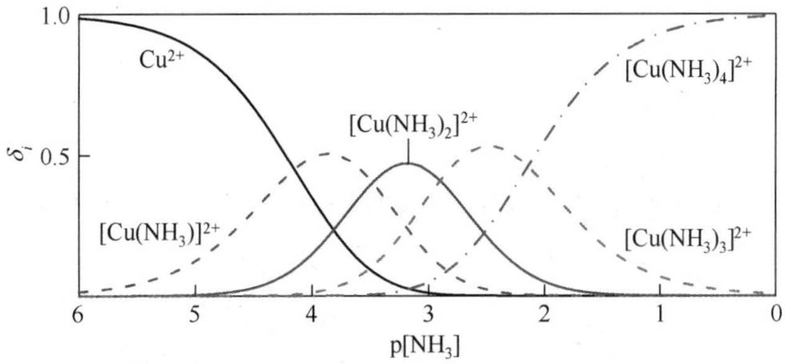

图 5-3　铜氨配合物各型体的分布曲线

由图 5-3 可知，随着［NH_3］增大，即 p［NH_3］减小，Cu^{2+}逐级生成 1:1～1:4 型铜氨配合物。由于铜氨配合物各相邻逐级稳定常数比较接近，$\lg K_1$～$\lg K_4$ 分别为 4.13、3.48、2.87 和 2.11，当［NH_3］变化时，一般都同时存在几种配合物型体，没有一种占绝对优势，因此不能采用氨水直接滴定 Cu^{2+}。

第四节 副反应系数及条件稳定常数

一、配位滴定中的副反应

在配位滴定中所涉及的化学平衡关系比较复杂，可用下述反应式进行简要说明。待测金属离子 M 与滴定剂 Y 作用生成配合物 MY 的反应称为**主反应**

$$M + Y \rightleftharpoons MY$$

为提高配位滴定的准确度和选择性，常加入缓冲溶液、辅助配体 L、掩蔽剂等。试液中的 H^+、OH^-、L 及共存离子 N 等还可能发生除主反应外的其它反应，统称为**副反应**。根据化学平衡移动原理易知，副反应的存在会降低 M、Y 和 MY 的平衡浓度，影响主反应的进行程度。下面就 M、Y 和 MY 的副反应分别论述。

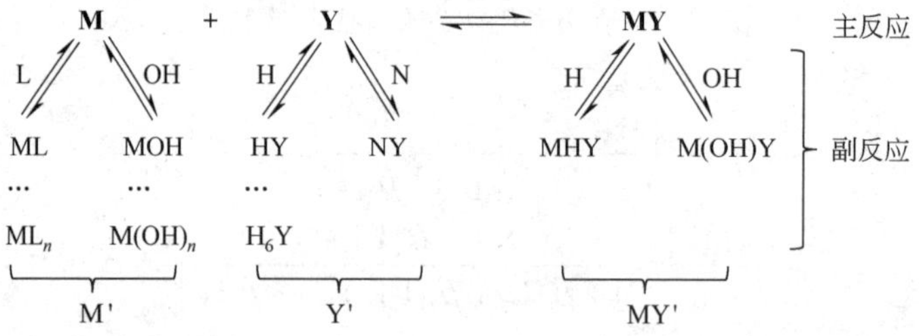

（一）EDTA 的副反应

1. EDTA 的酸效应

Y^{4-}可与 M 形成稳定配合物，但当 pH＜12 时，Y^{4-}与 H^+会发生质子化反应生成 HY，H_2Y，…，H_6Y 等多种型体，则未参与主反应的 EDTA 总浓度［Y′］与各型体平衡浓度的关系为

$$[Y'] = [Y] + [HY] + [H_2Y] + [H_3Y] + [H_4Y] + [H_5Y] + [H_6Y]$$

显然，酸度越大，[Y′] 越大，主反应能力降低越多，这种因 H^+与 Y^{4-}作用使主反应能力降低的现象称为 EDTA 的**酸效应**。

2. EDTA 的共存离子效应

由于与 M 共存的金属离子 N 也可能与 Y 配位，从而降低 Y^{4-}平衡浓度，使主反应平衡左移，主反应能力降低，这种现象称为 EDTA 的**共存离子效应**。因共存离子效应没参与主反应的 EDTA 各型体总浓度 [Y′] 与各型体平衡浓度的关系为

$$[Y'] = [Y] + [NY]$$

配位反应中，可能同时存在 EDTA 的酸效应和共存离子效应，则没参与主反应的 EDTA 各型体总浓度［Y′］与各型体平衡浓度的关系为

$$[Y'] = [Y] + [HY] + [H_2Y] + [H_3Y] + [H_4Y] + [H_5Y] + [H_6Y] + [NY]$$

（二）金属离子 M 的副反应

1. M 的辅助配位效应

配位滴定中，缓冲剂、辅助配体或掩蔽剂等的加入可能存在一种或多种外加配体 L，并与 M 发生配位反应，称**辅助配位效应**。因辅助配位效应未参与主反应的金属离子总浓度[M′]与各型体平衡浓度的关系为

$$[M'] = [M] + [ML] + [ML_2] +\cdots+ [ML_n]$$

2. M 的水解效应

当溶液酸度较低时，M 可能因水解而形成各种氢氧基配合物甚至生成氢氧化物沉淀，由此引起的副反应称为**水解效应**。因水解效应未参与主反应的金属离子总浓度［M′］与各型体平衡浓度的关系为

$$[M'] = [M] + [MOH] + [M(OH)_2] +\cdots+ [M(OH)_n]$$

辅助配位效应、水解效应可降低 M 离子的平衡浓度，使主反应平衡左移，主反应能力降低。

配位反应中，可能同时存在 M 离子的辅助配位效应和水解效应，则没参与主反应的 M 离子各型体总浓度［M′］与各型体平衡浓度的关系为

$$[M'] = [M] + [ML] + [ML_2] +\cdots+ [ML_n] + [MOH] + [M(OH)_2] +\cdots+ [M(OH)_n]$$

（三）配合物 MY 的副反应

MY 在 $pH<3$ 形成 MHY，在 $pH>11$，形成 MOHY，称 MY 的混配效应。**混配效应**可降低 MY 的平衡浓度，使主反应正向移动，对主反应有利。但通常 MY 混配效应趋势较弱，对主反应影响小，故常常不作考虑。本章亦忽略 MY 的副反应。

二、副反应系数

M 和 Y 的各种副反应影响着主反应进行的程度，因此引入**副反应系数**（α）来定量表示副反应进行的程度。

（一）EDTA 的副反应系数 α_Y

1. EDTA 的酸效应系数 $\alpha_{Y(H)}$

酸效应系数 $\alpha_{Y(H)}$ 指未参与主反应的EDTA各型体总浓度[Y′]与游离 Y^{4-} 的平衡浓度[Y]之比：

$$\alpha_{Y(H)} = \frac{[Y']}{[Y]} = \frac{[Y]+[HY]+[H_2Y]+\cdots+[H_6Y]}{[Y]} = \frac{1}{\delta_Y} \tag{5-8}$$

显然，$\alpha_{Y(H)}$ 是 H_6Y 溶液中的 Y 离子的分布分数 δ_Y 的倒数。

将式（5-6）代入到式（5-8）中，有

$$\alpha_{Y(H)} = \frac{[Y]+[HY]+[H_2Y]+\cdots+[H_6Y]}{[Y]} = \frac{[Y]+\beta_1^H[H][Y]+\beta_2^H[H]^2[Y]+\cdots+\beta_6^H[H]^6[Y]}{[Y]}$$

即

$$\alpha_{Y(H)} = 1+\beta_1^H[H]+\beta_2^H[H]^2+\cdots+\beta_6^H[H]^6 \tag{5-8a}$$

式（5-8a）表明，$\alpha_{Y(H)}$ 只与溶液中［H^+］有关，是 H^+浓度的函数，酸度越高，$\alpha_{Y(H)}$ 越大，酸效应越严重，［Y］越小，其参与主反应的能力也越小。由于绝大多数配位滴定是在 pH<12 的某一酸度下进行的，因此 EDTA 的酸效应是影响配位滴定最常见、最主要的因素之一。附录五列出了不同 pH 条件下 EDTA 的酸效应系数 $\lg\alpha_{Y(H)}$。

采用相应的 β_i^H，式（5-8a）也适用于其它配体 L 的酸效应系数 $\alpha_{L(H)}$ 的计算。附录六列出了不同 pH 条件下，部分配体 L 的 $\lg\alpha_{L(H)}$。

例 5-1 计算 pH = 5.00 时 EDTA 的酸效应系数 $\alpha_{Y(H)}$ 和 $\lg\alpha_{Y(H)}$。已知 EDTA 的各累积质子化常数 $\lg\beta_1^H$～$\lg\beta_6^H$ 分别为：10.26，16.42，19.09，21.09，22.69 和 23.59。

解：将有关数据代入式（5-8a）

$$\alpha_{Y(H)} = 1 + \beta_1^H[H] + \beta_2^H[H]^2 + \cdots + \beta_6^H[H]^6$$

$$= 1 + 10^{10.26}\times10^{-5.00} + 10^{16.42}\times10^{-10.00} + 10^{19.09}\times10^{-15.00} + 10^{21.09}\times10^{-20.00} + 10^{22.69}\times10^{-25.00} + 10^{23.59}\times10^{-30.00}$$

$$= 1 + 10^{5.26} + 10^{6.42} + 10^{4.09} + 10^{1.09} + 10^{-2.31} + 10^{-6.41}$$

$$= 10^{6.45}$$

则： $\lg\alpha_{Y(H)} = 6.45$

进行指数计算时，如果两项相差 100 倍或更多时，可将其中数值较小者忽略。如上例中可近似计算第 2～3 项数值，而其它项数值较小，可以忽略。

2. EDTA 的共存离子效应系数 $\alpha_{Y(N)}$

仅考虑共存离子 N 的副反应时，EDTA 的**共存离子效应系数** $\alpha_{Y(N)}$ 指没参与主反应的 EDTA 各型体总浓度［Y′］与游离 Y^{4-}的平衡浓度［Y］之比：

$$\alpha_{Y(N)} = \frac{[Y']}{[Y]} = \frac{[Y]+[NY]}{[Y]} \tag{5-9}$$

因 $N + Y \rightleftharpoons NY$，有$[NY]= K_{NY}[N][Y]$，代入上式得

$$\alpha_{Y(N)} = 1 + K_{NY}[N] \tag{5-9a}$$

式（5-9a）表明，游离 N 离子的平衡浓度［N］越大，配合物 NY 的形成常数越大，则共存离子效应系数 $\alpha_{Y(N)}$ 越大，N 离子对主反应的影响越严重。如果溶液中有多种离子 N_1、N_2、…、N_n 与 M 共存，则 $\alpha_{Y(N)}$：

$$\alpha_{Y(N)} = \alpha_{Y(N_1)} + \alpha_{Y(N_2)} + \cdots + \alpha_{Y(N_n)} - (n-1) \tag{5-10}$$

3. EDTA 的总副反应系数 α_Y

若 EDTA 的酸效应和共存离子效应（仅考虑一种共存离子 N）同时存在，则 EDTA 的**总副反应系数** α_Y：

$$\alpha_Y = \frac{[Y']}{[Y]} = \frac{[Y]+[HY]+[H_2Y]+\cdots+[H_6Y]+[NY]}{[Y]}$$
$$= \frac{[Y]+[HY]+[H_2Y]+\cdots+[H_6Y]}{[Y]} + \frac{[Y]+[NY]}{[Y]} - \frac{[Y]}{[Y]} \tag{5-11}$$

即：

$$\alpha_Y = \alpha_{Y(H)} + \alpha_{Y(N)} - 1 \approx \alpha_{Y(H)} + \alpha_{Y(N)} \tag{5-11a}$$

例 5-2 在 pH = 5.0 时，计算 EDTA 和 Pb^{2+}反应在共存离子 Ca^{2+}或 Mg^{2+}情况下的 α_Y 和

$\lg\alpha_Y$ 值。设各反应物浓度均为 $0.010mol \cdot L^{-1}$。已知：$K_{PbY} = 10^{18.04}$，$K_{CaY} = 10^{10.7}$，$K_{MgY} = 10^{8.7}$。

解：对于 EDTA 与 Pb^{2+}的反应，受到酸效应和共存离子的影响。查附录五，当 pH = 5.0 时，$\lg\alpha_{Y(H)} = 6.45$，即 $\alpha_{Y(H)} = 10^{6.45}$

当 Ca^{2+}为共存离子时，根据式（5-9a）

$$\alpha_{Y(Ca)} = 1 + K_{CaY}[Ca] = 1 + 10^{10.7} \times 0.010 = 10^{8.7},$$

根据式（5-11a）有

$$\alpha_Y = \alpha_{Y(H)} + \alpha_{Y(Ca)} - 1 \approx \alpha_{Y(H)} + \alpha_{Y(Ca)} = 10^{6.45} + 10^{8.7} \approx 10^{8.7}$$

则：

$$\lg\alpha_Y = 8.7$$

当 Mg^{2+}为共存离子时，同理可得

$$\alpha_{Y(Mg)} = 1 + K_{MgY}[Mg] = 1 + 10^{8.7} \times 0.01 = 10^{6.7}$$

$$\alpha_Y = \alpha_{Y(H)} + \alpha_{Y(Mg)} - 1 \approx \alpha_{Y(H)} + \alpha_{Y(Mg)} = 10^{6.45} + 10^{6.7} \approx 10^{6.9}$$

则：

$$\lg\alpha_Y = 6.9$$

（二）金属离子 M 的副反应系数 α_M

1. M 的辅助配位效应系数 $\alpha_{M(L)}$

采取与酸效应类似的处理办法，求得 M 的**辅助配位效应系数** $\alpha_{M(L)}$：

$$\alpha_{M(L)} = \frac{[M']}{[M]} = \frac{[M]+[ML]+[ML_2]+\cdots+[ML_n]}{[M]} \tag{5-12}$$

即：

$$\alpha_{M(L)} = 1 + \beta_1[L] + \beta_2[L]^2 + \cdots + \beta_n[L]^n \tag{5-12a}$$

2. M 的水解效应系数 $\alpha_{M(OH)}$

同理，M 的**水解效应系数** $\alpha_{M(OH)}$：

$$\alpha_{M(OH)} = \frac{[M']}{[M]} = \frac{[M]+[M(OH)]+[M(OH)_2]+\cdots+[M(OH)_n]}{[M]} \tag{5-13}$$

即：

$$\alpha_{M(OH)} = 1 + \beta_1[OH] + \beta_2[OH]^2 + \cdots + \beta_n[OH]^n \tag{5-13a}$$

部分金属离子在不同 pH 条件下的水解效应系数 $\lg\alpha_{M(OH)}$ 值可以通过查附录七获取。

3. M 的总副反应系数 α_M

若 M 离子与配体 L 和 OH 均发生了副反应，则其**总副反应系数**为：

$$\begin{aligned}\alpha_M &= \frac{[M']}{[M]} = \frac{[M]+[ML]+\cdots+[ML_n]+[M(OH)]+[M(OH)_2]+\cdots+[M(OH)_n]}{[M]} \\ &= \frac{[M]+[ML]+\cdots+[ML_n]}{[M]} + \frac{[M]+[M(OH)]+[M(OH)_2]+\cdots+[M(OH)_n]}{[M]} - \frac{[M]}{[M]}\end{aligned} \tag{5-14}$$

即：

$$\alpha_M = \alpha_{M(L)} + \alpha_{M(OH)} - 1 \approx \alpha_{M(L)} + \alpha_{M(OH)} \tag{5-14a}$$

例 5-3 在 $0.10mol \cdot L^{-1}$ NH_3 和 $0.18mol \cdot L^{-1}$ NH_4^+溶液中（均为平衡浓度），求 Zn 的总副反应系数 α_{Zn} 为多少？Zn 的主要型体有哪几种？如将溶液的 pH 调到 10.0，α_{Zn} 又等于多少（忽略溶液体积的变化）？已知 $pK_{b(NH_3)} = 4.74$，锌氨配合物的 $\lg\beta_1 \sim \lg\beta_4$ 分别为 2.27，4.61，7.01 和 9.06。

解：$pK_{a(NH_4^+)} = 14 - pK_{b(NH_3)} = 9.26$，则 NH_3-NH_4^+溶液

$$pH = pK_a + \lg\frac{[NH_3]}{[NH_4^+]} = 9.26 + \lg\frac{0.10}{0.18} = 9.00$$

当 pH = 9.0 时，查附录七

$$\lg\alpha_{Zn(OH)}=0.2$$

根据式（5-12a）有

$$\alpha_{Zn(NH_3)}=1+\beta_1[NH_3]+\beta_2[NH_3]^2+\beta_3[NH_3]^3+\beta_4[NH_3]^4$$
$$=1+10^{2.27}\times10^{-1.00}+10^{4.61}\times10^{-2.00}+10^{7.01}\times10^{-3.00}+10^{9.06}\times10^{-4.00}$$
$$=1+10^{1.27}+10^{2.61}+10^{4.01}+10^{5.06}=10^{5.10}$$

上式中 $\beta_3[NH_3]^3$ 和 $\beta_4[NH_3]^4$ 这两项数值较大，因此可知锌在此溶液中主要型体是$[Zn(NH_3)_3]^{2+}$和$[Zn(NH_3)_4]^{2+}$。

根据式（5-14a）得

$$\alpha_{Zn}=\alpha_{Zn(NH_3)}+\alpha_{Zn(OH)}-1=10^{5.10}+10^{0.2}-1=10^{5.10}$$

当溶液的 pH=10.0 时

$$c_{NH_3}=[NH_3]+[NH_4^+]=0.10+0.18=0.28mol\cdot L^{-1}$$

由分布分数可得

$$[NH_3]=\frac{K_a}{[H^+]+K_a}\times c_{NH_3}=\frac{10^{-9.26}}{10^{-10.00}+10^{-9.26}}\times0.28=10^{-0.62}mol\cdot L^{-1}$$

$$\alpha_{Zn(NH_3)}=1+10^{2.27}\times10^{-0.62}+10^{4.61}\times10^{-1.24}+10^{7.01}\times10^{-1.86}+10^{9.06}\times10^{-2.48}=10^{6.60}$$

当溶液的 pH=10.0 时，查附录七得：$\lg\alpha_{Zn(OH)}=2.4$

$$\alpha_{Zn}=\alpha_{Zn(OH)}+\alpha_{Zn(NH_3)}-1\approx\alpha_{Zn(NH_3)}\approx10^{6.60}$$

三、MY 配合物的条件稳定常数

在配位滴定中，当无副反应发生时，M 与 Y 反应达到平衡时，有

$$K_{MY}=\frac{[MY]}{[M][Y]}$$

当有副反应时，主反应进行的程度受[M′]和[Y′]大小的影响，因此提出用**条件稳定常数** K'_{MY}（conditional formation constant）来表示［M′］、［Y′］和［MY］的关系

$$K'_{MY}=\frac{[MY]}{[M'][Y']} \qquad (5\text{-}15)$$

由于

$$\alpha_M=\frac{[M']}{[M]}，即[M']=\alpha_M[M]$$
$$\alpha_Y=\frac{[Y']}{[Y]}，即[Y']=\alpha_Y[Y]$$

则：

$$K'_{MY}=\frac{[MY]}{[M'][Y']}=\frac{[MY]}{[M][Y]}\times\frac{1}{\alpha_M\alpha_Y}=\frac{K_{MY}}{\alpha_M\alpha_Y}$$

即：

$$\lg K'_{MY}=\lg K_{MY}-\lg\alpha_M-\lg\alpha_Y \qquad (5\text{-}16)$$

式（5-16）为计算配合物条件稳定常数的重要公式。在一定条件下，α_M 和 α_Y 为一定值，因此 K'_{MY} 为一常数；当条件改变时，K'_{MY} 随各副反应系数而改变，故称为条件稳定常数。条件稳定常数又称为条件形成常数或表观形成常数等。在一般情况下，$K'_{MY} < K_{MY}$，仅 $\alpha_M = \alpha_Y = 1$ 时，即无副反应发生，才有 $K'_{MY} = K_{MY}$。

由于副反应对主反应影响大小不同，可酌情对式（5-16）进行合理取舍，简化处理。如当溶液中 M 不发生副反应或远小于 EDTA 副反应时，则有

$$\lg K'_{MY} = \lg K_{MY} - \lg \alpha_Y$$

如果此时也无共存离子效应，则有

$$\lg K'_{MY} = \lg K_{MY} - \lg \alpha_{Y(H)} \quad (5\text{-}17)$$

例 5-4 以 NH_3-NH_4^+缓冲溶液控制锌溶液的 pH = 9.0，对于 EDTA 滴定 Zn^{2+}的主反应，计算 $[NH_3]=0.10\text{mol}\cdot\text{L}^{-1}$ 时的 $\lg K'_{ZnY}$ 值。已知 $pK_{b(NH_3)} = 4.74$，锌氨配合物的 $\lg\beta_1$～$\lg\beta_4$ 分别为 2.27，4.61，7.01 和 9.06。

解：溶液中存在 Zn 的水解效应及配位效应，存在 EDTA 酸效应。

当 pH = 9.0，查附录七得：$\lg\alpha_{Zn(OH)} = 0.2$；查附录五得：$\lg\alpha_{Y(H)} = 1.28$，又因为

$$\alpha_{Zn(NH_3)} = 1 + \beta_1[NH_3] + \beta_2[NH_3]^2 + \beta_3[NH_3]^3 + \beta_4[NH_3]^4$$

$$= 1 + 10^{2.27} \times 10^{-1.00} + 10^{4.61} \times 10^{-2.00} + 10^{7.01} \times 10^{-3.00} + 10^{9.06} \times 10^{-4.00}$$

$$= 1 + 10^{1.27} + 10^{2.61} + 10^{4.01} + 10^{5.06} = 10^{5.10}$$

$$\alpha_{Zn} = \alpha_{Zn(NH_3)} + \alpha_{Zn(OH)} - 1 = 10^{5.10} + 10^{0.2} - 1 = 10^{5.10}$$

即：

$$\lg \alpha_{Zn} = 5.10$$

所以：

$$\lg K'_{ZnY} = \lg K_{ZnY} - \lg \alpha_{Zn} - \lg \alpha_Y = 16.50 - 5.10 - 1.28 = 10.12$$

第五节 配位滴定法基本原理

一、滴定曲线的绘制

用 EDTA 滴定金属离子 M 时，随着滴定剂的加入，溶液中未与 EDTA 反应的金属离子浓度［M′］减小，以 pM′对滴定体积 V 作图可绘制滴定曲线。类似酸碱滴定，配位滴定过程分为滴定前、滴定开始至化学计量点前、化学计量点时、化学计量点后四个阶段。这里只简单介绍滴定曲线各阶段 pM′近似计算的主要思路。

（1）滴定前（$V_Y = 0$），pM′取决于溶液中 M 的分析浓度［M′］

$$[M'] = c_M$$

（2）滴定开始至计量点前（$V_M > V_Y$），体系组成为 MY 及剩余的［M′］。由于 MY 稳定常数一般较大，解离出的 M′可以忽略，即 pM′由未被滴定的 M 的分析浓度确定

$$[M'] = \frac{V_M - V_Y}{V_M + V_Y} c_M$$

（3）计量点时（$V_Y = V_M$），由于滴定反应已经按计量关系完成，溶液中［M′］来自配合

物 MY 的解离，故有

$$[M']_{sp} = [Y']_{sp}$$

又因为 MY 的 K'_{MY} 一般较大，所以

$$[MY]_{sp} = c_{M,sp} - [M']_{sp} \approx c_{M,sp} = c_M/2$$

根据计量点时的平衡关系式（5-15）

$$K'_{MY} = \frac{[MY]}{[M'][Y']} = \frac{c_{M,sp}}{[M']_{sp}^2}$$

即
$$[M']_{sp} = \sqrt{\frac{c_{M,sp}}{K'_{MY}}} \tag{5-18}$$

或
$$pM'_{sp} = \frac{1}{2}(pc_{M,sp} + \lg K'_{MY}) \tag{5-18a}$$

式（5-18）和式（5-18a）为计算化学计量点［M′］和 pM′的最简式。

（4） 计量点之后（$V_Y > V_M$），由于 Y 过量，相当于 MY+Y 体系，考虑到 MY 的 K'_{MY} 一般较大，MY 解离的 Y′较少，近似认为［Y′］等于过量 Y 的分析浓度。可由下式近似计算出［M′］

$$[M'] = \frac{[MY]}{[Y']K'_{MY}}$$

其中：$[MY] = \dfrac{V_M}{(V_M + V_Y)} c_M$；　$[Y'] = \dfrac{V_Y - V_M}{(V_M + V_Y)} c_Y$

例 5-5　用 $0.020mol \cdot L^{-1}$ EDTA 滴定 20mL 同浓度 Zn^{2+}。若在 pH = 9.0 的 NH_3-NH_4^+缓冲溶液中进行，并含有 $0.10mol \cdot L^{-1}$ 游离氨，计算（1）化学计量点的 pZn′，pZn，pY′，pY，（2）化学计量点前后相对误差为 0.1%时的 pZn′，pY′。

解：由例题 5-4 可知，此时 $\lg \alpha_{Zn} = 5.10$，$\lg \alpha_{Y(H)} = 1.28$，$\lg K'_{ZnY} = 10.12$。

（1）化学计量点时，$c_{Zn,sp} = 0.010mol \cdot L^{-1}$，根据式（5-18a）

$$pZn'_{sp} = \frac{1}{2}(pc_{Zn,sp} + \lg K'_{ZnY}) = \frac{1}{2}(2.00 + 10.12) = 6.06$$

又因为

$$\alpha_{Zn} = \frac{[Zn']}{[Zn]}$$

即：

$$pZn_{sp} = pZn'_{sp} + \lg \alpha_{Zn} = 6.06 + 5.10 = 11.16$$

又因化学计量点时有：$[Zn']_{sp} = [Y']_{sp}$，所以

$$pY'_{sp} = pZn'_{sp} = 6.06$$

则

$$pY_{sp} = pY'_{sp} + \lg \alpha_{Y(H)} = 6.06 + 1.28 = 7.34$$

（2）化学计量点前相对误差为 0.1%时

$[Zn'] = 0.010 \times 0.1\% = 10^{-5.0} mol \cdot L^{-1}$，　　　$pZn' = 5.0$

$[Y'] = \dfrac{[ZnY]}{[Zn']K'_{ZnY}} = \dfrac{0.010}{10^{-5.0} \times 10^{10.12}} = 10^{-7.1} mol \cdot L^{-1}$，　　　$pY' = 7.1$

化学计量点后相对误差为 0.1%时的

$$[Y']=0.010\times0.1\% = 10^{-5.0}\text{mol}\cdot\text{L}^{-1}, \qquad pY'=5.0$$

$$[Zn']=\frac{[ZnY]}{[Y']K'_{ZnY}}=\frac{0.010}{10^{-5.0}\times10^{10.12}}=10^{-7.1}\text{ mol}\cdot\text{L}^{-1}, \qquad pZn'=7.1$$

在计量点前后相对误差为±0.1%的范围内，pM′发生突跃，称配位滴定的滴定突跃，ΔpM′称突跃范围宽度。本例滴定突跃为 5.0～7.1，突跃范围宽度ΔpZn′ = 2.1。

二、影响滴定突跃的主要因素

（一）条件稳定常数 K'_{MY} 的影响

当浓度一定时，K'_{MY} 越大，突跃越大（图 5-4）。具体地，在化学计量点前，由于按反应剩余的［M′］计算 pM′，因此与 K'_{MY} 无关，K'_{MY} 不同的各滴定曲线合为一条。但化学计量点后，K'_{MY} 增大 10 倍，pM′则增大 1 个单位。辅助配位效应、水解效应、酸效应、共存离子效应等因素均会对 K'_{MY} 产生影响，进而影响滴定突跃。

（二）金属离子浓度 c_M 的影响

当条件稳定常数 K'_{MY} 一定时，浓度越大，突跃越大（图 5-5）。化学计量点前，浓度增大 10 倍，则 pM′降低 1 个单位；化学计量点后，此处浓度不同的曲线合为一条，表明该段 pM′与浓度改变无关。

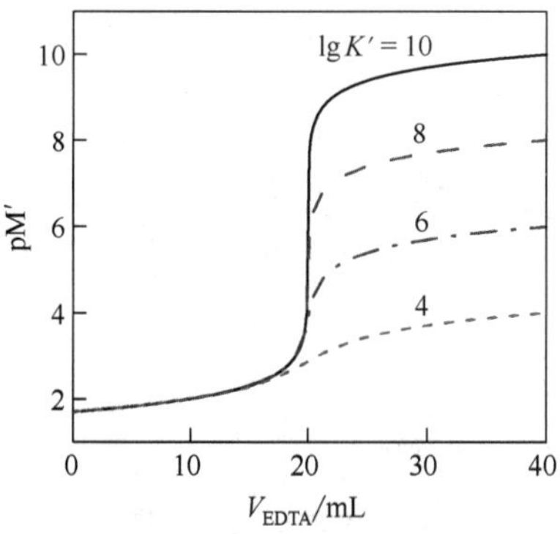

图 5-4　条件稳定常数 K'_{MY} 对突跃的影响

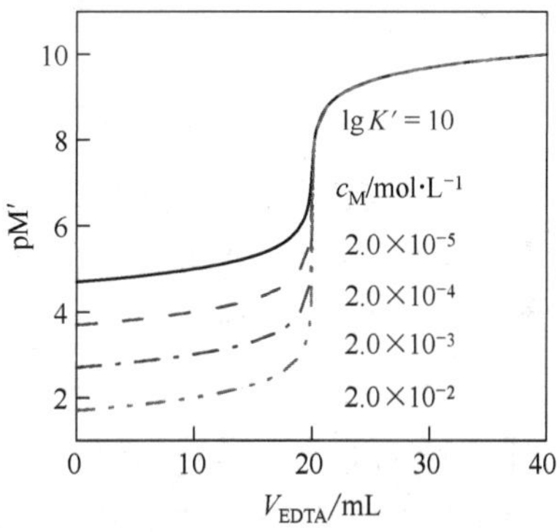

图 5-5　浓度 c_M 对突跃的影响

第六节　金属离子指示剂

在配位滴定过程中，溶液 pM 值随滴定剂的加入而变化。滴定终点一般要借助金属离子指示剂（简称金属指示剂）来确定，因此必须了解指示剂的性质及作用原理。

一、金属指示剂的作用原理

金属指示剂通常为有机染料配体，其能与金属离子形成与其本身颜色显著不同的配合物而指示滴定终点。如 pH = 10 时，游离铬黑 T（EBT）显蓝色，当加入到被滴定 Mg^{2+}溶液中时，形成红色的配合物 Mg-EBT。

$$Mg^{2+} + EBT(蓝色) \rightleftharpoons Mg\text{-}EBT(红色)$$

当滴入 EDTA 时，溶液中游离的 Mg^{2+}首先逐步被 EDTA 配位，当达到计量点时，由于 EDTA 与 Mg^{2+}的配位能力比 EBT 强，所以，已与 EBT 配位的 Mg^{2+}也被 EDTA 夺出，这样就释放出游离 EBT，此时溶液由红色突变为蓝色，意味着达到滴定终点。

$$Mg\text{-}EBT(红色) + EDTA \rightleftharpoons Mg\text{-}EDTA + EBT(蓝色)$$

由上可见，金属指示剂的终点指示原理是基于置换反应。为简化表示，以 In 代表游离指示剂，MIn 表示其金属配合物，则置换反应表示为

$$MIn + Y \rightleftharpoons MY + In$$

二、金属指示剂应具备的条件

（一）In 与 MIn 的颜色显著差异性

金属指示剂 In 本身的颜色与其金属离子配合物 MIn 的颜色应有显著差别，以便于终点判断。金属指示剂多为有机弱酸，颜色随 pH 值而改变，因此滴定时必须控制合适的 pH 值。如铬黑 T（EBT）是三元酸（H_3In），第一级解离极容易，第二级和第三级解离则较难（pK_{a2} = 6.3，pK_{a3} = 11.6），在溶液中有下列平衡：

$$H_2In^- \underset{H^+}{\overset{OH^-}{\rightleftharpoons}} HIn^{2-} \underset{H^+}{\overset{OH^-}{\rightleftharpoons}} In^{3-}$$

红色	蓝色	橙色
pH＜6	pH=8～11	pH＞12

显然，EBT 在 pH＜6 或 pH＞12 时，In 与 MIn 的颜色没有显著的差异性。只有在 pH = 8～11 时进行滴定，终点由配合物 MIn 的红色变成游离指示剂 In 的蓝色，颜色变化才显著。因此，使用金属指示剂，必须注意选用合适的 pH 范围。

（二）MIn 具有适当的稳定性

这里用 K'_{MY} 和 K'_{MIn} 的相互关系对 MIn 具有适当的稳定性加以理解：

（1）为满足 Y 与 MIn 发生置换，必然要求 $K'_{MY} > K'_{MIn}$。当 K'_{MIn} 过小时，终点前会因自身解离造成终点提前。通常要求 $K'_{MY}/K'_{MIn} \geq 100$ 且 $K'_{MIn} \geq 10^4$。

（2）如果被测离子 M 或共存离子 N 的 $K'_{M(N)In}$ 略大于 K'_{MY} 时，势必加入过多的滴定剂 Y，结果使终点延后。但 $K'_{M(N)In} \gg K'_{MY}$，指示剂无法被置换出来，看不到终点颜色的变化，这种现象叫**指示剂的封闭现象**。例如，用 EDTA 滴定 Ca^{2+}、Mg^{2+}时，溶液中共存的 Al^{3+}、Fe^{3+}、Cu^{2+}、Co^{2+}和 Ni^{2+}对铬黑 T 有封闭作用。为消除封闭现象，可加适当的配体，称配位掩蔽剂。干扰离子与掩蔽剂可形成更稳定的配合物，从而不再封闭指示剂。如三乙醇胺可掩蔽 Al^{3+}和 Fe^{3+}；用 KCN 掩蔽 Cu^{2+}、Co^{2+}和 Ni^{2+}等。

（三）In 与 M 反应迅速且具有良好的可逆性

有些 In 与 M 形成的配合物 MIn 的溶解度很小，使 Y 与 MIn 之间的置换反应进行缓慢，使终点拖长，这种现象叫做**指示剂的僵化**。为避免指示剂的僵化，可通过加入适当的有机溶剂增大 MIn 的溶解度；也可通过加热，在增大 MIn 溶解度的同时，加快反应速率。在可能发生僵化时，接近终点时更要缓慢滴定，剧烈振摇。

金属指示剂大多具有双键，易被日光、空气和氧化剂所分解；有些指示剂在水溶液中不稳定，日久会变质，如铬黑 T、钙指示剂的水溶液均易氧化变质，所以常配成固体混合物或用具有还原性的溶液来配制。一般金属指示剂不宜久放，宜现用现配。

三、金属指示剂变色点的 pM（pM_t）的计算

金属离子 M 与指示剂 In 的配位反应中，同样也存在副反应，如 In 的酸效应、金属离子的辅助配位效应等。当忽略 M 的副反应，只考虑 In 的酸效应时，有如下平衡关系：

$$\begin{array}{c} M + In \rightleftharpoons MIn \\ \quad\ \ \Big\Updownarrow{\scriptstyle H} \\ \quad\ HIn \\ \quad\ \cdots \\ \quad\ H_nIn \end{array}$$

其条件稳定常数为
$$K'_{MIn} = \frac{[MIn]}{[M][In']}$$

即：
$$pM = \lg K'_{MIn} + \lg \frac{[In']}{[MIn]}$$

在一定条件下，K'_{MIn} 为一定值，当 $[In'] \gg [MIn]$ 时，显指示剂 In 的颜色；当 $[MIn] \gg [In']$ 时，显配合物 MIn 的颜色；当 $[In']=[MIn]$ 时，溶液显两者的混合色，称指示剂的**理论变色点**，此时金属离子浓度用 pM_t 表示，则有

$$pM_t = \lg K'_{MIn} = \lg K_{MIn} - \lg \alpha_{In(H)} \tag{5-19}$$

式（5-19）中，$\lg K'_{MIn}$ 是只考虑酸效应时配合物 MIn 的条件稳定常数。由式（5-19）可知，金属指示剂与酸碱指示剂变色点不同，它并没有一个固定的变色点。pM_t 随 pH 改变而改变。附录八列出了铬黑 T 和二甲酚橙在不同 pH 条件下的 $\lg\alpha_{In(H)}$ 和 pM_t 值。

若金属离子 M 也同时存在副反应，并用 pM'_{ep} 表示终点时 pM′，则有

$$pM'_{ep} = pM_t - \lg\alpha_M = \lg K_{MIn} - \lg\alpha_M - \lg \alpha_{In(H)} \tag{5-20}$$

在实际分析工作中，In 与 M 配位比不全是 1:1，而且 MIn 也可能发生副反应，加之计算所需常数也比较缺乏，因此实际变色点由实验测定。

在配位滴定中，应选择适宜的滴定条件如 pH 值等，使此时的 pM'_{ep} 与化学计量点 pM'_{sp} 尽可能接近，且指示剂变色敏锐，有利于提高滴定分析的准确度。

例 5-6 用 EBT 作为 EDTA 滴定 $0.020mol\cdot L^{-1}$ Mg^{2+} 时的指示剂，（1）求 pH = 10.0 时的变色点 pM'_{ep}。（2）EBT 是否合适？已知 H-EBT 的 $\lg\beta_1 = 11.6$，$\lg\beta_2 = 17.9$；$\lg K_{Mg\text{-}EBT} = 7.0$，$\lg K_{MgY} = 8.69$。

解：（1）根据式（5-8a），pH = 10 时

$$\alpha_{In(H)} = 1 + \beta_1^H[H] + \beta_2^H[H]^2 = 1 + 10^{11.6} \times 10^{-10.0} + 10^{17.9} \times 10^{-20.0} = 10^{1.6}$$

查附录七得 $\lg\alpha_{Mg(OH)}=0$，由上可知，Mg^{2+} 不存在水解效应，EBT 存在酸效应影响，因此根据式（5-20），有

$$pMg'_{ep} = \lg K_{MgIn} - \lg\alpha_{Mg} - \lg \alpha_{In(H)} = 7.0 - 0 - 1.6 = 5.4$$

（2）查附录五得 $\lg\alpha_{Y(H)}=0.45$，在此条件下，对主反应仅存在酸效应，根据式（5-17），有

$$\lg K'_{MgY}=\lg K_{MgY}-\lg\alpha_{Y(H)}=8.69-0.45=8.24$$

$$pMg'_{sp}=\frac{1}{2}(pc_{Mg,sp}+\lg K'_{MgY})=\frac{1}{2}(2.00+8.24)=5.12$$

由于 pMg'_{ep} 与化学计量点 pMg'_{sp} 较接近，$\Delta pMg'=5.4-5.12=0.3$，所以在此条件下，EBT 作指示剂是适宜的。

四、常用金属指示剂简介

表 5-2 列出了几种常用的金属指示剂的颜色变化、适宜的 pH 范围、可直接滴定离子及使用中的注意事项。由表 5-2 可知，不同金属指示剂游离态和其金属离子配合物具有显著的颜色差异，有利于终点的准确判断。不同指示剂其适用 pH 范围存有差异，其中 1-(2-吡啶偶氮)-2-萘酚（PAN）在 pH = 2～12 之间呈黄色，其金属配合物为红色，所以其使用 pH 范围较宽，但钙指示剂（NN）使用 pH 范围较窄，pH = 12～13。使用金属指示剂对金属离子进行直接滴定时，要考虑指示剂的封闭和僵化现象。如用 EBT 测定 Mg^{2+}、Zn^{2+}、Cd^{2+}和 Pb^{2+}等离子时，Al^{3+}、Fe^{3+}、Cu^{2+}、Co^{2+}和 Ni^{2+}等离子将封闭指示剂；PAN 的金属离子配合物水溶性差并可能产生沉淀，出现僵化现象，因此应加入乙醇或加热后再进行滴定。

除表 5-2 中常用指示剂外，还有一种 Cu-PAN 指示剂，它是 CuY 和少量 PAN 的混合溶液。Cu-PAN 指示剂可滴定许多金属离子，包括一些与 PAN 配位差或不显色的离子，其显色原理如下：

将 Cu-PAN 指示剂加入到被测离子 M 中时，发生置换反应

$$\text{CuY(蓝色)}+\text{PAN(黄色)}+\text{M}=\!=\!=\text{MY}+\text{Cu-PAN(紫红色)}$$

溶液显紫红色，用 EDTA 滴定时，EDTA 先与游离的 M 配位。当滴定至化学计量点后，过量 EDTA 将与 Cu-PAN 进一步反应，产生游离的 PAN

$$\text{Cu-PAN(紫红色)}+\text{Y}=\!=\!=\text{CuY(蓝色)}+\text{PAN(黄色)}$$

溶液由紫红色突变为 CuY 和 PAN 的混合绿色，即为终点。因滴定前加入的 CuY 与最后生成的 CuY 是等量的，所以 CuY 不影响测定结果。Cu-PAN 指示剂能在 pH = 1.9～12.2 的范围内使用，可通过调节 pH 实现多种金属离子的连续滴定。

表 5-2 常见金属指示剂

指示剂	pH 范围	颜色变化		直接滴定的离子	注意事项
		In	MIn		
铬黑 T (EBT)	8～11	蓝	红	pH = 10：Mg^{2+}、Zn^{2+}、Cd^{2+}、Pb^{2+}	封闭离子：Al^{3+}、Fe^{3+}、Cu^{2+}、Co^{2+}、Ni^{2+}
钙指示剂 (NN)	12～13	蓝	红	pH = 12～13：Ca^{2+}	封闭离子：Ti(Ⅳ)、Al^{3+}、Fe^{3+}、Cu^{2+}、Co^{2+}、Mn^{2+}、Ni^{2+}
二甲酚橙 (XO)	<6	亮黄	红	pH<1：ZrO^{2+} pH = 1～3.5：Bi^{3+}、Th^{4+} pH = 5～6：Pb^{2+}、Zn^{2+}、Cd^{2+}、Hg^{2+}	封闭离子 Fe^{3+}、Al^{3+}、Ni^{2+}、Ti(Ⅳ)
1-(2-吡啶偶氮)-2-萘酚(PAN)	2～12	黄	紫红	pH<2～3：Bi^{3+}、Th^{4+} pH = 4～5：Pb^{2+}、Zn^{2+}、Cd^{2+}、Mn^{2+}	M-PAN 水溶性差，易僵化
磺基水杨酸(SSA)	1.5～2.5	无色	紫红	pH =1.5～2.5：Fe^{3+}	终点时 FeY 为黄色

第七节　终点误差和准确滴定的条件

一、终点误差

与酸碱滴定终点误差一样，配位滴定终点误差的定义式为

$$E_t = \frac{\text{滴定终点时滴定剂实际用量} - \text{化学计量点时滴定剂理论用量}}{\text{化学计量点时滴定剂理论用量}} \times 100\%$$

配位滴定终点 pM'_{ep} 与化学计量点 pM'_{sp} 的差 $\Delta pM'$（$\Delta pM' = pM'_{ep} - pM'_{sp}$）越大，则终点误差越大。经推导，可得到用 $\Delta pM'$来表示的终点误差公式——**林邦终点误差公式**

$$E_t = \frac{(10^{\Delta pM'} - 10^{-\Delta pM'})}{\sqrt{c_{M,sp}K'_{MY}}} \times 100\% \tag{5-21}$$

式（5-21）表明，当 $\Delta pM'$一定时，$c_{M,sp}K'_{MY}$ 越大，滴定突跃越大，终点误差越小。当 $c_{M,sp}K'_{MY}$ 一定时，$\Delta pM'$越大，终点误差越大。终点误差的正负由 $\Delta pM'$决定。

例 5-7　计算例题 5-6 中，用 EBT 作指示剂，用 EDTA 滴定 $0.020mol \cdot L^{-1}$ Mg^{2+}时的终点误差是多少？

解：根据例题 5-6 可知 $pMg'_{ep} = 5.4$；$pMg'_{sp} = 5.1$；$\lg K'_{MgY} = 8.24$

因此：

$$\Delta pMg' = pM'_{ep} - pM'_{sp} = 5.4 - 5.1 = 0.3$$

代入式（5-21）

$$E_t = \frac{(10^{\Delta pM'} - 10^{-\Delta pM'})}{\sqrt{c_{M,sp}K'_{MY}}} \times 100\% = \frac{(10^{0.3} - 10^{-0.3})}{\sqrt{0.010 \times 10^{8.24}}} = 0.1\%$$

二、直接准确滴定金属离子的条件

配位反应能否用于滴定，与待测金属离子浓度、配合物条件稳定常数、指示剂选择以及允许的相对误差等因素相关。假设滴定允许的相对误差$|E_t| \leqslant 0.1\%$，终点目视观测不确定性 $\Delta pM' = \pm 0.2$，即滴定突跃不小于 0.4 个 pM'单位，则根据式（5-21）可以求得直接准确滴定 M 的条件为

$$\lg(c_{M,sp}K'_{MY}) \geqslant 6 \tag{5-22}$$

应该指出，式（5-22）并不是绝对的，应随终点误差要求不同做出相应变化，如放宽误差要求至 0.3%，$\Delta pM' = \pm 0.2$ 时，则直接准确滴定 M 的条件为

$$\lg(c_{M,sp}K'_{MY}) \geqslant 5 \tag{5-23}$$

三、配位滴定中 pH 的选择和控制

（一）缓冲溶液和辅助配体的作用

在配位滴定中，随着滴定剂 H_2Y 与金属离子反应生成配合物 MY 时，必然使溶液 pH 逐渐减小，影响主反应条件稳定常数。同时，pH 变化也影响指示剂变色点及颜色，影响终点观察。因此需要加入适当的缓冲溶液控制溶液的 pH。配位滴定中常用的缓冲体系有 HAc-NaAc（pH = 4～6）、NH_3-NH_4Cl（pH = 8～10）等。若在 pH＜2 条件下进行滴定，可用强酸控制

酸度，例如，在 pH = 1 滴定 Bi^{3+}时加入 HNO_3；若在 pH>12 条件下进行滴定，可用强碱控制酸度，例如，在 pH = 12～13 滴定 Ca^{2+}加入 NaOH。

当 M 水解效应严重时，可能生成氢氧化物或碱式盐沉淀，这些沉淀在滴定过程中有些不能与 EDTA 配位，有些反应速率小，影响终点观察。这种情况常加入辅助配体 L 如氨水、柠檬酸等加以解决。辅助配体 L 与 M 可生成具有适当稳定性的配合物 ML_n，有效防止 M 离子水解。如例题 5-4 中 NH_3 作为辅助配体可与 Zn^{2+}形成锌的各级氨配合物，有效防止生成 $Zn(OH)_2$沉淀。同时，NH_3 与 NH_4^+形成缓冲体系，控制了滴定体系的 pH。

辅助配体 L 选用时，应注意两方面问题：一是保证滴定剂 EDTA 能与 ML_n 快速反应，即保证 $K'_{MY}>K'_{ML}$，否则 EDTA 无法滴定 ML_n 中的 M 离子；二是辅助配位效应会降低主反应 K'_{MY}，因此使用中要注意控制辅助配体的浓度。

（二）单一金属离子滴定的酸度控制

1. 最高酸度

最高酸度就是能直接准确滴定某金属离子 M 的最大酸度，或最低 pH 值（pH_{min}）。对单一金属离子 M，联立式（5-22）和式（5-17）可得最高酸度下的酸效应系数求算公式

$$\lg\alpha_{Y(H),max} \leqslant \lg(c_{M,sp}K_{MY}) - 6 \qquad (5\text{-}24)$$

上式表明，对配合物 MY，$\lg\alpha_{Y(H)}$ 存在一个最大值 $\lg\alpha_{Y(H),max}$，即溶液的酸度存在着一个高限，如果超过了它就不能直接准确滴定该金属离子。根据计算值 $\lg\alpha_{Y(H),max}$，可查附录五得到相应的滴定最高酸度（pH_{min}）。

当 $c_{M,sp} = 0.010mol\cdot L^{-1}$ 时，式（5-24）可表示为

$$\lg\alpha_{Y(H),max} \leqslant \lg K_{MY} - 8 \qquad (5\text{-}24a)$$

由于不同金属离子的 $\lg K_{MY}$ 不同，由式（5-24a）可知滴定 M 时允许的最低 pH 值（最高酸度）也不同。将各种金属离子的 $\lg K_{MY}$ 值（或对应的 $\lg\alpha_{Y(H)}$）与其最低 pH 绘制成曲线，称 EDTA 的**酸效应曲线**（或称**林邦曲线**），如图 5-6 所示（$c_{M,sp} = 0.010mol\cdot L^{-1}$）。

根据图 5-6，可查出某金属离子直接准确滴定时所允许的最低 pH 值。例如，滴定 Fe^{3+}时，因 $\lg K_{FeY} = 25.1$，由图易得最低 pH>1。因此可在 pH>1 强酸性溶液中滴定 Fe^{3+}；同样，滴定 Ca^{2+}时，因 $\lg K_{CaY}$=10.7，可以在 pH≥7.6 的碱性溶液中滴定。

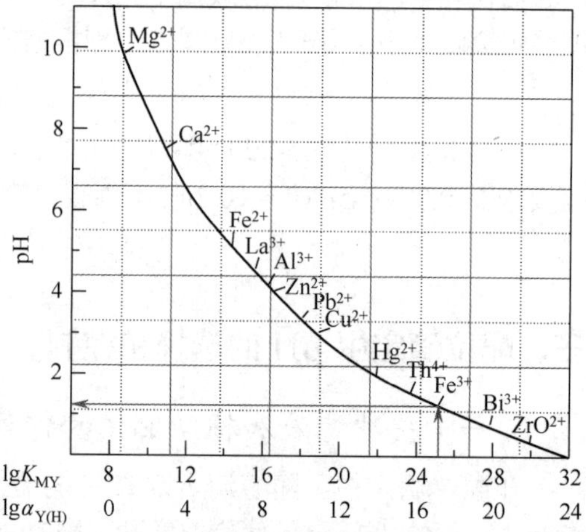

图 5-6 EDTA 的酸效应曲线

必须指出，滴定时实际所采用 pH 值应比允许的最低 pH 值高一些，这样可以使金属离子配位更完全。但是，过高的 pH 值会产生金属离子的水解效应。

另外，根据$\Delta\lg K(\Delta\lg K = \lg K_{MY} - \lg K_{NY})$ 大小，林邦曲线也用于混合溶液滴定分析中干扰离子的判断，以及多种离子连续滴定的可能性判断。例如，当溶液中含有 Bi^{3+}、Zn^{2+}时，因$\Delta\lg K$ 较大，可以在 pH = 1.0 时，用 EDTA 滴定 Bi^{3+}，然后在 pH = 5.0～6.0 时，连续滴定 Zn^{2+}。而 Bi^{3+}和 Fe^{3+}

混合体系，则因$\Delta \lg K$较小，Fe^{3+}干扰Bi^{3+}的滴定。

2. 最低酸度

最低酸度就是金属离子 M 开始生成氢氧化物沉淀时的酸度，或最大pH_{max}。pH_{max}根据产生的氢氧化物沉淀计算。对沉淀反应

$$M + nOH^- \rightleftharpoons M(OH)_n$$

要使 M 刚生成沉淀，须满足

$$[M][OH^-]^n = K_{sp}$$

根据上式求出［OH^-］，即可求得直接准确滴定该金属离子的最大pH_{max}。

3. 适宜酸度范围

最高酸度和最低酸度之间的酸度范围称为滴定的“**适宜酸度范围**”。但是，在适宜酸度范围内是否可以对金属离子进行直接准确滴定，还必须结合指示剂的适宜 pH 范围以保证指示剂敏锐变色。在实际操作中，**最佳的滴定酸度**多以实验来确定。

例 5-8 以 $0.020mol\cdot L^{-1}$ EDTA 滴定等浓度Zn^{2+}，计算滴定Zn^{2+}的允许酸度范围是多少？如采用二甲酚橙为指示剂，滴定应在什么酸度范围内进行？已知$\lg K_{ZnY} = 16.50$，$Zn(OH)_2$的$K_{sp} = 10^{-16.92}$。

解：根据式（5-24），有

$$\lg \alpha_{Y(H),max} \leqslant \lg c_{Zn,sp} K_{ZnY} - 6 = \lg \frac{0.020}{2} \times 10^{16.50} - 6 = 8.5$$

查附录五，因$\lg \alpha_{Y(H),max} = 8.5$与$\lg \alpha_{Y(H)} = 8.44$最相近，则对应的最高酸度：$pH_{min} = 4.0$

又因：

$$[Zn][OH^-]^2 \geqslant K_{sp}$$

即：

$$[OH^-] \geqslant \sqrt{K_{sp}/[Zn]} = \sqrt{10^{-16.92}/0.020} = 10^{-7.61}\ (mol\cdot L^{-1})$$

故最低酸度为：$pH_{max} = 6.39$

因此，滴定Zn^{2+}的允许酸度范围是 pH = 4.0～6.39。由于二甲酚橙在 pH＜6.0 的酸度下使用，所以采用二甲酚橙为指示剂，滴定应在 pH = 4.0～6.0 范围内进行。

需要指出的是，上述直接准确滴定的“适宜酸度范围”在加入辅助配体后而发生改变。如例题 5-4 中，在NH_3-NH_4^+缓冲溶液中滴定Zn^{2+}，当控制 pH = 9.0 时仍满足$\lg K'_{ZnY}$＞8。

第八节 混合离子的选择性滴定

由于 EDTA 能与周期表中绝大多数的金属离子配位，而实际分析对象常含有多种离子，往往相互干扰。因此，提高选择性就成为配位滴定中需要解决的重要问题。

一、分步滴定的可行性分析判据

分步滴定是指对混合离子试液不经分离而先后滴定各个离子的一种滴定方式。若溶液中

含有金属离子 M 和 N，它们均能与 EDTA 反应，且 $K_{MY}>K_{NY}$。当用 EDTA 滴定时，M 首先被滴定。若 K_{MY} 与 K_{NY} 相差足够大，则 M 被定量滴定后，N 才开始反应。也就是说能在 N 存在下准确滴定 M，这就是分步滴定。若 K_{NY} 也足够大，则可连续滴定 N。这里要讨论的问题是，K_{MY} 与 K_{NY} 相差多大才有可能分步滴定？分步滴定在什么酸度下进行？

设金属离子 M 和 N 的分析浓度分别为 c_M 和 c_N，计量点的分析浓度为 $c_{M,sp}$ 和 $c_{N,sp}$。如果 M 能被分步滴定，则可以忽略计量点时 N 与 Y 的配位反应，即有$[N]\approx c_{N,sp}$。又因为一般情况下 $K_{NY}[N]\gg 1$，所以

$$\alpha_{Y(N)}=1+K_{NY}[N]\approx c_{N,sp}K_{NY}$$

由上式可知，$\alpha_{Y(N)}$ 仅取决于 $c_{N,sp}$ 和 K_N。只要酸度不太低，N 不水解，则 $\alpha_{Y(N)}$ 为定值。

对滴定剂 EDTA 只考虑酸效应和共存离子效应时，则 Y 的总副反应系数为

$$\alpha_Y=\alpha_{Y(H)}+\alpha_{Y(N)}-1$$

下面按两种情况分别进行讨论：

（一）在较高的酸度下滴定 M 离子

酸度较高时，$\alpha_{Y(H)}\gg\alpha_{Y(N)}$，即 N 的共存离子效应可忽略，酸效应起主要作用，因此 $\alpha_Y\approx\alpha_{Y(H)}$，则

$$\lg K'_{MY}=\lg K_{MY}-\lg\alpha_{Y(H)}$$

此时可认为共存离子 N 对 M 的滴定没有影响，与单独滴定 M 时的情况相同。

（二）在较低的酸度下滴定 M 离子

酸度较低时，$\alpha_{Y(N)}\gg\alpha_{Y(H)}$，即 EDTA 酸效应可忽略，而 N 与 Y 反应起主要作用，因此

$$\alpha_Y\approx\alpha_{Y(N)}\approx c_{N,sp}K_{NY}$$

则

$$\begin{aligned}\lg K'_{MY}&=\lg K_{MY}-\lg\alpha_Y\approx\lg K_{MY}-\lg c_{N,sp}K_{NY}\\&=\lg K_{MY}-\lg K_{NY}-\lg c_{N,sp}=\Delta\lg K-\lg c_{N,sp}\end{aligned}$$

等式两边同加 $\lg c_{M,sp}$，得

$$\lg K'_{MY}+\lg c_{M,sp}=\Delta\lg K-\lg c_{N,sp}+\lg c_{M,sp}$$

即：

$$\lg c_{M,sp}K'_{MY}=\Delta\lg K+\lg(c_{M,sp}/c_{N,sp})\tag{5-25}$$

式（5-25）表明，$\Delta\lg K$ 是判断能否分步滴定的主要依据，其次 $c_{M,sp}/c_{N,sp}$ 越大，越有利于分步滴定。当 $c_{M,sp}=c_{N,sp}$ 时，上式简化为

$$\lg c_{M,sp}K'_{MY}=\Delta\lg K\tag{5-25a}$$

按照$\Delta pM=\pm0.2$，$|E_t|\leqslant0.1\%$的误差要求，当有共存离子 N 时，M 分步滴定的判据为：

$$\Delta\lg K\geqslant6\tag{5-26}$$

如果按照$\Delta pM=\pm0.2$，$|E_t|\leqslant0.3\%$的误差要求，则 M 分步滴定的判据为：

$$\Delta\lg K\geqslant5\tag{5-27}$$

二、控制酸度进行混合离子的选择滴定

混合金属离子滴定的酸度控制，其原理与单一离子相同。只要符合分步滴定条件，则可计算其“适宜酸度范围”。下面举例讨论进行连续滴定的理论依据。

例 5-9 欲用 $0.020mol\cdot L^{-1}$ EDTA 标准溶液滴定混合液中的 Bi^{3+}和 Pb^{2+}（浓度均为 $0.020mol\cdot L^{-1}$）。试问：（1）有无可能选择性滴定 Bi^{3+}？（2）能否在 pH = 1 时准确滴定 Bi^{3+}？（3）应在什么酸度范围内滴定 Pb^{2+}？已知：$\lg K_{BiY} = 27.94$，$\lg K_{PbY} = 18.04$，$Pb(OH)_2$ 的 $K_{sp} = 10^{-14.93}$，pH = 1 时，$\lg\alpha_{Y(H)}=18.01$，$\lg\alpha_{Bi(OH)}=0.1$。

解：（1）因为 $c_{Bi} = c_{Pb}$，且

$$\Delta\lg K = \lg K_{BiY} - \lg K_{PbY} = 27.94 - 18.04 = 9.90 > 6$$

所以有可能选择性滴定 Bi^{3+}。

（2）因共存离子 Pb^{2+}不影响 Bi^{3+}的测定，能否在 pH = 1 时滴定 Bi^{3+}，只须要满足

$$\lg c_{Bi,sp} K'_{BiY} \geqslant 6$$

因

$$\lg K'_{BiY} = \lg K_{BiY} - \lg\alpha_{Bi} - \lg\alpha_Y$$

其中

$$\alpha_Y = \alpha_{Y(H)} + \alpha_{Y(Pb)} - 1 = \alpha_{Y(H)} + (1 + K_{PbY}[Pb]) - 1$$

在 pH = 1 时，当滴定至 Bi^{3+}的计量点时，$[Pb^{2+}] \approx 10^{-2.00} mol\cdot L^{-1}$，$\lg\alpha_{Y(H)} = 18.01$，代入上式得

$$\alpha_Y = 10^{18.01} + 10^{-2.00} \times 10^{18.04} \approx 10^{18.01}$$

又因为 Bi^{3+}在滴定条件下，只存在水解效应，则

$$\alpha_{Bi} = \alpha_{Bi(OH)} = 10^{0.1}$$

所以

$$\lg K'_{BiY} = \lg K_{BiY} - \lg\alpha_{Bi} - \lg\alpha_Y = 27.94 - 18.01 - 0.1 = 9.83$$

$$\lg c_{Bi,sp} K'_{BiY} = -2.00 + 9.83 = 7.83 > 6$$

因此在 pH=1 时，Bi^{3+}可以被准确滴定。

（3）根据题意，当滴定至 Bi^{3+}的计量点时，$[Pb^{2+}] \approx 10^{-2.00} mol\cdot L^{-1}$；当滴定至 Pb^{2+}的计量点时，$[Pb^{2+}] \approx c_{Pb,\ sp} = 0.020/3 = 6.7\times10^{-3} mol\cdot L^{-1}$。根据式（5-24）

$$\lg\alpha_{Y(H)}(\max) \leqslant \lg c_{M,sp} K_{MY} - 6 = \lg(6.7\times10^{-3}) \times 10^{18.04} - 6 = 9.86$$

查附录五得：

$$pH_{min} = 3.3$$

滴定 Pb^{2+}的最低酸度（pH_{max}）：

$$[Pb^{2+}][OH^-]^2 = K_{sp}$$

$$10^{-2.00} \times [OH^-]^2 = 10^{-14.93}$$

$$[OH^-] = 10^{-6.46} mol\cdot L^{-1}, \quad pOH = 6.46$$

则

$$pH_{max} = 14.00 - 6.46 = 7.54$$

因此可以在 pH = 4～7 的范围内滴定 Pb^{2+}。

三、利用掩蔽剂提高滴定的选择性

在滴定 M 时，如果控制酸度不能消除 N 干扰时，则常利用掩蔽剂 L 来掩蔽 N，目的在于减小 N 与 EDTA 配合物的条件稳定常数，从而消除干扰。常用的掩蔽方法有配位掩蔽法、沉淀掩蔽法和氧化还原掩蔽法。

（一）配位掩蔽法

利用外加配体 L，选择性与 N 配位并降低其浓度达到消除干扰的方法，称**配位掩蔽法**。配位掩蔽法所使用的掩蔽剂应具备以下两个条件：

（1）外加配体 L 与 N 形成配合物的稳定性大于 EDTA 与 N 配合物的稳定性，而且这些配合物应为无色或浅色，不影响终点的观察。

（2）外加配体 L 不与被测离子 M 形成配合物，或形成的配合物的稳定性要比被测离子与 EDTA 所形成的配合物的稳定性小得多，这样才不会影响滴定终点。

配位掩蔽法广泛用于滴定分析中，例如用 EDTA 测定水中的 Ca^{2+}、Mg^{2+}时，Fe^{3+}、Al^{3+}等离子的存在对测定有干扰，可加入三乙醇胺作为掩蔽剂。三乙醇胺能与 Fe^{3+}、Al^{3+}等离子形成稳定的配合物，而且不与 Ca^{2+}、Mg^{2+}作用，这样就可以消除 Fe^{3+}和 Al^{3+}的干扰。常用的配位掩蔽剂列于表 5-3。

表 5-3 常用的配位掩蔽剂

掩蔽剂	pH 值的范围	被掩蔽的离子
氰化钾	＞8	Co^{2+}、Ni^{2+}、Cu^{2+}、Zn^{2+}、Hg^{2+}、Cd^{2+}、Ag^{+}
氟化铵	＞4	Al^{3+}、Sn(Ⅳ)、Ti(Ⅳ)、Zr(Ⅳ)
邻二氮杂菲	5～6	Cu^{2+}、Co^{2+}、Ni^{2+}、Zn^{2+}、Hg^{2+}、Cd^{2+}、Mn^{2+}
三乙醇胺	10	Al^{3+}、Sn(Ⅳ)、Ti(Ⅳ)、Fe^{3+}
硫脲	弱酸性	Cu^{2+}、Hg^{2+}
二巯基丙醇	10	Zn^{2+}、Hg^{2+}、Cd^{2+}、Ag^{+}、Pb^{2+}、Bi^{3+}、Sn(Ⅳ)
乙酰丙酮	5～6	Al^{3+}、Fe^{3+}
柠檬酸	7	Bi^{3+}、Cr^{3+}、Fe^{3+}、Sn(Ⅳ)、Th(Ⅴ)、Ti(Ⅳ)、UO_2^{2+}

例 5-10 含有 Al^{3+}、Zn^{2+}的某溶液，两者浓度均为 $2.0\times10^{-2}mol\cdot L^{-1}$。若用 KF 掩蔽 Al^{3+}，并调节溶液 pH = 5.50。已知终点时$[F^-] = 0.10mol\cdot L^{-1}$，问可否掩蔽 Al^{3+}而用 $0.020mol\cdot L^{-1}$的 EDTA 准确滴定 Zn^{2+}？已知：$\lg K_{ZnY} = 16.50$，$\lg K_{AlY} = 16.30$；pH = 5.50 时，$\lg\alpha_{Y(H)} = 5.51$；铝氟配合物的各累积形成常数为：$\beta_1 = 10^{6.13}$，$\beta_2 = 10^{11.15}$，$\beta_3 = 10^{15.00}$，$\beta_4 = 10^{17.75}$，$\beta_5 = 10^{19.37}$，$\beta_6 = 10^{19.84}$。

解：$\lg K_{ZnY} = 16.50$，$\lg K_{AlY} = 16.30$，两者相近，Al^{3+}干扰 Zn^{2+}的滴定。用 KF 掩蔽 Al^{3+}时

$$\begin{aligned}\alpha_{Al(F)} &= 1+\beta_1[F^-]+\beta_2[F^-]^2+\cdots+\beta_6[F^-]^6 \\ &= 1+10^{6.13}\times10^{-1.00}+10^{11.15}\times10^{-2.00}+10^{15.00}\times10^{-3.00} \\ &\quad +10^{17.75}\times10^{-4.00}+10^{19.37}\times10^{-5.00}+10^{19.84}\times10^{-6.00} \\ &= 10^{14.56}\end{aligned}$$

忽略终点时 Al^{3+}与 Y 的配位反应，$c_{Al,sp} = 10^{-2.00}mol\cdot L^{-1}$

$$[Al^{3+}] = \frac{c_{Al,sp}}{\alpha_{Al(F)}} = \frac{10^{-2.00}}{10^{14.56}} = 10^{-16.56}\ mol\cdot L^{-1}$$

$$\alpha_{Y(Al)} = 1+K_{AlY}[Al^{3+}] = 1+10^{16.3}\times10^{-16.56} = 1.6$$

又 pH = 5.50 时，有 $\lg\alpha_{Y(H)} = 5.51 \gg \lg\alpha_{Y(Al)}$

显然这时 Al^{3+}已经被掩蔽完全，不干扰对 Zn^{2+}的滴定，$\alpha_Y = \alpha_{Y(H)}$

$$\lg K'_{ZnY} = \lg K_{ZnY} - \lg\alpha_Y = 16.50 - 5.51 = 10.99$$

$$\lg c_{Zn,sp}K'_{ZnY} = -2.00 + 10.99 = 8.99 > 6$$

所以此时 Zn^{2+}能被准确滴定。

（二）沉淀掩蔽法

利用沉淀反应降低共存离子 N 浓度，以消除共存离子干扰的方法称为**沉淀掩蔽法**。例如，在 Ca^{2+}、Mg^{2+}共存时，加入 NaOH 使溶液的 pH＞12，Mg^{2+}形成 $Mg(OH)_2$ 沉淀，不干扰 Ca^{2+}的滴定。

应该指出，沉淀掩蔽法因存在许多不足而较少使用，其主要不足如下：

（1）一些沉淀反应进行得不完全，掩蔽效率不高；

（2）由于生成沉淀时，常有“共沉淀现象”，影响滴定的准确度；

（3）沉淀比表面积大，易吸附指示剂，影响终点的观察；

（4）许多沉淀有颜色，影响终点的观察。

（三）氧化还原掩蔽法

利用氧化还原反应，改变共存离子的价态以消除其干扰的方法称为**氧化还原掩蔽法**。氧化还原掩蔽法适用于那些易发生氧化还原反应的金属离子，并且生成的还原型物质或氧化型物质不干扰测定。

例如，用 EDTA 滴定 Bi^{3+}、Fe^{3+}混合离子中的 Bi^{3+}时，$\lg K_{BiY} = 27.94$，$\lg K_{Fe(III)Y} = 25.1$，$\Delta \lg K = 2.84 < 6$，即 Fe^{3+}干扰 Bi^{3+}滴定。如果用羟胺或抗坏血酸（维生素 C）等还原剂将 Fe^{3+}还原为 Fe^{2+}，因 $\lg K_{Fe(II)Y} = 14.33$ 较小，可以消除 Fe^{3+}的干扰。滴定 Zr^{4+}、Th^{4+}、Hg^{2+}时，也可用同样的方法消除 Fe^{3+}的干扰。

（四）利用具有选择性的解蔽剂

加入某种试剂，使被掩蔽金属离子释放出来的过程，称为**解蔽或破蔽**，该种试剂称**解蔽剂**。例如，铜合金试液中 Cu^{2+}、Zn^{2+}和 Pb^{2+}共存，试液用 $NH_3 \cdot H_2O$ 中和后加 KCN 掩蔽 Cu^{2+}、Zn^{2+}，其反应式为

$$Cu^{2+} + CN^- \longrightarrow [Cu(CN)_4]^{3-}\text{(四氰合亚铜酸根)}$$

$$Zn^{2+} + 4CN^- \rightleftharpoons [Zn(CN)_4]^{2-}$$

此时 Pb^{2+}不被 KCN 掩蔽，可在 pH=10 时，以铬黑 T 为指示剂，用 EDTA 滴定 Pb^{2+}。滴定 Pb^{2+}后，在溶液中加入甲醛或三氯乙醛破坏 $[Zn(CN)_4]^{2-}$

$$[Zn(CN)_4]^{2-} + 4HCHO + 4H_2O = Zn^{2+} + 4CN{-}CH_2OH\text{(羟基乙腈)} + 4OH^-$$

解蔽后释放出来 Zn^{2+}，用 EDTA 继续滴定。$[Cu(CN)_4]^{3-}$比较稳定，用甲醛或三氯乙醛难以解蔽。当甲醛用量过大时，$[Cu(CN)_4]^{3-}$也能有部分被解蔽，影响 Zn^{2+}的测定结果。

四、选用其它滴定剂提高选择性

除 EDTA 外，其它氨羧配体，如环己烷二胺四乙酸（CyDTA）、乙二胺四丙酸（EDTP）和三乙基四胺六乙酸（TTHA）等，与金属离子形成配合物的稳定性差别较大，选用不同配体可以提高滴定的选择性。

例如：CyDTA 与 Al^{3+}的配位速度相当快，无需加热（EDTA 滴定 Al^{3+}要加热）；用 EDTP 滴定 Cu^{2+}时，Zn^{2+}、Cd^{2+}、Mn^{2+}、Mg^{2+}均不干扰；TTHA 与 Al^{3+}形成的 Al_2-TTHA 螯合物稳定常数为 $\lg K_{Al\text{-}TTHA} = 28.6$，而 TTHA 与 Mn^{2+}的 $\lg K_{Mn\text{-}TTHA} = 21.9$，因此 TTHA 作滴定剂滴定 Al^{3+}时可在大量 Mn^{2+}存在下进行，这是 EDTA 所不及的。

五、化学分离法

当利用控制酸度分别滴定或掩蔽干扰离子都有困难时，可采用分离的方法。分离的方法很多，这里只简要叙述有关配位滴定中必须进行分离的一些情况。例如，磷矿石中，一般含有 Al^{3+}、Fe^{3+}、Ca^{2+}、Mg^{2+}、PO_4^{3-}及 F^-等，其中 F^-的干扰最为严重，它能与 Al^{3+}生成很稳定

的配合物，在酸度小时，又能与 Ca^{2+}生成 CaF_2 沉淀。因此，在配位滴定中，必须首先加酸、加热使 F^-或 HF 挥发除去。如果在测定中必须进行沉淀分离时，为避免被滴定离子的损失，绝不允许先分离大量的干扰离子再测定少量的被测成分。其次，还应尽可能选用同时沉淀多种干扰离子的试剂来进行分离，以简化分离手续。

第九节 配位滴定的方式和应用

在配位滴定中，采用不同的滴定方式不但可以扩大配位滴定的应用范围，同时也可以提高配位滴定的选择性。

一、直接滴定法

在一定条件下，凡是符合以下条件的金属离子均可直接用 EDTA 进行滴定。

（1）被测组分与 EDTA 反应速率快，满足单一离子准确滴定条件，即 $\lg c_{M,sp}K'_{MY}\geqslant 6$；

（2）有变色敏锐的指示剂，且不受共存离子的干扰；

（3）在选用的滴定条件下，被测组分不发生水解和沉淀反应，必要时可加辅助配体来防止这些反应。

可直接滴定的金属离子约有 40 余种，如 Ca^{2+}、Mg^{2+}、Fe^{2+}、Fe^{3+}、Zn^{2+}、Cu^{2+}、Cd^{2+}以及大部分的稀土金属离子。

二、返滴定法

以下一些情况可考虑返滴定法：（1）滴定反应速率缓慢；（2）被测金属离子在测定条件下易水解；（3）在测定条件下指示剂有封闭现象。

例如，滴定 Al^{3+}时，Al^{3+}与 EDTA 的反应速率缓慢；Al^{3+}对指示剂二甲酚橙等有封闭作用；Al^{3+}易水解；所以采用返滴定法滴定 Al^{3+}。基本步骤为：首先调节试液 pH≈3.5，防止水解，然后加入一定量且过量的 EDTA 并加热至沸，以加快速率；待反应完全后冷却并调节试液的 pH 为 5～6，加入二甲酚橙指示剂，用 Zn^{2+}（或 Pb^{2+}）标准溶液返滴定过量的 EDTA。

注意，若用 N 作为返滴定剂，要求

$$\lg K_{MY} > \lg K_{NY}$$

否则会发生置换反应 $MY + N = NY + M$。

三、置换滴定法

当被测金属离子与 EDTA 反应不完全，或配合物不稳定，或无确定计量关系时，可考虑置换滴定法。

（一）置换出金属离子

例如，Ag^+与 EDTA 的配合物不够稳定（$\lg K_{AgY} = 7.32$），不能用 EDTA 直接滴定。若在

含 Ag^+试液中加入过量 $[Ni(CN)_4]^{2-}$，反应定量置换出 Ni^{2+}

$$2Ag^+ + [Ni(CN)_4]^{2-} = 2[Ag(CN)_2]^- + Ni^{2+}$$

在 pH = 10 的氨性缓冲溶液，以紫脲酸铵为指示剂，用 EDTA 滴定 Ni^{2+}，从而求出 Ag^+含量。

（二）置换出 EDTA

例如，测定锡青铜中的锡，先在试液中加入过量的 EDTA，使 Sn^{4+}与试样中共存的 Pb^{2+}、Ca^{2+}、Zn^{2+}等与 EDTA 配位。再用锌离子溶液返滴定过量的 EDTA 后，加入氟化铵后，可定量置换出 SnY 中的 EDTA。然后用锌标准溶液滴定即可得 Sn 的含量。有关反应如下

$$SnY + 6F^- = [SnF_6]^{2-} + Y^{4-}$$

$$Zn^{2+} + Y^{4-} = ZnY^{2-}$$

四、间接滴定法

不能与 EDTA 配位或与 EDTA 生成的配合物不稳定的物质，可采用间接滴定。此法是先加入过量的能与 EDTA 形成稳定配合物的金属离子作沉淀剂，以沉淀待测离子，过量沉淀剂用 EDTA 滴定。或将沉淀分离、洗涤、溶解后，再用 EDTA 滴定溶解后的金属离子。间接滴定法应用示例见表 5-4。

表 5-4　间接滴定法应用示例

待测物质	主要分析步骤
K^+	沉淀为 $K_2Na[Co(NO_2)_6]·6H_2O$，经分离、洗涤、溶解后，测定溶解后的 Co^{2+}
PO_4^{3-}	加入定量且过量 Bi^{3+}，产生 $BiPO_4$ 沉淀。测定剩余 Bi^{3+}
X^-	加入定量且过量 Ag^+，沉淀为 AgX。滤液中过量 Ag^+采用置换滴定法测定
甲酸	中性介质与 $KMnO_4$ 反应，定量析出 MnO_2 沉淀，经分离、洗涤、溶解、还原后，测定 Mn^{2+}

思考题与习题

1. 为什么 EDTA 是比较好的配位滴定剂？它具有哪些分析特征？

2. Cu^{2+}、Zn^{2+}、Cd^{2+}、Ni^{2+}等离子均能与 NH_3 形成配合物，为什么不能以氨水为滴定剂用配位滴定法来测定这些离子？

3. 简述配合物稳定常数、逐级稳定常数、累积稳定常数间的相互联系。

4. 简述酸碱平衡解离常数与质子化常数、逐级质子化常数、累积质子化常数的关系。

5. 配位滴定中，可能存在哪些副反应？如何量化副反应对主反应的影响？

6. 什么是条件稳定常数？配位滴定中，为什么条件稳定常数更能反映配位滴定进行的程度？

7. 为什么用条件稳定常数而不是用稳定常数去判断金属离子能否被准确滴定？

8. 不经具体计算，如何通过配合物 ML_n 的各 β_i 值和配体的浓度［L］来估计溶液中配合物的主要存在型体？

9. 影响配位滴定曲线滴定突跃大小的因素有哪些？

10. 用 NaOH 标准溶液滴定 $FeCl_3$ 溶液中游离的 HCl 时，Fe^{3+}将如何干扰？加入下列哪一种化合物可以消除干扰？EDTA、Ca-EDTA、柠檬酸三钠、三乙醇胺。

11. 铬蓝黑 R(EBR) 指示剂的 H_2In^-是红色，HIn^{2-}是蓝色，In^{3-}是橙色。它的 pK_{a2} = 7.3，

$pK_{a3} = 13.5$。它与金属离子形成的配合物 MIn 是红色。试问指示剂颜色与 pH 范围相互关系是什么？变色点的 pH 是多少？它在什么 pH 范围内能用作金属离子指示剂？

12. Ca^{2+}与 PAN 不显色，但在 pH=10～12 时，加入适量的 CuY，却可以用 PAN 作为滴定 Ca^{2+}的指示剂，为什么？

13. Al^{3+}溶液中，加氟化铵至溶液中游离 F^-的浓度为 $0.10mol\cdot L^{-1}$，问溶液中铝的主要型体是哪一种？浓度为多少？

14. 用 EDTA 滴定 Ca^{2+}、Mg^{2+}时，可以用三乙醇胺或 KCN 掩蔽 Fe^{3+}，但不使用盐酸羟胺和抗坏血酸；在 pH=1 滴定 Bi^{3+}，可采用盐酸羟胺或抗坏血酸掩蔽 Fe^{3+}，而三乙醇胺和 KCN 都不能使用，这是为什么？已知 KCN 严禁在 pH＜6 的溶液中使用，为什么？

15. 若将 $0.020mol\cdot L^{-1}$ EDTA 与 $0.010mol\cdot L^{-1}$ $Mg(NO_3)_2$（两者体积相等）相混合，问在 pH = 9.0 时溶液中游离 Mg^{2+}的浓度是多少？

16. 今有 pH=5.50 的某溶液，其中 Cd^{2+}、Mg^{2+}和 EDTA 的浓度均为 $1.0\times10^{-2}mol\cdot L^{-1}$。对于 EDTA 与 Cd^{2+}的主反应，计算其α_Y值。

17. 以 NH_3-NH_4^+ 缓冲剂控制锌溶液的 pH = 10.0，对于 EDTA 滴定 Zn^{2+}的主反应，（1）计算 $[NH_3] = 0.10mol\cdot L^{-1}$ 时的α_{Zn}和 $\lg K'_{ZnY}$值；（2）若 $c_Y = c_{Zn} = 0.020mol\cdot L^{-1}$，求计量点时游离 Zn^{2+}的浓度等于多少？

18. 溶液中有 Zn^{2+}、Mg^{2+}两种离子（浓度均为 $2.0\times10^{-2}mol\cdot L^{-1}$），（1）能否对 Zn^{2+}、Mg^{2+}进行分步滴定？（2）计算滴定 Zn^{2+}、Mg^{2+}适宜的 pH 范围是多少？

19. 溶液中有 Zn^{2+}、Al^{3+}两种离子（浓度均为 $2.0\times10^{-2}mol\cdot L^{-1}$），加入 NH_4F 使在终点时的氟离子的浓度 $[F^-] = 0.01mol\cdot L^{-1}$。问能否在 pH = 5.0 时选择滴定 Zn^{2+}？

20. 实验证明，在 pH = 9.6 的氨性溶液中，以铬黑 T 为指示剂，用 $0.020mol\cdot L^{-1}$ EDTA 滴定 $0.020mol\cdot L^{-1}$ Mg^{2+}时，准确度很高，试通过计算 E_t 证明之。已知 $\lg K_{Mg\text{-}EBT} = 7.0$，EBT 的 $pK_{a2} = 6.3$，$pK_{a3} = 11.6$。

21. 若溶液的 pH = 11.00，游离 CN^-浓度为 $1.0\times10^{-2}mol\cdot L^{-1}$，计算 HgY 配合物的 $\lg K'_{HgY}$ 值。已知 Hg^{2+}-CN^-络合物的逐级稳定常数 $\lg K_1$～$\lg K_4$ 分别为：18.00，16.70，3.83 和 2.98。

22. 在pH=2.0时，用20.00mL $0.020mol\cdot L^{-1}$ EDTA标准溶液滴定20.00mL $2.0\times10^{-2}mol\cdot L^{-1}$ Fe^{3+}。问当 EDTA 加入 19.98mL、20.00mL 和 40.00mL 时，溶液中 pFe(Ⅲ) 如何变化？

23. 浓度均为$2.0\times10^{-2}mol\cdot L^{-1}$的 Cd^{2+}、Hg^{2+}混合溶液，欲在 pH = 6.0 时，用 $0.020mol\cdot L^{-1}$ EDTA 滴定其中的 Cd^{2+}，试问：（1）用 KI 掩蔽混合溶液中的 Hg^{2+}，使终点时碘离子的浓度 $[I^-]=0.010mol\cdot L^{-1}$，能否完全掩蔽？$\lg K'_{CdY}$ 为多少？（2）已知二甲酚橙与 Cd^{2-}、Hg^{2+}都显色，在 pH = 6.0 时 $\lg K'_{Hg\text{-}XO} = 9.0$，$\lg K'_{Cd\text{-}XO} = 5.5$，能否用二甲酚橙作滴定 Cd^{2+}的指示剂（即此时 Hg^{2+}是否会与指示剂显色）？（3）若能以二甲酚橙作指示剂，终点误差为多少？

24. 浓度为 $2.0\times10^{-2}mol\cdot L^{-1}$ 的 Th^{4+}、La^{3+}混合溶液，欲用 $0.020mol\cdot L^{-1}$ EDTA 分别滴定，试问：（1）有无可能分步滴定？（2）若在 pH = 3.0 时滴定 Th^{4+}，能否直接准确滴定？（3）滴定 Th^{4+}后，是否可能滴定 La^{3+}？讨论滴定 La^{3+}适宜的酸度范围，已知 $La(OH)_3$ 的 $K_{sp} = 10^{-18.8}$。（4）滴定 La^{3+}时选择二甲酚橙显色指示剂是否适宜？已知 pH≤2.5 时，La^{3+}不与二甲酚橙显色。

25. 用 $CaCO_3$ 基准物质标定 EDTA 溶液的浓度，称取 0.1005g $CaCO_3$ 基准物质溶解后定容为 100.0mL。移取 25.00mL 钙溶液，在 pH = 12 时用钙指示剂指示终点，以待标定 EDTA 滴定之，用去 24.90mL。（1）计算 EDTA 的浓度；（2）计算 EDTA 对 ZnO 和 Fe_2O_3 的滴定度。

26. 溶解 4.013g 含有镓和铟化合物的试样并稀释至 100.0mL。移取 10.00mL 该试样调节至合适的酸度后，以 0.01036mol·L^{-1} EDTA 滴定之，用去 36.32mL。另取等体积试样用去 0.01142mol·L^{-1} TTHA（三亚乙基四胺六乙酸）18.43mL 滴定至终点。计算试样中镓和铟的质量分数。已知镓和铟分别与 TTHA 形成 2:1（Ga_2L）和 1:1（InL）配合物。.

27. 有一矿泉水试样 250.0mL，其中 K^+用下述反应沉淀

$$K^+ + (C_6H_5)_4B^- \longrightarrow KB(C_6H_5)_4\downarrow$$

沉淀经过滤、洗涤后溶于一种有机溶剂中，然后加入过量的 HgY^{2-}，则发生如下反应：

$$4HgY^{2-} + (C_6H_5)_4B^- + 4H_2O \longrightarrow H_3BO_3 + 4C_6H_5Hg^+ + 4HY^{3-} + OH^-$$

释放出的 EDTA 需 29.64mL 0.05580mol·L^{-1} Mg^{2+}溶液滴定至终点，计算矿泉水中 K^+的浓度。

28. 称取 0.5000g 煤试样，熔融并使其中硫完全氧化成 SO_4^{2-}。溶解并除去重金属离子后。加入 0.05000mol·L^{-1} $BaCl_2$ 20.00mL，使生成 $BaSO_4$ 沉淀。过量的 Ba^{2+}用 0.02500mol·L^{-1} EDTA 滴定，用去 20.00mL。计算试样中硫的质量分数。

29. 为测定黏土中 Al_2O_3 的质量分数，称取试样 0.1000g，用碱溶解其中的 Al_2O_3 并过滤去除沉淀，在滤液中加酸调至 pH = 4.5，再加入 0.03000mol·L^{-1} 的 EDTA 溶液 50.00mL，然后用 0.02000mol·L^{-1} $CuSO_4$ 标准溶液滴定过量的 EDTA，消耗 $CuSO_4$ 溶液 22.50mL，计算试样中 Al_2O_3 的质量分数。

30. 称取 0.5000g 铜锌镁合金，溶解后配成 100.0mL 试液。移取 25.00mL 试液调至 pH = 6.0，用 PAN 作指示剂，用 37.30mL 0.05000mol·L^{-1} EDTA 滴定 Cu^{2+}和 Zn^{2+}。另取 25.00mL 试液调至 pH = 10.0，加 KCN 掩蔽 Cu^{2+}和 Zn^{2+}后，用 4.10mL 等浓度的 EDTA 溶液滴定 Mg^{2+}。然后再滴加甲醛解蔽 Zn^{2+}，又用上述 EDTA 13.40mL 滴定至终点。计算试样中铜、锌、镁的质量分数。

31. 称取含 Fe_2O_3 和 Al_2O_3 的试样 0.2000g，将其溶解，在 pH = 2.0 的热溶液中（50℃左右），以磺基水杨酸为指示剂，用 0.02000mol·L^{-1} EDTA 标准溶液滴定试样中的 Fe^{3+}，用去 18.16mL 然后将试样调至 pH = 3.5，加入上述 EDTA 标准溶液 25.00mL，并加热煮沸。再调节试液 pH = 4.5，以 PAN 为指示剂，趁热用 $CuSO_4$ 标准溶液（每毫升含 $CuSO_4\cdot5H_2O$ 0.005000g）返滴定，用去 8.12mL。计算试样中 Fe_2O_3 和 Al_2O_3 的质量分数。

第六章
氧化还原滴定法

氧化还原滴定法（redox titration）是以氧化还原反应为基础的滴定分析方法，可以直接或间接测定许多无机物和有机物。总体而言，氧化还原反应主要特点有：电子转移机理复杂；许多反应的反应速率较慢；常伴有副反应发生；介质或反应条件影响反应机理。因此，在氧化还原滴定中，除了从平衡角度判断反应的可行性外，还应考虑反应机理、反应速率、反应条件的选择与控制。

第一节 条件电极电位及其影响因素

氧化还原电对一般可分为可逆电对和不可逆电对。**可逆电对**指在氧化还原反应过程中能在任意瞬间建立起氧化还原平衡，其实际电极电位与 Nernst 方程计算的理论电极电位一致。**不可逆电对**指在氧化还原反应过程中不能快速建立起氧化还原平衡，实际电极电位与理论电极电位相差较大，表 6-1 中 Fe^{3+}/Fe^{2+}、I_2/I^-等为可逆电对，$Cr_2O_7^{2-}/Cr^{3+}$、MnO_4^-/Mn^{2+}等为不可逆电对。实际应用中，仍然采用 Nernst 方程计算不可逆电对的电极电位，尽管计算的电位与实测值有差距，但仍具有相当的参考价值，所以本书中不严格区分这两种电对，电极电位都按照 Nernst 方程来进行计算。

表 6-1 电对分类

序号	电对	电极反应	电对分类
1	Fe^{3+}/Fe^{2+}	$Fe^{3+} + e^- \rightleftharpoons Fe^{2+}$	可逆电对、对称电对
2	MnO_4^-/Mn^{2+}	$MnO_4^- + 8H^+ + 5e^- \rightleftharpoons Mn^{2+} + 4H_2O$	不可逆电对、对称电对
3	I_2/I^-	$I_2 + 2e^- \rightleftharpoons 2I^-$	可逆电对、不对称电对
4	$Cr_2O_7^{2-}/Cr^{3+}$	$Cr_2O_7^{2-} + 14H^+ + 6e^- \rightleftharpoons 2Cr^{3+} + 7H_2O$	不可逆电对、不对称电对

氧化还原电对还可分为对称电对和不对称电对。**对称电对**是指氧化还原半反应中氧化态和还原态的系数相等的电对，**不对称电对**则半反应中氧化态和还原态的系数不相等。表 6-1 中 Fe^{3+}/Fe^{2+}、MnO_4^-/Mn^{2+}为对称电对，I_2/I^-、$Cr_2O_7^{2-}/Cr^{3+}$为不对称电对。

如无特别说明，本章主要以可逆、对称电对为对象进行讨论。

一、条件电极电位

对一氧化还原半反应

$$Ox + ne^- \rightleftharpoons Red$$

式中 Ox 表示氧化型，Red 表示还原型，n 为电子转移数。25℃时，其电极电位 $E_{Ox/Red}$ 符合 Nernst 方程，即：

$$E_{Ox/Red} = E^{\ominus} + \frac{0.059}{n}\lg\frac{[Ox]}{[Red]} \tag{6-1}$$

式（6-1）中，$E^{\ominus}$ 为标准电极电位，一些电对的 $E^{\ominus}$ 见附录九；［Ox］和［Red］分别为氧化态和还原态的平衡浓度。

用有效浓度即活度 a 对式（6-1）加以修正，得

$$E_{Ox/Red} = E^{\ominus} + \frac{0.059}{n}\lg\frac{a_{Ox}}{a_{Red}} = E^{\ominus} + \frac{0.059}{n}\lg\frac{\gamma_{Ox}[Ox]}{\gamma_{Red}[Red]} \tag{6-2}$$

式（6-2）中，a_{Ox} 和 a_{Red} 分别为氧化态和还原态的活度；γ_{Ox} 和 γ_{Red} 对应为活度系数。

当有副反应发生，根据副反应系数定义，有

$$\alpha_{Ox} = \frac{[Ox']}{[Ox]} = \frac{c_{Ox}}{[Ox]}, \quad \alpha_{Red} = \frac{[Red']}{[Red]} = \frac{c_{Red}}{[Red]}$$

将以上关系式带入式（6-2），整理得

$$\begin{aligned} E_{Ox/Red} &= E^{\ominus} + \frac{0.059}{n}\lg\frac{\gamma_{Ox}c_{Ox}\alpha_{Red}}{\gamma_{Red}c_{Red}\alpha_{Ox}} \\ &= E^{\ominus} + \frac{0.059}{n}\lg\frac{\gamma_{Ox}\alpha_{Red}}{\gamma_{Red}\alpha_{Ox}} + \frac{0.059}{n}\lg\frac{c_{Ox}}{c_{Red}} \end{aligned} \tag{6-3}$$

当 $c_{Ox} = c_{Red} = 1mol \cdot L^{-1}$ 时，即得电对的**条件电极电位**（conditional potential，$E^{\ominus\prime}$）：

$$E^{\ominus\prime} = E^{\ominus} + \frac{0.059}{n}\lg\frac{\gamma_{Ox}\alpha_{Red}}{\gamma_{Red}\alpha_{Ox}} \tag{6-4}$$

由式（6-4）可知，$E^{\ominus\prime}$ 不仅与 $E^{\ominus}$ 有关，还与 γ 和 α 有关。因此，$E^{\ominus\prime}$ 除受温度影响外，还与溶液离子强度、酸度、配体等因素相关，只有在条件一定时，$E^{\ominus\prime}$ 才是常数，因此称之为条件电极电位。$E^{\ominus\prime}$ 可通过实验直接测得，附录十列出了一些电对的 $E^{\ominus\prime}$ 值。

引入了条件电极电位后，Nernst 方程可表达为

$$E_{Ox/Red} = E^{\ominus\prime} + \frac{0.059}{n}\lg\frac{c_{Ox}}{c_{Red}} \tag{6-5}$$

式（6-5）中氧化态、还原态均用分析浓度来表示。以式（6-5）进行氧化还原平衡处理既方便又比较符合实际情况。由于实际反应的条件多种多样，目前测得的 $E^{\ominus\prime}$ 值有限。因此，如果附录十查不到相应条件下的 $E^{\ominus\prime}$，可用条件相近似的 $E^{\ominus\prime}$ 来代替，否则只能用 $E^{\ominus}$ 代替近似计算。

二、影响条件电极电位的因素

（一）离子强度的影响

根据式（6-4），活度系数是影响 $E^{\ominus\prime}$ 的因素之一，而活度系数取决于离子强度，因此离子强度不同时，同一电对的 $E^{\ominus\prime}$ 也不相同。由于活度系数往往不易计算，且各种副反应对 $E^{\ominus\prime}$ 的影响远比离子强度的影响大。因此，在一般情况下，往往忽略离子强度的影响，用平衡浓度代替活度近似计算。

（二）生成沉淀的影响

在氧化还原反应中，如果加入沉淀剂，则会改变电对的电极电位。由式（6-4）可知，当氧化态生成沉淀时，α_{Ox} 增大，则条件电极电位降低；还原态生成沉淀时，α_{Red} 增大，则条件电极电位增高。控制沉淀剂类型和用量可调控反应进行的程度和方向。

例如，用碘量法测定 Cu^{2+}，如果根据两个电对的标准电极电位（$E^{\ominus}_{Cu^{2+}/Cu^{+}} = 0.159\ V$，$E^{\ominus}_{I_2/I^-} = 0.54\ V$），则可能发生的反应是 $2Cu^{+} + I_2 = 2Cu^{2+} + 2I^-$，但实际发生的反应是

$$2Cu^{2+} + 4I^- = 2CuI\downarrow + I_2$$

原因在于 Cu^{2+}/Cu^{+}电对中还原态的 Cu^{+}生成了难溶解的 CuI 沉淀，反应平衡时［Cu^{+}］变得很小，从而使得 Cu^{2+}/Cu^{+}电对电势显著升高，促进上述反应的进行。

例 6-1 计算 25℃，在 $[I^-] = 1.0mol\cdot L^{-1}$ 时，Cu^{2+}/Cu^{+}的条件电极电位（忽略离子强度的影响）。已知：$E^{\ominus}_{Cu^{2+}/Cu^{+}} = 0.159\ V$，$K_{sp,CuI} = 1.27\times10^{-12}$。

解：因 CuI 沉淀的生成，所以有

$$K_{sp,CuI} = [Cu^{+}][I^-]，即：[Cu^{+}] = K_{sp,CuI}/[I^-]$$

因忽略离子强度的影响，则按式（6-1），有

$$E_{Cu^{2+}/Cu^{+}} = E^{\ominus}_{Cu^{2+}/Cu^{+}} + 0.059\lg\frac{[Cu^{2+}]}{[Cu^{+}]} = E^{\ominus}_{Cu^{2+}/Cu^{+}} + 0.059\lg\frac{[Cu^{2+}]}{K_{sp,CuI}/[I^-]}$$

即：

$$E_{Cu^{2+}/Cu^{+}} = E^{\ominus}_{Cu^{2+}/Cu^{+}} + 0.059\lg\frac{[I^-]}{K_{sp,CuI}} + 0.059\lg[Cu^{2+}]$$

因未发生副反应，则 $[Cu^{2+}] = c(Cu^{2+})$。

令 $c(Cu^{2+}) = 1.0mol\cdot L^{-1}$，而已知 $[I^-] = 1.0mol\cdot L^{-1}$，故

$$E^{\ominus\prime} = E^{\ominus}_{Cu^{2+}/Cu^{+}} + 0.059\lg\frac{[I^-]}{K_{sp,CuI}} = 0.159 + 0.059\lg\frac{1.0}{1.27\times10^{-12}} = 0.86(V)$$

（三）形成配合物的影响

在电对反应中，如果存在配体与氧化态或还原态形成配合物，即发生了副反应，则根据式（6-4）易知，α_{Red}/α_{Ox} 越大，则 $E^{\ominus\prime}$ 越大。在氧化还原滴定中，配位反应不仅影响 $E^{\ominus\prime}$ 大小，有时甚至改变氧化还原方向。因此，氧化还原滴定中，可利用配位反应消除干扰离子的影响。例如，碘量法测定矿石中 Cu^{2+}，样品中的 Fe^{3+}也能氧化 I^-，干扰 Cu^{2+}的测定。此时可以加入 F^-，使 Fe^{3+}与 F^-形成稳定的配合物，降低 $E^{\ominus\prime}_{Fe^{3+}/Fe^{2+}}$ 值，从而避免干扰反应的发生。

例 6-2 计算 25℃、pH = 3.00、$[HF] + [F^-] = 0.10mol\cdot L^{-1}$ 时，Fe^{3+}/Fe^{2+}的条件电极电位（忽略离子强度的影响）。在此条件下，用碘量法测定 Cu^{2+}时，Fe^{3+}会不会干扰测定。已知：Fe^{3+}氟配合物的 $\lg\beta_1$～$\lg\beta_3$ 分别为 5.28，9.30，12.06；Fe^{2+}与氟副反应可忽略；HF 的 $pK_a = 3.14$；$E^{\ominus}_{Fe^{3+}/Fe^{2+}} = 0.77V$，$E^{\ominus}_{I_2/I^-} = 0.54\ V$。

解：因忽略离子强度的影响，所以按式（6-4）有

$$E^{\ominus\prime}_{Fe^{3+}/Fe^{2+}} = E^{\ominus}_{Fe^{3+}/Fe^{2+}} + \frac{0.059}{n}\lg\frac{\alpha_{Fe^{2+}(F)}}{\alpha_{Fe^{3+}(F)}}$$

当 pH = 3.00，HF 的 $pK_a = 3.14$ 时，则有

$$[F^-]=([HF]+[F^-])\frac{K_a}{[H^+]+K_a}=0.10\times\frac{10^{-3.14}}{10^{-3.00}+10^{-3.14}}=10^{-1.38}\ \text{mol}\cdot L^{-1}$$

$$\alpha_{Fe^{3+}(F)}=1+\beta_1[F^-]+\beta_2[F^-]^2+\beta_3[F^-]^3=1+10^{3.90}+10^{6.54}+10^{7.92}=10^{7.94}$$

而 Fe^{2+}未发生副反应，故 $\alpha_{Fe^{2+}(F)}=1$，因此

$$E^{\ominus\prime}_{Fe^{3+}/Fe^{2+}}=0.77+0.059\lg\frac{1}{10^{7.94}}=0.30\ V$$

计算结果表明，Fe^{3+}发生了副反应，Fe^{3+}/Fe^{2+}电对的电位显著降低，且

$$E^{\ominus\prime}_{Fe^{3+}/Fe^{2+}}(0.30\ V)<E^{\ominus}_{I_2/I^-}(0.54\ V)$$

所以，Fe^{3+}不会干扰 Cu^{2+}的测定。

（四）酸度的影响

若 H^+或 OH^-参与氧化还原半反应，则酸度的变化将直接影响电对的电极电位，甚至影响反应的方向。例如反应

$$H_3AsO_4+2I^-+2H^+\underset{H^+}{\overset{OH^-}{\rightleftharpoons}}HAsO_2+I_2+2H_2O$$

因 $E^{\ominus}_{H_3AsO_4/HAsO_2}(0.56V)>E^{\ominus}_{I_2/I^-}(0.54V)$，所以在酸性条件，热力学标准状态时，上述反应正向进行。但在 pH = 8 时，砷酸电对的条件电极电位发生变化，并影响反应方向。

例 6-3　计算 25℃，pH = 8.00，$H_3AsO_4/HAsO_2$ 电对的条件电极电位，并判断反应进行的方向（忽略离子强度的影响）。已知：H_3AsO_4 的 pK_{ai} 分别为 2.20，7.00 和 11.50；$HAsO_2$ 的 $pK_a=9.22$；$E^{\ominus}_{H_3AsO_4/HAsO_2}=0.56V$，$E^{\ominus}_{I_2/I^-}=0.54V$。

解：由于 I_2/I^-电对的电极电位在 pH≤8.00 时几乎与 pH 无关，但 $H_3AsO_4/HAsO_2$ 电对电极电位影响较大。对半反应 $H_3AsO_4+2H^++2e^-\rightleftharpoons HAsO_2+2H_2O$，其 Nernst 方程为

$$E_{H_3AsO_4/HAsO_2}=E^{\ominus}_{H_3AsO_4/HAsO_2}+\frac{0.059}{2}\lg\frac{[H_3AsO_4][H^+]^2}{[HAsO_2]}$$

$$=E^{\ominus}_{H_3AsO_4/HAsO_2}+\frac{0.059}{2}\lg\frac{(\alpha_{HAsO_2}c_{H_3AsO_4})[H^+]^2}{(\alpha_{H_3AsO_4}c_{HAsO_2})}$$

$$=E^{\ominus}_{H_3AsO_4/HAsO_2}+\frac{0.059}{2}\lg\frac{\alpha_{HAsO_2}[H^+]^2}{\alpha_{H_3AsO_4}}+\frac{0.059}{2}\lg\frac{c_{H_3AsO_4}}{c_{HAsO_2}}$$

故 $H_3AsO_4/HAsO_2$ 电对条件电极电位为

$$E^{\ominus\prime}_{H_3AsO_4/HAsO_2}=E^{\ominus}_{H_3AsO_4/HAsO_2}+\frac{0.059}{2}\lg\frac{\alpha_{HAsO_2}[H^+]^2}{\alpha_{H_3AsO_4}}$$

上式中，副反应系数可由分布分数求得，即：

$$\alpha_{H_3AsO_4}=\frac{1}{\delta_{H_3AsO_4}}=\frac{[H^+]^3+[H^+]^2K_{a1}+[H^+]K_{a1}K_{a2}+K_{a1}K_{a2}K_{a3}}{[H^+]^3}$$

$$=\frac{10^{-24}+10^{-16}\times10^{-2.20}+10^{-8}\times10^{-2.20}\times10^{-7.00}+10^{-2.20}\times10^{-7.00}\times10^{-11.50}}{10^{-24}}=10^{6.8}$$

$$\alpha_{HAsO_2}=\frac{1}{\delta_{HAsO_2}}=\frac{[H^+]+K_a}{[H^+]}=\frac{10^{-8.00}+10^{-9.22}}{10^{-8.00}}\approx1.06$$

将此值代入上式，得

$$E^{\ominus\prime}_{H_3AsO_4/HAsO_2} = 0.56 + \frac{0.059}{2}\lg\frac{1.06\times10^{-16.00}}{10^{6.80}} = -0.11V$$

计算结果表明，pH = 8.00 时，$E^{\ominus\prime}_{H_3AsO_4/HAsO_2}$ (−0.11 V)< $E^{\ominus}_{I_2/I^-}$ (0.54 V)，所以反应逆向进行。

第二节 氧化还原反应进行的程度

一、条件平衡常数

平衡常数 K 可以衡量氧化还原反应进行的程度，K 可以从电对的标准电极电位求得。若引用条件电极电位，求得的则是条件平衡常数 K'。由于考虑了各种副反应的影响，因此，K' 更能说明反应实际进行的程度。

若氧化还原反应为

$$n_2Ox_1 + n_1Red_2 \longrightarrow n_2Red_1 + n_1Ox_2$$

则条件平衡常数

$$K' = \frac{c^{n_2}_{Red_1}c^{n_1}_{Ox_2}}{c^{n_2}_{Ox_1}c^{n_1}_{Red_2}} \tag{6-6}$$

25℃时，两电对的半反应及相应的 Nernst 方程式是

$$Ox_1 + n_1e^- \rightleftharpoons Red_1 \qquad E_1 = E^{\ominus\prime}_1 + \frac{0.059}{n_1}\lg\frac{c_{Ox_1}}{c_{Red_1}}$$

$$Ox_2 + n_2e^- \rightleftharpoons Red_2 \qquad E_2 = E^{\ominus\prime}_2 + \frac{0.059}{n_2}\lg\frac{c_{Ox_2}}{c_{Red_2}}$$

当反应达到平衡时，$E_1 = E_2$，则

$$E^{\ominus\prime}_1 + \frac{0.059}{n_1}\lg\frac{c_{Ox_1}}{c_{Red_1}} = E^{\ominus\prime}_2 + \frac{0.059}{n_2}\lg\frac{c_{Ox_2}}{c_{Red_2}}$$

移项并整理，得

$$E^{\ominus\prime}_1 - E^{\ominus\prime}_2 = \frac{0.059}{n_2}\lg\frac{c_{Ox_2}}{c_{Red_2}} - \frac{0.059}{n_1}\lg\frac{c_{Ox_1}}{c_{Red_1}} = \frac{0.059}{n_1n_2}\lg\left[\left(\frac{c_{Red_1}}{c_{Ox_1}}\right)^{n_2}\left(\frac{c_{Ox_2}}{c_{Red_2}}\right)^{n_1}\right] = \frac{0.059}{n_1n_2}\lg K'$$

即：

$$\lg K' = \lg\frac{c^{n_2}_{Red_1}c^{n_1}_{Ox_2}}{c^{n_2}_{Ox_1}c^{n_1}_{Red_2}} = \frac{n_1n_2(E^{\ominus\prime}_1 - E^{\ominus\prime}_2)}{0.059} = \frac{n\Delta E^{\ominus\prime}}{0.059} \tag{6-7}$$

式（6-7）中，$E^{\ominus\prime}_1$，$E^{\ominus\prime}_2$ 为氧化剂和还原剂的条件电极电位；$n = n_1n_2$；K' 为条件平衡常数。

对于某一氧化还原反应，n 是定值，由式（6-7）可知，两个电对的条件电极电位之差越大，K' 也越大，表明反应进行的越完全。因此，欲判断氧化还原反应进行的完全程度，既可以通过计算反应的 K'，也可以直接比较两个有关电对的条件电极电位。

二、氧化还原反应准确滴定的判据

根据滴定分析误差要求，一般在滴定终点时反应完全程度至少应达到99.9%以上，即滴定终点时应有

$$\frac{c_{Red_1}}{c_{Ox_1}} \geqslant \frac{99.9\%}{0.1\%} \approx 10^3 \qquad \frac{c_{Ox_2}}{c_{Red_2}} \geqslant \frac{99.9\%}{0.1\%} \approx 10^3$$

代入式（6-7），可得

$$\lg K' \geqslant \lg(10^3)^{(n_1+n_2)}$$

即：

$$\frac{n\Delta E^{\ominus\prime}}{0.059} = \frac{n(E_1^{\ominus\prime} - E_2^{\ominus\prime})}{0.059} \geqslant 3(n_1 + n_2) \tag{6-8}$$

若 $n_1 = n_2 = 1$，　　则 $n = 1$，　　$\lg K' \geqslant 6$，　　$\Delta E^{\ominus\prime} \geqslant (0.059 \times 6/1) = 0.35\ \text{V}$；

若 $n_1 = 1$，$n_2 = 2$，　　则 $n = 2$，　　$\lg K' \geqslant 9$，　　$\Delta E^{\ominus\prime} \geqslant (0.059 \times 9/2) = 0.27\ \text{V}$；

若 $n_1 = n_2 = 2$，　　则 $n = 4$，　　$\lg K' \geqslant 12$，　　$\Delta E^{\ominus\prime} \geqslant (0.059 \times 12/4) = 0.18\ \text{V}$。

上述计算表明，如果仅考虑反应的完全程度，因此将 $\Delta E^{\ominus\prime} \geqslant 0.4\text{V}$ 作为氧化还原反应准确滴定的判据。

第三节　氧化还原反应的速率

在氧化还原反应中，$\Delta E^{\ominus\prime}$ 或 K' 只能表示反应进行的方向和完全程度，但不能说明反应的可能性。例如，对下列半反应

$$Ce^{4+} + e^- \rightleftharpoons Ce^{3+} \qquad E^{\ominus} = 1.44\text{V}$$

$$O_2 + 4H^+ + 4e^- \rightleftharpoons 2H_2O \qquad E^{\ominus} = 1.23\text{V}$$

$$Sn^{4+} + 2e^- \rightleftharpoons Sn^{2+} \qquad E^{\ominus} = 0.15\text{V}$$

若仅从平衡考虑，强氧化剂 Ce^{4+}在水溶液中会氧化 H_2O 产生 O_2；强还原剂 Sn^{2+}也会被水中的溶解氧 O_2 氧化。实际上 Ce^{4+}在水溶液中相当稳定，Sn^{2+}在水溶液中也较稳定，这反映它们之间的反应速率极慢。因此，在氧化还原滴定中，我们除从平衡观点来考虑反应的可能性外，还应从反应速率方面考虑其现实性。

氧化还原反应速率主要由氧化剂和还原剂的本身性质决定。一般来说，只涉及电子转移的反应，其反应速率较快，如 $Fe^{3+} + e^- \rightleftharpoons Fe^{2+}$；涉及化学键断裂的反应，其反应速率较慢，如 $Cr_2O_7^{2-} + 14H^+ + 6e^- \rightleftharpoons 2Cr^{3+} + 7H_2O$。氧化还原反应的速率也受外部因素影响，如：反应物浓度、温度、催化剂及诱导作用等。

一、浓度对反应速率的影响

根据化学反应速率方程 $v = kc_A^{\alpha}c_B^{\beta}$ 易知，增加反应物的浓度，一般可以加快反应速率。如果反应物中有 H^+参与，反应速率也与溶液的酸度有关。例如，在酸性环境下，$K_2Cr_2O_7$ 溶液

与 KI 的反应：

$$Cr_2O_7^{2-} + 6I^- + 14H^+ = 3I_2 + 2Cr^{3+} + 7H_2O$$

增大 I^-浓度或提高溶液的酸度，都可以加快反应速率。

二、温度对反应速率的影响

对于大多数反应而言，升高温度可以增加反应物之间的碰撞频率，增加活化分子或活化离子的比例，从而使反应速率增大。通常温度每升高 10℃，反应速率增加 2～4 倍。例如，在酸性溶液中，在 $KMnO_4$ 滴定 $Na_2C_2O_4$ 反应时，需将温度控制在 70～80℃之间。但并非在所有情况下都可用升温的方法来提高反应速率。例如，对于那些较易挥发物质（如 I_2 等），升温易引起挥发损失；又如某些还原剂（如 Fe^{2+}、Sn^{2+}等）易被空气中的氧所氧化，加热将会促进它们的氧化，从而引起误差。

三、催化剂对反应速率的影响

催化剂是改变反应速率的有效方法。例如，在酸性溶液中，$KMnO_4$ 氧化 $H_2C_2O_4$ 反应速率较慢，当加入 Mn^{2+}后，便能催化反应快速进行，其可能的反应机理如下

$$Mn(VII) + Mn(II) \longrightarrow Mn(VI) + Mn(III)$$

$$Mn(VI) + Mn(II) \longrightarrow 2Mn(IV)$$

$$Mn(IV) + Mn(II) \longrightarrow 2Mn(III)$$

催化剂 Mn^{2+}参与反应，生成系列中间产物，其中 Mn(Ⅲ) 能与 $C_2O_4^{2-}$ 生成一系列配合物，如 $[Mn(C_2O_4)]^+$、$[Mn(C_2O_4)_2]^-$、$[Mn(C_2O_4)_3]^{3-}$ 等，它们再分解为 Mn(Ⅱ) 和 CO_2。总反应为

$$2MnO_4^- + 5C_2O_4^{2-} + 16H^+ \xrightarrow{Mn^{2+}} 2Mn^{2+} + 10CO_2\uparrow + 8H_2O$$

上述反应中，如果不外加 Mn^{2+}，则其反应产物中 Mn^{2+}也能起到催化剂作用。这种由产物本身引起催化作用的反应称为**自身催化反应**或**自动催化反应**。自身催化反应的特点是：滴定刚开始时由于没有催化剂存在，反应速率较慢，称为**诱导期**；随着生成物浓度逐渐增大，反应速率也相应增加；反应速率经过一个峰值后，又随反应物浓度逐渐降低而减小。自身催化反应特点影响实际滴定速率的快慢。

在分析化学中，有时还会用到**负催化剂**。例如多元醇能减慢 $SnCl_2$ 与溶液中氧的作用。

四、诱导作用对反应速率的影响

在氧化还原反应中，一种反应的进行，能够诱发和促进另一种反应的现象称为**诱导作用**。例如，在酸性溶液中，MnO_4^- 与 Cl^-的反应速率很慢，但当溶液中共存有 Fe^{2+}时，MnO_4^- 与 Fe^{2+}的反应会诱发和促进 MnO_4^- 与 Cl^-的反应。此时，前一个反应称为**诱导反应**，后者称为**受诱反应**。

$$MnO_4^- + 5Fe^{2+} + 8H^+ = Mn^{2+} + 5Fe^{3+} + 4H_2O \qquad \text{诱导反应}$$

$$2MnO_4^- + 10Cl^- + 16H^+ = 2Mn^{2+} + 5Cl_2\uparrow + 8H_2O \qquad \text{受诱反应}$$

反应中，MnO_4^- 称为**作用体**，Fe^{2+}称为**诱导体**，Cl^-称为**受诱体**。

诱导作用产生的机理比较复杂，可能与诱导反应中形成的不稳定活化中间体有关。本例中，MnO_4^- 被 Fe^{2+}还原时形成的具有较高活性的不稳定中间价态锰离子，如 Mn(Ⅵ)、Mn(Ⅲ)、

Mn(Ⅳ) 等与 Cl^-反应，从而发生诱导作用。

诱导作用与催化作用虽然都可加快反应速率，但在诱导作用中，诱导体参与反应后变成了其它物质，而催化剂在反应前后并不改变其组成和形态。

第四节 氧化还原滴定法基本原理

在氧化还原滴定中，随着滴定剂的加入，被滴定物质的氧化态和还原态的浓度逐渐发生变化，有关电对的电极电位也随之改变，这种变化可用滴定曲线来描述。这里重点讨论可逆对称电对组成的滴定体系滴定曲线的绘制。

设在一定条件下，用氧化剂 Ox_1 滴定还原剂 Red_2，滴定反应为

$$n_2Ox_1 + n_1Red_2 = n_2Red_1 + n_1Ox_2$$

滴定一旦开始，则体系中同时存在 Ox_1/Red_1 和 Ox_2/Red_2 两个电对，其两个半反应及 Nernst 方程为

Ox_1/Red_1：　$Ox_1 + n_1e^- = Red_1$　　$$E_1 = E_1^{\ominus\prime} + \frac{0.059}{n_1}\lg\frac{c_{Ox_1}}{c_{Red_1}} \quad (6\text{-}9)$$

Ox_2/Red_2：　$Ox_2 + n_2e^- = Red_2$　　$$E_2 = E_2^{\ominus\prime} + \frac{0.059}{n_2}\lg\frac{c_{Ox_2}}{c_{Red_2}} \quad (6\text{-}10)$$

在滴定的任意时刻，当体系达到平衡时，两电对的电位相等，即 $E_1 = E_2$。因此式（6-9）和式（6-10）均可用于计算滴定各阶段平衡时的电位。下面重点讨论滴定曲线中的“三点一突跃”的电位计算通式。

一、化学计量点 E_{sp} 的计算

当氧化剂 Ox_1 和还原剂 Red_2 完全反应时，由于滴定反应已经按计量关系完成，未反应的 Ox_1 和 Red_2 浓度很小，不易准确求得。体系的电位计算可用两个电对的 Nernst 方程联立求得。设化学计量点电位为 E_{sp}，则

$$E_{sp} = E_1^{\ominus\prime} + \frac{0.059}{n_1}\lg\frac{c_{Ox_1}}{c_{Red_1}}$$

$$E_{sp} = E_2^{\ominus\prime} + \frac{0.059}{n_2}\lg\frac{c_{Ox_2}}{c_{Red_2}}$$

两式相加，并整理后得

$$(n_1+n_2)E_{sp} = n_1E_1^{\ominus\prime} + n_2E_2^{\ominus\prime} + 0.059\lg\left(\frac{c_{Ox_1}}{c_{Red_1}}\times\frac{c_{Ox_2}}{c_{Red_2}}\right)$$

按照反应方程式，在化学计量点时

$$\frac{c_{Ox_1}}{c_{Red_2}} = \frac{n_2}{n_1} \qquad \frac{c_{Ox_2}}{c_{Red_1}} = \frac{n_1}{n_2}$$

因此，由上式得到化学计量点电位（E_{sp}）的计算通式

$$E_{sp}=\frac{n_1E_1^{\ominus\prime}+n_2E_2^{\ominus\prime}}{n_1+n_2} \tag{6-11}$$

式（6-11）表明，对可逆对称电对组成的滴定体系，其化学计量点电位 E_{sp} 与两个电对的条件电极电位及电子转移数 n 相关。

当 $n_1=n_2$ 时，式（6-11）可进一步简化为

$$E_{sp}=\frac{E_1^{\ominus\prime}+E_2^{\ominus\prime}}{2} \tag{6-12}$$

E_{sp} 正好为两电对条件电极电位值的一半。

如果涉及不对称电对，例如 $Cr_2O_7^{2-}/Cr^{3+}$，其半反应为

$$Cr_2O_7^{2-}+14H^++6e^-\rightleftharpoons 2Cr^{3+}+7H_2O$$

氧化态 $Cr_2O_7^{2-}$ 与还原态 Cr^{3+} 系数不等，E_{sp} 计算比较复杂（此处不讨论），往往与某些组分的浓度有关。例如，以 $K_2Cr_2O_7$ 滴定 Fe^{2+} 时，有

$$E_{sp}=\frac{6E^{\ominus\prime}_{Cr_2O_7^{2-}/Cr^{3+}}+E^{\ominus\prime}_{Fe^{3+}/Fe^{2+}}}{7}+\frac{0.059}{7}\lg\frac{1}{2c_{Cr^{3+}}}$$

二、滴定突跃的计算及其影响因素

（1）滴定开始至计量点前，体系中剩余的还原剂 Red_2 是更大量的，选择式（6-10）来计算 E_2 值。当滴定至 99.9%的 Red_2 被氧化生成 Ox_2 时，即存在–0.1%误差时，有

$$\frac{c_{Ox_2}}{c_{Red_2}}=\frac{99.9\%}{0.1\%}\approx 10^3$$

根据式（6-10），有

$$E_2=E_2^{\ominus\prime}+\frac{0.059}{n_2}\lg\frac{c_{Ox_2}}{c_{Red_2}}=E_2^{\ominus\prime}+\frac{3\times 0.059}{n_2} \tag{6-13}$$

式（6-13）是计算滴定突跃起点 A 点电极电位的通式。

（2）滴定至化学计量点之后，体系中过量的氧化剂 Ox_1 则是更大量的，可选择式（6-9）来计算 E_1 值。当 Ox_1 过量 0.1%时，有

$$\frac{c_{Ox_1}}{c_{Red_1}}=\frac{0.1\%}{100\%}\approx 10^{-3}\text{ 则}$$

$$E_1=E_1^{\ominus\prime}+\frac{0.059}{n_1}\lg\frac{c_{Ox_1}}{c_{Red_1}}=E_1^{\ominus\prime}-\frac{3\times 0.059}{n_1} \tag{6-14}$$

式（6-14）是计算滴定突跃终点 B 点电极电位的通式。

根据式（6-13）和（6-14）可得滴定突跃范围大小计算公式为

$$\Delta E=E_1^{\ominus\prime}-E_2^{\ominus\prime}-\frac{3\times 0.059(n_1+n_2)}{n_1n_2} \tag{6-15}$$

由式（6-15）可知，两电对的条件电极电位差（$E_1^{\ominus\prime}-E_2^{\ominus\prime}$）是影响滴定突跃大小的主要因素，差值越大，滴定突跃越大。同时滴定突跃大小也与两电对的电子转移数 n_1 和 n_2 有关。

根据以上讨论，可以计算出以 0.1000mol·L^{-1} $Ce(SO_4)_2$ 标准溶液滴定 0.1000mol·L^{-1} $FeSO_4$

溶液（1.0mol·L^{-1} H_2SO_4介质）时的各滴定阶段的电极电位（见表6-2），并绘制其滴定曲线（见图6-1）。从表6-2和图6-1可以看出，用氧化剂滴定还原剂时，滴定百分数为50.0%处的电位是还原剂电对（Fe^{3+}/Fe^{2+}）的条件电位；滴定百分数为200.0%处的电位是氧化剂电对的条件电位（Ce^{4+}/Ce^{3+}）；由于$n_1=n_2=1$时，计量点正好处于突跃范围的中点，滴定突跃在计量点前后对称。

表6-2　0.1000mol·L^{-1} Ce^{4+}滴定20.00mL同浓度Fe^{2+}时体系的电极电位变化

滴定阶段	加入Ce^{4+}体积V/mL	Fe^{2+}被滴定百分数T/%	剩余Fe^{2+}体积V/mL	过量Ce^{4+}体积V/mL	E/V
滴定开始至化学计量点前	1.00	5.00	19.00		0.60
	10.00	**50.0**	**10.00**		**0.68**
	19.80	99.0	0.20		0.80
	19.98	**99.9**	**0.02**		**0.86**
化学计量点时	20.00	100.0	0.00	0.00	1.06
化学计量点后	**20.02**	**100.1**		**0.02**	**1.26**
	22.00	110.0		2.00	1.38
	30.00	150.0		10.00	1.42
	40.00	**200.0**		**20.00**	**1.44**

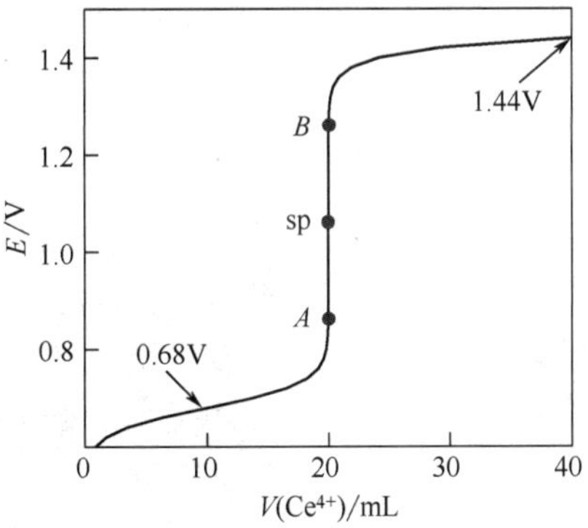

图6-1　Ce^{4+}溶液滴定Fe^{2+}溶液滴定曲线

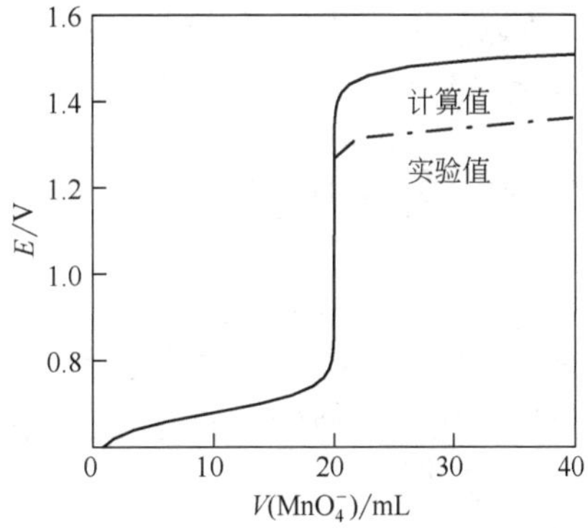

图6-2　$KMnO_4$溶液滴定Fe^{2+}溶液滴定曲线

由于Ce^{4+}/Ce^{3+}电对和Fe^{3+}/Fe^{2+}电对为可逆电对，实际电极电位符合Nernst方程，所以计算结果与理论计算所得滴定曲线是一致的。但如果涉及不可逆电对，则实测的滴定曲线与理论计算曲线有较大差别。例如，采用$KMnO_4$滴定Fe^{2+}的滴定曲线如图6-2所示，在化学计量点前，体系电极电位主要由可逆电对Fe^{3+}/Fe^{2+}所决定，故这一部分滴定曲线的理论值与实验值相符合，但在化学计量点后，体系电极电位则由不可逆电对MnO_4^-/Mn^{2+}所决定，故这一部分滴定曲线的理论值与实验值有较大差别。

第五节　氧化还原滴定中的指示剂

在氧化还原滴定中，除采用电位滴定法（属于仪器分析法）确定终点外，还可以根据滴定体系选用不同类型的指示剂来确定终点。氧化还原滴定法中常用的指示剂有**自身指示剂**、专属指示剂（或特殊指示剂）和氧化还原指示剂。

一、自身指示剂

有些滴定剂或被测溶液本身有颜色，而其滴定产物无色或浅色，则滴定时无须另加指示剂，根据本身的颜色变化就可确定终点，此类指示剂被称为**自身指示剂**（self-indicator）。例如，MnO_4^- 显紫红色，其还原产物 Mn^{2+} 几乎无色，当用 $KMnO_4$ 作滴定剂滴定浅色或无色还原剂试液时，在滴定到化学计量点后，稍过量的 MnO_4^- 就可使溶液显粉红色，指示终点的到达。实验证明，MnO_4^- 浓度为 $2\times10^{-6}mol\cdot L^{-1}$ 就能观察到粉红色。

二、专属指示剂

有些物质本身并不具备氧化还原性质，但可与某种氧化剂或还原剂作用产生特殊的颜色变化，以指示滴定终点，此类物质称为**特殊指示剂**（specific indicator），又称**专属指示剂**。例如，可溶性淀粉溶液与 $I_2(I_3^-)$ 作用生成深蓝色吸附化合物，当 I_2 全部被还原为 I^- 时，深蓝色消失，一般当 I_3^- 的浓度为 $1\times10^{-5}mol\cdot L^{-1}$ 时显示蓝色，反应非常灵敏。又如，以 Fe^{3+} 滴定 Sn^{2+} 时，可以使用无色的 KSCN 为指示剂，当反应到计量点，稍微过量的 Fe^{3+} 即可与 SCN^- 生成血红色的配合物，指示终点。

三、氧化还原指示剂

氧化还原指示剂（redox indicator）是一类具有氧化还原性质的有机物，其特点是氧化态和还原态具有不同的颜色。在滴定过程中，指示剂因被氧化或被还原而发生颜色变化，从而指示终点。这是一类通用指示剂，对氧化还原反应普遍适用，因此比前两类指示剂应用更为广泛。

若以 In(Ox) 和 In(Red) 分别表示指示剂的氧化态和还原态，则氧化还原指示剂的半反应和相应的 Nernst 方程为

$$\mathrm{In(Ox)} + ne^- \Longleftrightarrow \mathrm{In(Red)}$$

$$E = E_{\mathrm{In}}^{\ominus\prime} + \frac{0.059}{n}\lg\frac{c_{\mathrm{In(Ox)}}}{c_{\mathrm{In(Red)}}}$$

上式中，$E_{\mathrm{In}}^{\ominus\prime}$ 表示指示剂的条件电极电位。在滴定过程中，指示剂的 $c_{\mathrm{In(Ox)}}/c_{\mathrm{In(Red)}}$ 不断变化，溶液的颜色也发生改变。理论上，当 $c_{\mathrm{In(Ox)}}/c_{\mathrm{In(Red)}}=1$ 时，称为指示剂的**理论变色点**。不同指示剂由于 $E_{\mathrm{In}}^{\ominus\prime}$ 不同，理论变色点也各不相同；当 $c_{\mathrm{In(Ox)}}/c_{\mathrm{In(Red)}}\leqslant1/10$ 时，溶液中 In(Red) 为优势型体，显 In(Red) 色；当 $c_{\mathrm{In(Ox)}}/c_{\mathrm{In(Red)}}\geqslant10/1$ 时，溶液中 In(Ox) 为优势型体，显 In(Ox) 色；当 $1/10<c_{\mathrm{In(Ox)}}/c_{\mathrm{In(Red)}}<10/1$ 时，溶液中 In(Ox) 和 In(Red) 浓度都较大，显 In(Ox) 和 In(Red) 的复合色，所以氧化还原指示剂的**理论变色范围**为

$$E_{\mathrm{In}}^{\ominus\prime} \pm \frac{0.059}{n}$$

表 6-3 给出了一些常用的氧化还原指示剂的条件电极电位 $E_{\mathrm{In}}^{\ominus\prime}$ 和颜色变化。在选择指示剂时，应使其条件电极电位处于体系的滴定突跃范围内，并尽量接近计量点的电位 E_{sp} 以减

少终点误差。

表 6-3 常用氧化还原指示剂

指示剂	$E_{In}^{\ominus\prime}$ /V ($[H^+] = 1mol \cdot L^{-1}$)	颜色变化	
		还原态	氧化态
次甲基蓝	0.53	无	蓝
二苯胺磺酸钠	0.85	无	紫红
邻苯氨基苯甲酸	0.89	无	紫红
邻二氮菲-亚铁	1.06	红	浅蓝

第六节 氧化还原滴定前的预处理

在氧化还原滴定中，若被滴定组分存在不同氧化态，如镀铜液中的铁以 Fe(Ⅲ) 和 Fe(Ⅱ) 两种价态存在。若采用重铬酸钾法测定全铁含量，就必须在滴定前进行**预处理**，使被滴定组分 Fe(Ⅲ) 转变 Fe(Ⅱ)，这样才能进行滴定。滴定前使欲测组分转变为一定价态的步骤称为**预氧化或预还原**。

预处理时所用的氧化剂或还原剂必须符合以下条件：

（1）氧化还原反应必须迅速。

（2）必须将欲测组分定量地氧化或还原。

（3）反应应具有一定的选择性，避免样品中其它组分的干扰。例如，钛铁矿中铁的测定，一般选用 $SnCl_2$ 作预还原剂，若用金属锌为还原剂，则不但将 Fe^{3+}还原为 Fe^{2+}，而且 Ti(Ⅳ) 也被还原为 Ti(Ⅲ)，从而干扰 Fe^{2+}测定。

（4）过量的预氧化剂或预还原剂易于除去，除去的方法有如下几种：

① 加热分解：如 $(NH_4)_2S_2O_8$、H_2O_2 可借加热煮沸，分解而除去。

② 过滤：如 $NaBiO_3$ 不溶于水，可借过滤除去。

③ 利用化学反应：如用 $HgCl_2$ 可除去过量 $SnCl_2$，生成的 Hg_2Cl_2 沉淀不被一般滴定剂氧化，不必过滤除去，其反应式为

$$2HgCl_2 + SnCl_2 = Hg_2Cl_2\downarrow + SnCl_4$$

在氧化还原滴定中，进行预处理时常用的氧化剂有 HNO_3、H_2SO_4、$HClO_4$、$NaBiO_3$、PbO_2、$(NH_4)_2S_2O_8$、H_2O_2、高锰酸盐等；常用的还原剂有 $SnCl_2$、SO_2、锌-汞齐、盐酸肼、硫酸肼等。

第七节 常用的氧化还原滴定方法

氧化还原滴定法一般根据所采用的滴定剂不同进行分类，如高锰酸钾法、重铬酸钾法、碘量法等。各种氧化还原滴定方法都有其自身特点和应用范围，因此掌握常用的氧化还原滴定方法的特点、滴定条件和实际用途十分重要。由于还原剂易被空气中的氧气氧化而改变浓

度，所以实际多采用氧化剂作为滴定剂。

一、高锰酸钾法

（一）概述

高锰酸钾法（permanganate titration）是以高锰酸钾为滴定剂的氧化还原滴定法。$KMnO_4$是一种强氧化剂，其氧化能力及还原产物与溶液的酸度有关。

在强酸性条件下，$KMnO_4$与还原剂作用时被还原为Mn^{2+}

$$MnO_4^- + 8H^+ + 5e^- \rightleftharpoons Mn^{2+} + 4H_2O \qquad E^\ominus = 1.51V$$

在中性、弱碱性条件下，$KMnO_4$与还原剂作用时被还原为MnO_2

$$MnO_4^- + 2H_2O + 3e^- \rightleftharpoons MnO_2 + 4OH^- \qquad E^\ominus = 0.58V$$

在强碱性条件下，$KMnO_4$与还原剂作用时被还原为MnO_4^{2-}

$$MnO_4^- + e^- \rightleftharpoons MnO_4^{2-} \qquad E^\ominus = 0.56V$$

由此可见，高锰酸钾法既可在强酸性条件下使用，也可在近中性和强碱性条件下使用。由于$KMnO_4$在强酸性条件下具有更强的氧化能力，为防止Cl^-（具有还原性）或NO_3^-（酸性条件下具有氧化性）的干扰，其酸性介质通常是用1～2mol·L^{-1}的H_2SO_4溶液。

高锰酸钾法的优点是氧化能力强，应用广泛，可直接或间接测定许多无机物和有机物。$KMnO_4$溶液显紫红色，自身可作指示剂，使用方便。

（二）高锰酸钾标准溶液的配制与标定

1. $KMnO_4$标准溶液的配制

市售的$KMnO_4$常含有少量的MnO_2和其它杂质，蒸馏水中常含有微量的还原性物质，还有光、热、酸、碱等都能促使$KMnO_4$分解，故不能用直接法配制$KMnO_4$标准溶液。$KMnO_4$溶液粗配步骤是：首先称取比理论值略多的$KMnO_4$固体，溶解在一定的蒸馏水中。将配制好的$KMnO_4$溶液加热至沸，并保持微沸1小时，然后于暗处放置2～3天，以使溶液中可能存在的还原性物质完全被氧化。用微孔玻璃漏斗或玻璃纤维过滤除去析出的沉淀。将过滤后的$KMnO_4$溶液贮存于棕色试剂瓶中，并存放于暗处以待标定。

2. $KMnO_4$标准溶液的标定

可用于标定$KMnO_4$溶液的基准物质有$Na_2C_2O_4$、$H_2C_2O_4 \cdot 2H_2O$、$FeSO_4 \cdot (NH_4)_2SO_4 \cdot 6H_2O$、$As_2O_3$、纯铁丝等，其中$Na_2C_2O_4$因易于提纯、性质稳定等优点而最为常用。

在H_2SO_4介质中，MnO_4^-与$C_2O_4^{2-}$发生如下反应

$$2MnO_4^- + 5C_2O_4^{2-} + 16H^+ \Longrightarrow 2Mn^{2+} + 10CO_2\uparrow + 8H_2O$$

为了使此反应能定量且较迅速地进行，需要控制如下滴定条件：

（1）温度　该反应在室温下反应速率很慢，因此滴定时需加热。但加热的温度不宜太高，一般将温度控制在70～80℃。若在酸性溶液中，温度超过90℃时，会有部分$H_2C_2O_4$分解，其反应式为

$$H_2C_2O_4 \Longrightarrow CO_2\uparrow + CO\uparrow + H_2O$$

（2）酸度　$KMnO_4$的还原产物与溶液的酸度有关，酸度过低，易生成MnO_2或其它产物，酸度过高又会促使$H_2C_2O_4$的分解。所以，在开始滴定时，一般将酸度控制为0.5～1.0mol·L^{-1}，

滴定终点时，溶液的酸度为 0.2～0.5mol·L^{-1}。

（3）滴定速度　滴定开始时，$KMnO_4$ 与 $H_2C_2O_4$ 的反应速率较慢，特别是滴入第一滴 $KMnO_4$ 溶液时，需待红色褪去后再滴入下一滴，否则加入的 $KMnO_4$ 溶液来不及与 $H_2C_2O_4$ 反应，即在热的强酸性溶液中自身分解，影响标定结果，其反应式为

$$4MnO_4^- + 12H^+ = 4Mn^{2+} + 5O_2\uparrow + 6H_2O$$

随着滴定的进行，产物 Mn^{2+}增多，对滴定反应产生催化作用，滴定速度随之加快。若在滴定前加入几滴 $MnSO_4$ 试剂作催化剂，则最初阶段的滴定就可以正常的速度进行。

用 $KMnO_4$ 溶液自身指示终点时，滴定终点是不太稳定的，滴定终点后溶液的粉红色逐渐消失，原因是空气中的还原性气体和灰尘等杂质可与 MnO_4^- 缓慢作用，使 MnO_4^- 还原，从而使粉红色逐渐消失。所以，在滴定时，溶液出现粉红色半分钟不褪色即可认为达到终点。

（三）应用示例

1. 过氧化氢的测定

在室温、酸性介质中，商品过氧化氢可用 $KMnO_4$ 标准溶液直接滴定，其反应式为

$$2MnO_4^- + 5H_2O_2 + 6H^+ = 2Mn^{2+} + 5O_2\uparrow + 8H_2O$$

该反应是自动催化反应，滴定初始反应速率较小，当反应产生 Mn^{2+}后，其可催化加速反应。滴定时应根据自动催化反应速率特点调整滴定速度。

2. 钙含量的测定

Ca^{2+}不具有氧化还原性，其含量的测定是采用间接法测定。首先加入过量 $(NH_4)_2C_2O_4$ 将试样中的 Ca^{2+}沉淀为 CaC_2O_4，然后经过滤、洗涤，将 CaC_2O_4 沉淀溶于稀硫酸中，再用 $KMnO_4$ 标准溶液滴定生成的 $H_2C_2O_4$，从而间接求得 Ca^{2+}的含量。

该法也适用于其它能与 $C_2O_4^{2-}$ 定量生成沉淀的金属离子的测定，如 Ba^{2+}、Sr^{2+}及某些稀土元素的测定。

3. 软锰矿中 MnO_2 含量的测定

软锰矿中 MnO_2 含量的测定可采用返滴定法。向含有 MnO_2 试样的溶液中加入定量且过量的 $Na_2C_2O_4$，在硫酸介质中加热分解至所余残渣为白色，表明 MnO_2 被完全还原

$$MnO_2 + C_2O_4^{2-} + 4H^+ = Mn^{2+} + 2CO_2\uparrow + 2H_2O$$

再用 $KMnO_4$ 标准溶液趁热滴定剩余的 $Na_2C_2O_4$，根据 $KMnO_4$ 及 $Na_2C_2O_4$ 的用量便可计算出 MnO_2 含量。此法也可以用于 PbO_2 等某些氧化物的含量测定。

例 6-4　取软锰矿试样 0.5000g，加入 0.7500g $H_2C_2O_4\cdot 2H_2O$ 及稀硫酸，加热至反应完全。过量的草酸用 0.02000mol·L^{-1} 的 $KMnO_4$ 标准溶液滴定至终点，消耗了 30.00mL。求软锰矿中 MnO_2 的质量分数。已知：$M_{H_2C_2O_4\cdot 2H_2O} = 126.07\ g\cdot mol^{-1}$，$M_{MnO_2} = 86.94\ g\cdot mol^{-1}$。

解：此例为高锰酸钾法测定 MnO_2 的含量，采用的是返滴定法。其分析流程及相关反应方程式为：

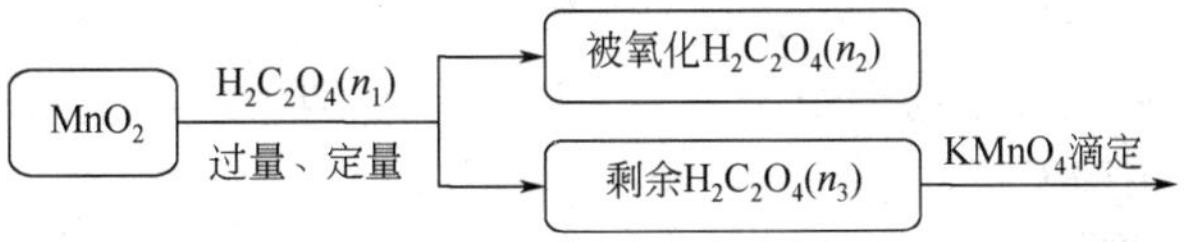

$$MnO_2 + H_2C_2O_4 + 2H^+ = Mn^{2+} + 2CO_2\uparrow + 2H_2O \quad (1)$$

$$2MnO_4^- + 5C_2O_4^{2-} + 16H^+ = 2Mn^{2+} + 10CO_2\uparrow + 8H_2O \quad (2)$$

从流程图可知$n_2=n_1-n_3$，其中n_1为加入$H_2C_2O_4$的总物质的量；n_2为与MnO_2反应的$H_2C_2O_4$的物质的量；n_3为过量$H_2C_2O_4$的物质的量，可由$KMnO_4$标准溶液来确定。根据上述分析流程及反应式（1），得

$$n_{MnO_2}=n_2=n_1-n_3$$

根据反应式（2），得

$$n_3=\frac{5}{2}(c_{MnO_4^{2-}}V_{MnO_4^{2-}})$$

则：

$$n_{MnO_2}=\frac{m_{MnO_2}}{M_{MnO_2}}=\frac{m_{H_2C_2O_4}}{M_{H_2C_2O_4}}-\frac{5}{2}c_{MnO_4^{2-}}V_{MnO_4^{2-}}$$

$$\frac{m_{MnO_2}}{86.94}=\frac{0.7500}{126.07}-\frac{5}{2}\times0.02000\times30.00\times10^{-3}$$

解得：

$$m_{MnO_2}=0.3868\ \text{g}$$

则MnO_2质量分数：

$$w_{MnO_2}=\frac{m_{MnO_2}}{m_s}\times100\%=\frac{0.3868}{0.5000}\times100\%=77.36\%$$

4. 某些有机物的测定

在强碱性（NaOH 浓度为$2mol\cdot L^{-1}$）溶液中，$KMnO_4$能快速定量地氧化某些还原性的有机物（如甲醇、甲酸、甘油等）。例如，测定甲醇时，将定量且过量的$KMnO_4$标准溶液加入待测溶液中，其反应式为

$$6MnO_4^- + CH_3OH + 8OH^- = 6MnO_4^{2-} + CO_3^{2-} + 6H_2O$$

待反应完成后，将溶液酸化，MnO_4^{2-}歧化为MnO_4^-和MnO_2，其反应式为

$$3MnO_4^{2-} + 4H^+ = 2MnO_4^- + MnO_2\downarrow + 2H_2O$$

再加入一定量过量的亚铁离子标准溶液，将所有的高价锰还原为Mn^{2+}，最后用$KMnO_4$标准溶液滴定过量的Fe^{2+}，根据各次标准溶液的加入量及各反应物之间的计量关系，可计算甲醇的含量。此法还可以用于葡萄糖、酒石酸、柠檬酸、甲醛、苯酚、水杨酸等的含量测定。

5. 化学耗氧量的测定

化学耗氧量（COD）是量度水体受还原性物质污染程度的综合性指标。它是指水体中还原性物质所消耗的氧化剂的量，换算成O_2的质量浓度（以$mg\cdot L^{-1}$计），利用$KMnO_4$测定的结果也称为**高锰酸钾盐指数 COD_{Mn}**。

具体步骤如下：在水样中加入硫酸及一定量过量的高锰酸钾溶液，置沸水浴中加热，使其中的还原性物质氧化：

$$4MnO_4^- + 5C + 12H^+ = 4Mn^{2+} + 5CO_2\uparrow + 6H_2O$$

用定量且过量的$Na_2C_2O_4$溶液还原剩余的高锰酸钾溶液。再以高锰酸钾的标准溶液返滴定剩余的$Na_2C_2O_4$溶液。高锰酸钾盐指数法适用于地表水、地下水、饮用水和生活污水中 COD 的测定。由于Cl^-对此法有干扰，可加入Ag_2SO_4予以除去。对于Cl^-含量高的工业废水中 COD 的测定应采用重铬酸钾法。

例 6-5 取某湖水 100mL 加硫酸酸化后，加入 10.00mL $0.002000mol\cdot L^{-1}$高锰酸钾标准溶液，

加热煮沸 5min，趁热加入 10.00mL 0.005000mol·L^{-1} $Na_2C_2O_4$ 标准溶液，立即用 0.002000mol·L^{-1} 高锰酸钾标准溶液滴定至终点，消耗 5.50mL，计算该湖水的 COD_{Mn}。

解：根据题意，分析流程图和相关反应如下

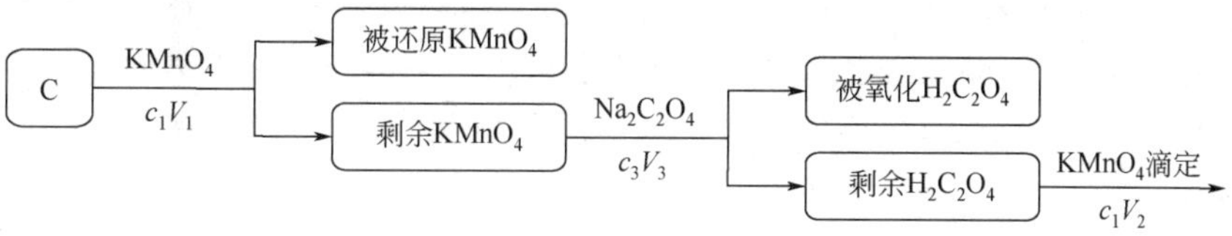

$$4MnO_4^- + 5C + 12H^+ = 4Mn^{2+} + 5CO_2\uparrow + 6H_2O$$

$$2MnO_4^- + 5C_2O_4^{2-} + 16H^+ = 2Mn^{2+} + 10CO_2\uparrow + 8H_2O$$

根据分析流程图易知，分析中用去总高锰酸钾物质的量为（$c_1V_1 + c_1V_2$），如果扣减去 $Na_2C_2O_4(c_3V_3)$ 所消耗的高锰酸钾物质的量，则剩余高锰酸钾物质的量即为湖水中还原性物质所消耗的高锰酸钾的物质的量 n，即有

$$n_{KMnO_4} = c_1(V_1 + V_2) - \frac{2}{5}c_3V_3$$

将 n_{KMnO_4} 换算成 O_2 的质量浓度（以 mg·L^{-1} 计）的方法为

$$MnO_4^- + 8H^+ + 5e^- \rightleftharpoons Mn^{2+} + 4H_2O$$

$$O_2 + 4H^+ + 4e^- \rightleftharpoons 2H_2O$$

$$4MnO_4^- \backsimeq 5O_2 \backsimeq 20e^-$$

$$COD_{Mn} = \frac{\frac{5}{4}[c_1(V_1 + V_2) - \frac{2}{5}c_3V_3] \times M_{O_2} \times 1000}{V_s} (mg \cdot L^{-1})$$

代入数据得

$$COD_{Mn} = \frac{\frac{5}{4}[0.002000 \times (10.00 + 5.50) - \frac{2}{5} \times 10.00 \times 0.005000] \times 32.00 \times 1000}{100.0} = 4.400 mg \cdot L^{-1}$$

二、重铬酸钾法

（一）概述

重铬酸钾法（dichromate titration）是以 $K_2Cr_2O_7$ 标准溶液为滴定剂的氧化还原滴定法。$K_2Cr_2O_7$ 是一种常用的氧化剂，在酸性溶液中，其半反应为

$$Cr_2O_7^{2-} + 14H^+ + 6e^- \rightleftharpoons 2Cr^{3+} + 7H_2O \qquad E^{\ominus} = 1.33V$$

与高锰酸钾法相比，重铬酸钾法具有以下特点：

（1）$K_2Cr_2O_7$ 容易提纯，性质稳定，在 140～250℃干燥后，可作为基准物质直接配制标准溶液，并可长期贮存；

（2）滴定反应速率较快，可在常温下滴定，不需加催化剂；

（3）滴定可在盐酸介质中进行。在 1mol·L^{-1} HCl 介质中，$Cr_2O_7^{2-}/Cr^{3+}$ 电对的条件电极电位（1.00 V）低于 Cl_2/Cl^- 电对的标准电极电位（1.36 V），实验表明，在 HCl 浓度低于 3mol·L^{-1} 时，$Cr_2O_7^{2-}$ 不能氧化 Cl^-；

（4）虽然$Cr_2O_7^{2-}$本身具有颜色，但颜色不深，而它的还原产物Cr^{3+}呈绿色，故终点时无法辨认出过量$K_2Cr_2O_7$的颜色，需外加指示剂（如二苯胺磺酸钠、邻苯氨基苯甲酸）指示终点。

重铬酸钾法也有直接滴定法和间接滴定法之分。对一些有机试样，可在其溶液中加入一定量过量的$K_2Cr_2O_7$标准溶液，并加热到一定温度，待有机物被氧化完全，将试液冷却后稀释，再用$(NH_4)_2Fe(SO_4)_2$标准溶液返滴定，此方法可用于电镀液中有机物的测定。应该指出，$K_2Cr_2O_7$有毒，使用时应注意废液的处理，以免污染环境。

（二）应用示例

1. 铁矿石中铁含量的测定

重铬酸钾法测定铁含量是基于下述反应：

$$Cr_2O_7^{2-} + 6Fe^{2+} + 14H^+ \longrightarrow 6Fe^{3+} + 2Cr^{3+} + 7H_2O$$

含铁矿样一般采用浓盐酸加热溶解，用$SnCl_2$将Fe^{3+}全部还原为Fe^{2+}，过量的$SnCl_2$可用$HgCl_2$除去，此时溶液中析出Hg_2Cl_2白色丝状沉淀。然后在1～2mol·L^{-1} H_2SO_4-H_3PO_4介质中，以二苯胺磺酸钠为指示剂，用$K_2Cr_2O_7$标准溶液滴定全部Fe^{2+}。

H_2SO_4-H_3PO_4的作用是：（1）提供滴定所需的酸性条件；（2）H_3PO_4与Fe^{3+}生成无色、稳定的$Fe(HPO_4)_4^{2-}$，降低了Fe^{3+}/Fe^{2+}电对的电极电位，使指示剂的条件电极电位落在突跃范围之内；（3）生成无色$Fe(HPO_4)_4^{2-}$，消除了Fe^{3+}的黄色干扰，使终点时溶液颜色变化更加敏锐。

近年来提倡使用无汞测铁法，其中最常用的是$SnCl_2$-$TiCl_3$联合还原法。具体步骤为：试样分解后，先用$SnCl_2$将大部分Fe^{3+}还原，再用钨酸钠为指示剂，用$TiCl_3$还原剩余的Fe^{3+}至蓝色的W(Ⅴ)（俗称钨蓝）出现，表明Fe^{3+}已全部被还原；稍过量的$TiCl_3$在Cu^{2+}催化下加水稀释，滴加稀$K_2Cr_2O_7$溶液至蓝色刚好褪去，以除去过量的$TiCl_3$；然后在1～2mol·L^{-1} H_2SO_4-H_3PO_4介质中，以二苯胺磺酸钠为指示剂，用$K_2Cr_2O_7$标准溶液滴定至溶液由浅绿色变为紫红色。

2. 水样中化学耗氧量的测定

在酸性介质中以$K_2Cr_2O_7$为氧化剂，测定水样中化学耗氧量的方法记为COD_{Cr}。测定时，在水样中加入$HgSO_4$用以消除Cl^-的干扰，再加入一定量过量的$K_2Cr_2O_7$标准溶液，在强酸介质中，以Ag_2SO_4为催化剂，加热回流，待水样中还原性物质被氧化作用完全后，以1,10-邻二氮杂菲-亚铁为指示剂，再用亚铁盐标准溶液滴定过量的$K_2Cr_2O_7$。该法适用范围广泛，但Cr(Ⅵ)和Hg^{2+}对环境产生污染。

3. 试样中有机物的测定

凡能被$K_2Cr_2O_7$氧化的有机物均可用本法测定。例如，工业甲醇中甲醇含量的测定：在H_2SO_4介质中，于试样中加入一定量过量的$K_2Cr_2O_7$标准溶液，其反应式为

$$Cr_2O_7^{2-} + CH_3OH + 8H^+ \longrightarrow CO_2\uparrow + 2Cr^{3+} + 6H_2O$$

反应完成后，以邻苯胺基苯甲酸为指示剂，用亚铁盐标准溶液滴定过量的$K_2Cr_2O_7$，从而求得甲醇的含量。

三、碘量法

（一）概述

碘量法（iodometric methods）是利用I_2的氧化性和I^-的还原性进行滴定分析的方法。由于固体碘在水中的溶解度很小且容易挥发，通常将I_2溶于KI溶液中，此时I_2以I_3^-配离子

形式存在（为简化并强调计量关系，一般将 I_3^- 简写成 I_2），其半反应为

$$I_2 + 2e^- \rightleftharpoons 2I^- \qquad E^\ominus = 0.54V$$

可见，I_2 的氧化能力较弱，I^- 是一种中等强度的还原剂。碘量法可分为直接碘量法和间接碘量法两种。碘量法采用淀粉为指示剂，其灵敏度甚高。

1. 直接碘量法

用 I_2 标准溶液直接滴定还原剂溶液的分析法称为直接碘量法，该法可测定一些强还原性物质。例如，直接碘量法测定维生素 C 反应如下

$$I_2 + C_6H_8O_6 = 2HI + C_6H_6O_6$$

直接碘量法可以在弱酸性和中性条件下进行，并在滴定开始前加入指示剂，但不能在强酸和碱性溶液中使用。强酸性条件下 I^- 容易被空气中 O_2 氧化，且淀粉指示剂也易水解和分解；碱性溶液中 I_2 会发生歧化反应。

2. 间接碘量法

间接碘量法是将待测的氧化性物质与过量的 I^- 作用，生成与该氧化性物质计量相当的 I_2，再用 $Na_2S_2O_3$ 标准溶液滴定所析出的 I_2，从而求出氧化性物质的含量。例如，$K_2Cr_2O_7$ 的测定，先将 $K_2Cr_2O_7$ 试液在酸性介质中与过量碘化钾作用产生 I_2，再用 $Na_2S_2O_3$ 标准溶液滴定 I_2。相关反应为

$$Cr_2O_7^{2-} + 6I^- + 14H^+ = 2Cr^{3+} + 3I_2 + 7H_2O$$

$$I_2 + 2S_2O_3^{2-} = 2I^- + S_4O_6^{2-}$$

凡能与 I^- 作用定量析出 I_2 的氧化性物质及能与过量 I_2 在碱性物质中作用的有机物都可用间接碘量法测定，故间接碘量法的应用较直接碘量法更为广泛。

间接碘量法也必须在中性或弱酸性溶液中进行，且淀粉指示剂只能在临近终点时加入，否则会有较多的 I_2 与淀粉结合，导致终点滞后。碱性条件下，除 I_2 会发生歧化反应外，还会有部分 $S_2O_3^{2-}$ 被 I_2 氧化成 SO_4^{2-}，反应如下

$$4I_2 + S_2O_3^{2-} + 10OH^- = 8I^- + 2SO_4^{2-} + 5H_2O$$

而强酸性条件下，除了淀粉易水解分解外，$S_2O_3^{2-}$ 也易分解，发生以下反应

$$S_2O_3^{2-} + 2H^+ = S\downarrow + H_2SO_3$$

从而给测定带来误差。碘量法误差的主要来源和避免措施如表 6-4 所示。

表 6-4　碘量法的误差来源及避免措施

误差来源	避免措施
I_2 的挥发	加入过量 KI 形成 I_3^- 配离子； 室温反应，避免加热； 析出 I_2 反应最好在碘量瓶中进行，滴定时勿剧烈摇动
I^- 的氧化	避光，最好在暗处反应；I_3^- 溶液应棕色瓶保存；消除铜离子、亚硝酸根离子等干扰； 控制酸度； 间接碘量法中，应当近终点加入指示剂

另外，淀粉指示剂应用新鲜配制的，若放置过久，则与 I_2 形成的配合物不呈蓝色而呈紫红色。这种紫红色吸附配合物在用 $Na_2S_2O_3$ 滴定时褪色慢，且终点不敏锐。

（二）标准溶液的配制和标定

1. $Na_2S_2O_3$标准溶液的配制

碘量法中，经常使用的标准溶液有碘和 $Na_2S_2O_3$ 两种，下面重点介绍 $Na_2S_2O_3$ 溶液的配制和标定。

市售 $Na_2S_2O_3 \cdot 5H_2O$ 一般含有少量杂质，易风化、潮解。$Na_2S_2O_3$ 溶液不稳定，其分解的原因如下：

（1）与 CO_2 作用：$S_2O_3^{2-} + H_2O + CO_2 = S\downarrow + HSO_3^- + HCO_3^-$

（2）与细菌作用：$S_2O_3^{2-} = S\downarrow + SO_3^{2-}$

（3）与氧气作用：$2S_2O_3^{2-} + O_2 = 2S\downarrow + 2SO_4^{2-}$

因此，配制 $Na_2S_2O_3$ 溶液时，用新煮沸（除去 CO_2、O_2，杀菌）并冷却的蒸馏水，并加入少量 Na_2CO_3 使溶液保持微碱性以抑制细菌生长繁殖。$Na_2S_2O_3$ 溶液应保存在棕色瓶中。

2. $Na_2S_2O_3$标准溶液的标定

$Na_2S_2O_3$ 可用 $K_2Cr_2O_7$、$KBrO_3$、KIO_3 等基准物质采用间接法标定。以 $K_2Cr_2O_7$ 为例说明其标定过程及注意事项。

（1）$K_2Cr_2O_7$ 与 KI 反应较慢，过量 KI 可加速反应。

（2）在酸性条件下，有利于提高 $K_2Cr_2O_7$ 与 KI 的反应速率，一般用 0.2～0.4mol·L^{-1} 硫酸调节酸度。当酸度过高时，I^-容易被空气中的 O_2 氧化。

（3）$K_2Cr_2O_7$ 与 KI 反应最好在暗处放置，待反应完成后，调节 pH 至中性或弱酸性，立即用 $Na_2S_2O_3$ 滴定析出的 I_2。

（4）当用 $Na_2S_2O_3$ 滴定到溶液呈浅黄绿色（I_2 和 Cr^{3+}混合色），即大部分 I_2 已经反应，此时加入淀粉，溶液显蓝色。继续用 $Na_2S_2O_3$ 滴定至蓝色恰好消失，此时终点为浅绿色（Cr^{3+} 颜色）。如果提早加入淀粉，则会有较多 I_2 与淀粉结合，相互作用增强，使终点滞后。

（三）碘量法应用示例

1. 直接碘量法测硫

在弱酸性溶液中，以淀粉为指示剂，用 I_2 标准溶液直接滴定 H_2S，从而求得试剂中 S^{2-} 或 H_2S 的含量。

$$I_2 + H_2S = 2I^- + 2H^+ + S\downarrow$$

对于钢铁中的硫的测定，可以将钢铁试样置于密封管式炉中高温熔融，并通空气，使试样中硫全部氧化为 SO_2，再用水吸收生成 H_2SO_3，再用 I_2 标准溶液直接滴定。

2. 间接碘量法测铜

间接碘量法测定铜是基于 Cu^{2+}可与过量 KI 作用析出定量 I_2，然后用 $Na_2S_2O_3$ 标准溶液进行滴定，反应为：

$$2Cu^{2+} + 4I^- = 2CuI\downarrow + I_2$$

$$I_2 + 2S_2O_3^{2-} = 2I^- + S_4O_6^{2-}$$

这里，I^-既是还原剂，又是沉淀剂，还是 I_2 的配体。为了得到更好的分析结果，应注意：

（1）CuI 沉淀会吸附 I_2 使测定结果偏低，因此常在近终点前加入 SCN^-，使 CuI 转化为溶解度更小的 CuSCN，反应为：

$$CuI + SCN^- = CuSCN + I^-$$

CuSCN 几乎不吸附 I_2，可消除因 CuI 吸附 I_2 所产生的误差。但 SCN^-不宜过早加入，因 SCN^-也会还原 I_2 使结果偏低。

（2）Fe^{3+}的存在会干扰测定，可加入 NH_4F-HF 缓冲溶液，使 Fe^{3+}生成稳定的$[FeF_6]^{3-}$配离子，使 Fe^{3+}/Fe^{2+}电对的电位降低，从而防止 Fe^{3+}氧化 I^-。NH_4F-HF 缓冲溶液还可控制溶液的酸度，使 pH 值为 3～4。酸度过高，铜离子会加速碘离子与空气中氧气的反应；酸度过低，会引起铜离子的水解。

很多具有氧化性的物质都可以用间接碘量法测定，如含氧酸、过氧化物、O_3、Cl_2、Br_2等。还可以通过滴定 $BaCrO_4$、$PbCrO_4$ 沉淀溶解释放的 CrO_4^{2-} 来间接测定 Ba^{2+}和 Pb^{2+}。

3. 间接碘量法测定有机物

间接碘量法广泛地应用于有机物的测定，例如，在碱性含碘溶液中，葡萄糖的醛基能被氧化成羧基，反应为：

$$I_2 + 2OH^- = IO^- + I^- + H_2O$$

$$CH_2OH(CHOH)_4CHO + IO^- + OH^- = CH_2OH(CHOH)_4COO^- + I^- + H_2O$$

碱性溶液中剩余的 IO^-歧化为碘酸根及碘离子，其反应式为：

$$3IO^- = IO_3^- + 2I^-$$

溶液酸化后又析出 I_2：

$$IO_3^- + 5I^- + 6H^+ = 3I_2 + 3H_2O$$

最后以 $Na_2S_2O_3$ 标准溶液滴定析出的 I_2。

$$I_2 + 2S_2O_3^{2-} = 2I^- + S_4O_6^{2-}$$

同时做空白实验，根据两次消耗的 $Na_2S_2O_3$ 标准溶液的量计算葡萄糖的含量。

碘量法广泛用于药物分析，在药典中有很多标准方法。例如，直接碘量法可以测定乙酰半胱氨酸、二巯基丙醇、安乃近、维生素 C 等药物；间接碘量法可测定葡萄糖、咖啡因、头孢噻吩钠、头孢氨苄等药物。

四、其它氧化还原滴定法

（一）溴酸钾法

$KBrO_3$ 是一种强氧化剂，其在酸性溶液中的氧化还原半反应为

$$BrO_3^- + 6H^+ + 6e^- \rightleftharpoons Br^- + 3H_2O \qquad E^\ominus = 1.44\,V$$

$KBrO_3$ 易提纯，可作为基准物质直接配制成标准溶液。

在酸性环境下，溴酸钾法可以测定 As(Ⅲ)、Sn(Ⅱ)、Sb(Ⅲ) 等还原性物质。例如，欲测定铁矿石中锑的含量，可将矿样溶解，将 Sb(Ⅴ)还原为 Sb(Ⅲ)，在 HCl 溶液中以甲基橙为指示剂，当用溴酸钾标准溶液滴定至溶液有微过量的溴酸钾时，甲基橙被氧化而褪色，即为终点，其反应式为：

$$2Sb^{3+} + BrO_3^- + 6H^+ = 2Sb^{6+} + Br^- + 3H_2O$$

溴酸钾法常与碘量法配合使用，即用过量的溴酸钾标准溶液与待测物质作用，过量的溴酸钾在酸性溶液中与 KI 作用，析出游离碘，再用硫代硫酸钠标准溶液滴定。

$KBrO_3$ 标准溶液加入过量 KBr 形成稳定的 $KBrO_3$-KBr 标准溶液，当酸化时，发生如下反应

$$BrO_3^- + 5Br^- + 6H^+ = 3Br_2 + 3H_2O$$

游离 Br_2 能快速氧化还原性物质，其氧化还原半反应为

$$Br_2 + 2e^- \rightleftharpoons 2Br^- \qquad E^\ominus = 1.08V$$

因此，可利用溴的取代反应测定许多芳香族化合物。例如，测定苯酚时，可于苯酚试液中加一定量过量的 $KBrO_3$-KBr 标准溶液，用盐酸溶液酸化后，$KBrO_3$ 与 KBr 反应产生一定量的游离 Br_2，此 Br_2 与苯酚反应定量生成三溴苯酚。待反应完成后，于溶液中加入过量的 KI 与过量的溴作用置换出相当量的碘，再用硫代硫酸钠标准溶液滴定。此法还可以测定甲酚、间苯二酚及苯胺等。

含双键的有机化合物可与 Br_2 迅速发生加成反应，利用这一特性可测定不饱和有机物的含量。例如，测定乙酸乙烯酯、丙烯酸酯类等。

（二）硫酸铈法

硫酸铈 $Ce(SO_4)_2$ 是一种强氧化剂，其氧化还原半反应为

$$Ce^{4+} + e^- \rightleftharpoons Ce^{3+} \qquad E^\ominus = 1.44V$$

与高锰酸钾法相比，硫酸铈法具有如下特点：

（1）$Ce(SO_4)_2 \cdot 2(NH_4)_2(SO_4)_2 \cdot 2H_2O$ 易提纯，可作为基准物质直接配制标准溶液；

（2）铈的标准溶液很稳定，放置较长时间或加热煮沸也不易分解；

（3）Ce^{4+}还原为 Ce^{3+}，只有一个电子转移，反应简单，无中间价态产物，没有诱导反应；

（4）能在较大浓度的盐酸中滴定还原剂。

硫酸铈法一般采用邻二氮杂菲-亚铁作指示剂。

思考题与习题

1. 条件电极电位和标准电极电位有什么不同？影响条件电极电位的因素有哪些？
2. 是否平衡常数大的氧化还原反应就能应用于氧化还原滴定？为什么？
3. 影响氧化还原反应速率的主要因素有哪些？
4. 应用于氧化还原滴定法的反应具备什么条件？
5. 化学计量点在滴定曲线上的位置与氧化剂和还原剂的电子转移数有什么关系？
6. 试比较酸碱滴定、配位滴定和氧化还原滴定的滴定曲线，说明它们的共性和特性。
7. 氧化还原滴定中的指示剂分为几类？各自如何指示滴定终点？
8. 氧化还原指示剂的变色原理和选择与酸碱指示剂有何异同？
9. 在进行氧化还原滴定之前，为什么要进行预氧化或预还原的处理？预处理时对所用的预氧化剂或还原剂有哪些要求？
10. 碘量法的主要误差来源有哪些？为什么碘量法不适宜在高酸度或高碱度介质中进行？
11. 计算在 $1.0mol \cdot L^{-1}$ HCl 溶液中，当 $[Cl^-] = 1.0mol \cdot L^{-1}$ 时，Ag^+/Ag 电对的条件电极电位。
12. 计算 pH = 10.00，$[NH_4^+] + [NH_3] = 0.20mol \cdot L^{-1}$ 时 Zn^{2+}/Zn 电对条件电极电位。若 $c_{Zn(II)} = 0.020mol \cdot L^{-1}$，体系的电位是多少？
13. 计算 pH = 2.00 时 MnO_4^- / Mn^{2+} 电对的条件电极电位。
14. 用碘量法测定铬铁矿中铬的含量时，试液中共存的 Fe^{3+} 有干扰。此时若溶液的 pH = 2.0，Fe(Ⅲ) 的浓度为 $0.10mol \cdot L^{-1}$，Fe(Ⅱ) 的浓度为 $1.0 \times 10^{-5} mol \cdot L^{-1}$，加入 EDTA 并使其过量的浓度为 $0.10mol \cdot L^{-1}$。问此条件下，Fe^{3+} 的干扰能否被消除？

15. 在 0.10mol·L^{-1} HCl 介质中，用 0.2000mol·L^{-1} Fe^{3+}滴定 0.10mol·L^{-1} Sn^{2+}，试计算在化学计量点时的电位及其突跃范围。在此条件中选用什么指示剂，滴定终点与化学计量点是否一致？已知在此条件下，Fe^{3+}/Fe^{2+}的 $E^{\ominus\prime} = 0.73V$，$Sn^{4+}/Sn^{2+}$电对的 $E^{\ominus\prime} = 0.070V$。

16. 已知在 1mol·L^{-1} HCl 介质中，Fe(Ⅲ)/Fe(Ⅱ)电对的 $E^{\ominus\prime} = 0.70$ V，Sn(Ⅳ)/Sn(Ⅱ)电对的 $E^{\ominus\prime} = 0.14$ V。求在此条件下，反应 $2Fe^{3+} + Sn^{2+} \longrightarrow Sn^{4+} + 2Fe^{2+}$的条件平衡常数。

17. 对于氧化还原反应 $BrO_3^- + 5Br^- + 6H^+ \longrightarrow 3Br_2 + 3H_2O$，（1）求此反应的平衡常数；（2）计算当溶液的 pH = 7.0，$[BrO_3^-] = 0.10$mol·L^{-1}，$[Br^-] = 0.70$mol·L^{-1}时，游离溴的平衡浓度。

18. 在 0.5mol·L^{-1} H_2SO_4 介质中，等体积的 0.60mol·L^{-1}Fe^{2+}溶液与 0.20mol·L^{-1}Ce^{4+}溶液混合。反应达到平衡后，Ce^{4+}的浓度为多少？

19. 准确称取铁矿石试样 0.5000g，用酸溶解后加入 $SnCl_2$，使 Fe^{3+}还原为 Fe^{2+}，然后用 24.50mL $KMnO_4$ 标准溶液滴定。已知 1mL $KMnO_4$ 相当于 0.01260g $H_2C_2O_4 \cdot 2H_2O$。试问：（1）矿样中 Fe 及 Fe_2O_3 的质量分数各为多少？（2）取市售双氧水 3.00mL 稀释定容至 250.0mL，从中取出 20.00mL 试液，需用上述 $KMnO_4$ 溶液 21.18mL 滴定至终点。计算每 100.0mL 市售双氧水所含 H_2O_2 的质量。

20. 取废水样 100.0mL 用 H_2SO_4 酸化后，加入 25.00mL 0.01667mol·L^{-1} 的 $K_2Cr_2O_7$ 溶液，以 Ag_2SO_4 为催化剂煮沸一定时间至水样中还原性物质完全氧化，以邻二氮菲为指示剂，用 0.1000mol·L^{-1} 的 $FeSO_4$ 滴定剩余的 $K_2Cr_2O_7$，用去 15.00mL，请计算该废水样的 COD_{Cr}。

21. 准确称取含有 PbO 和 PbO_2 混合物的试样 1.234g，在其酸性溶液中加入 20.00mL 0.2500mol·L^{-1} $H_2C_2O_4$ 溶液，将 PbO_2 还原为 Pb^{2+}。所得溶液用氨水中和，使溶液中所有的 Pb^{2+} 均沉淀为 PbC_2O_4。过滤、洗涤后，酸化的滤液用 0.04000mol·L^{-1} $KMnO_4$ 标准溶液滴定，用去 10.00mL，然后将所得 PbC_2O_4 沉淀溶于酸后，用 0.04000mol·L^{-1} $KMnO_4$ 标准溶液滴定，用去 30.00mL。计算试样中 PbO 和 PbO_2 的质量分数。

22. 仅含有惰性杂质的铅丹（Pb_3O_4）试样重 3.500g，加一移液管 Fe^{2+}标准溶液和足量的稀 H_2SO_4 于此试样中。溶解作用停止以后，过量的 Fe^{2+}需 3.05mL 0.04000mol·L^{-1} $KMnO_4$ 溶液滴定。同样一移液管的上述 Fe^{2+}标准溶液，在酸性介质中用 0.04000mol·L^{-1} $KMnO_4$ 标准溶液滴定时，需用去 48.05mL。计算铅丹中 Pb_3O_4 的质量分数。

23. 将 0.1963g 分析纯 $K_2Cr_2O_7$ 试剂溶于水，酸化后加入过量 KI，析出的 I_2 需用 33.61mL $Na_2S_2O_3$ 溶液滴定。计算 $Na_2S_2O_3$ 溶液的浓度？

24. 今有不纯的 KI 试样 0.3504g，在 H_2SO_4 溶液中加入纯 K_2CrO_4 0.1940g 与之反应，煮沸逐出生成的 I_2。放冷后又加入过量 KI，使之与剩余的 K_2CrO_4 作用，析出的 I_2 用 0.1020mol·L^{-1} $Na_2S_2O_3$ 标准溶液滴定，用去 10.23mL。问试样中 KI 的质量分数是多少？

25. 称取苯酚试样 0.4082g，用 NaOH 溶液溶解后，移入 250.0mL 容量瓶中，稀释至刻度，摇匀。吸取 25.00mL，加入溴酸钾标准溶液（$KBrO_3$+KBr）25.00mL，然后加入 HCl 及 KI。待析出 I_2 后，再用 0.1084mol·L^{-1} $Na_2S_2O_3$ 标准溶液滴定，用去 20.04mL。另取 25.00mL 溴酸钾标准溶液做空白实验，消耗同浓度的 $Na_2S_2O_3$ 溶液 41.60mL。试计算试样中苯酚的质量分数。

第七章
重量分析法和沉淀滴定法

第一节 重量分析法概述

一、重量分析法

重量分析法是通过称量物质的质量或质量的变化来确定被测组分含量的定量分析方法。重量分析一般先采用适当的方法使被测组分以一定的形式（如气体、沉淀等）从试样中分离出来，并转化为稳定的称量形式，经过称量后按照一定计算方法确定组分含量。重量分析法主要包括分离和称量两个过程。

二、重量分析法分类及特点

根据分离方法不同，重量分析法分沉淀法、气化法、提取法和电解法等。表 7-1 列举了常见重量分析法的分离方法、分析步骤及应用实例等。

表 7-1　重量分析法分类

方法	分离方法	分析步骤	应用实例
沉淀法	沉淀分离	先沉淀，经过滤、洗涤、烘干或灼烧、称量等，再计算被沉淀组分的含量	如 Ba^{2+}，Zn^{2+}混合液中 Ba 含量分析。可加入沉淀剂 SO_4^{2-}，通过称量 $BaSO_4$ 质量确定 Ba 含量
气化法	气化分离	先用加热或其它方法处理试样，使被测组分气化逸出。此后有两种处理方法： ① 根据气体逸出前后试样重量之差来计算被测成分的含量； ② 用某种吸收剂来吸收逸出气体，根据吸收剂重量的增加来计算含量	① $CuSO_4·5H_2O$ 中结晶水的测定，可按第 1 种方法处理； ② 混合气体试样中 CO_2 的测定，可按第 2 种方法处理，如用碱石灰为吸收剂
提取法	萃取分离	利用被测组分在两种互不相溶的溶剂中分配比的不同，加入某种提取剂使被测组分从原溶剂中定量地转入提取剂中，称量剩余物的质量，或将提出液中的溶剂蒸发除去，称量剩余物重量，以计算被测组分的含量	如粮食中脂肪含量测定，采用乙醚定量萃取脂肪后，分离并蒸发提取液，称量剩余物
电解法	电解沉积分离	利用电解原理，电解沉积被测金属离子，称重后计算出被测金属离子的含量	如测定试液中 Cu^{2+}含量。电解使 Cu^{2+}全部在阴极析出，称量电解前、后阴极质量变化，从而计算 Cu^{2+}含量

重量分析法特点为：可直接通过分析天平称量而获得分析结果，准确度较高；不需要标准试样或基准物质；操作烦琐费时；不适合微量组分的测定。重量分析法中以**沉淀重量分析法**（后简称重量分析法）应用最为广泛，是本章重点讨论的内容。

第二节　重量分析法对沉淀的要求

一、重量分析法步骤

重量分析法基本步骤如图 7-1 所示。在一定条件下，往样品试液中加入适当的沉淀剂，使被测组分沉淀出来，所得的沉淀称为**沉淀形式**。沉淀经过滤、洗涤、烘干或灼烧之后，得到**称量形式**，经称量后，再由称量形式的化学组成和质量，便可算出被测组分的含量。

沉淀形式与称量形式可以相同，也可以不相同。例如：测定 Cl^-时，加入沉淀剂 $AgNO_3$ 以得到 AgCl 沉淀，经过滤、洗涤、烘干得称量形式 AgCl，此时沉淀形式和称量形式相同。但测定 Mg^{2+}时，沉淀形式为 $MgNH_4PO_4 \cdot 6H_2O$，经灼烧后得到的称量形式为 $Mg_2P_2O_7$，则沉淀形式与称量形式不同。

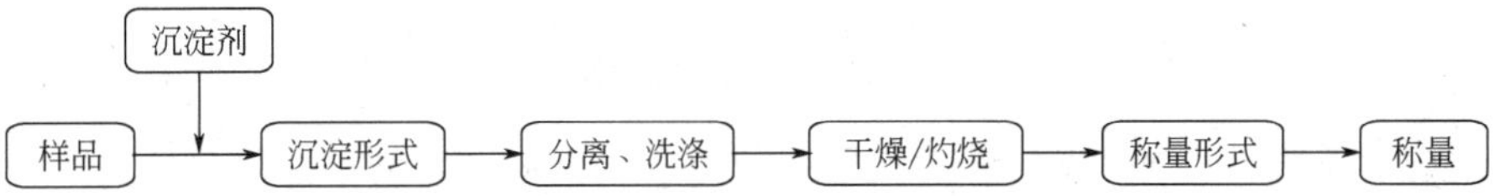

图 7-1　重量分析法基本步骤

二、重量分析法对沉淀形式的要求

为保证重量分析的准确度，必须考虑沉淀的溶解度、纯度及操作过程中的分离、洗涤以及干燥或灼烧对测定结果的影响。

1. 沉淀的溶解度要小

沉淀的溶解度必须很小，才能使被测组分尽可能沉淀完全。沉淀的溶解损失不能超过分析天平的称量误差，即小于 0.2mg。因此，要选择适当的沉淀剂和适宜的沉淀条件，同时依据沉淀溶解平衡原理减少沉淀的溶解损失。

2. 沉淀必须纯净

沉淀应该是纯净的，不应混杂其它杂质，否则影响分析结果。为此要充分了解影响沉淀纯度的各种因素，采取最恰当的措施来避免或减少沉淀的污染。

3. 沉淀应易于过滤和洗涤

沉淀一般采用过滤方式分离。因此形成沉淀时，应使沉淀容易过滤和洗涤。对于晶形沉淀，要尽量获取大颗粒沉淀。对无定形沉淀，应掌握好沉淀条件，使所得沉淀易于过滤和洗涤。洗涤沉淀时，选择适当的洗涤液，可有效减少因洗涤引起的沉淀溶解损失。

此外，沉淀易于转化为称量形式也十分重要。

三、重量分析法对称量形式的要求

1. 具有确定的化学组成

称量形式必须具有确定的化学组成，否则无法计算测定结果。

2. 要有足够的化学稳定性

化学稳定性是指称量形式不受空气中的水分、CO_2、O_2的影响。

3. 应具有尽可能大的摩尔质量

称量形式的摩尔质量越大，则被测组分在称量形式中的相对含量越小，可显著减少称量误差，提高分析结果的准确度。

例 7-1 测定 0.1000g 的 Al^{3+}时，分别选择 Al_2O_3(M=101.96g·mol^{-1}) 和 8-羟基喹啉铝（M = 459.44g·mol^{-1}）为称量形式，称量误差是否相同？哪种称量形式相对误差更小？

解： 0.1000g 的 Al^{3+}经沉淀、分离、洗涤、干燥或灼烧后，分别以 Al_2O_3 和 8-羟基喹啉铝为称量形式时的理论质量为

$$m_{Al_2O_3} = \frac{M_{Al_2O_3}}{2M_{Al}} m_{Al} = \frac{101.96}{2 \times 26.98} \times 0.1000 = 0.1890g$$

$$m_{Al(C_9H_6NO)_3} = \frac{M_{Al(C_9H_6NO)_3}}{M_{Al}} m_{Al} = \frac{459.44}{26.98} \times 0.1000 = 1.703g$$

则以 Al_2O_3 为称量形式的相对误差为

$$E_r = \frac{\pm 0.0002g}{0.1890g} \times 100\% = \pm 0.1\%$$

以 8-羟基喹啉铝为称量形式的相对误差为

$$E_r = \frac{\pm 0.0002g}{1.703g} \times 100\% = \pm 0.01\%$$

计算表明，分析 Al^{3+}样时，以 Al_2O_3 和 8-羟基喹啉铝为称量形式时相对误差分别为±0.1%和±0.01%。称量形式摩尔质量越大，测量误差越小。

四、重量分析法的计算

在重量分析法中，多数情况下获得的称量形式与待测组分的形式不同，这就需要将分析天平称得的称量形式的质量换算成待测组分的质量。设被测组分 A（摩尔质量 M_A），沉淀形式为 M，称量形式为 B（摩尔质量 M_B），其化学计量关系如下：

$$aA \rightarrow mM \rightarrow bB$$

则

$$n_A = \frac{a}{b} n_B，即$$

$$\frac{m_A}{M_A} = \frac{a}{b} \times \frac{m_B}{M_B}，变形为$$

$$m_A = \frac{aM_A}{bM_B} m_B$$

上式中，a、b、M_A 和 M_B 为定值，所以定义**换算因数 $\boldsymbol{F}$** 为

$$F = \frac{aM_A}{bM_B} \tag{7-1}$$

式（7-1）中，a、b 是被测组分 A 转化为称量形式 B 时两者的化学计量系数，可理解为使分

子（被测组分的摩尔质量）和分母（称量形式的摩尔质量）所含**主体元素**的原子个数相等时需要乘的系数。如被测组分 MgO，称量形式 $Mg_2P_2O_7$，对主体元素 Mg，要 2mol MgO 才能得到 1mol $Mg_2P_2O_7$，因此换算因数 F 应为

$$F=\frac{2M_{MgO}}{M_{Mg_2P_2O_7}}$$

被测组分质量与称量形式质量的换算关系用换算因数表示为

$$m_A = Fm_B \tag{7-2}$$

例 7-2　用沉淀重量法测定磁铁矿（Fe_3O_4）的含量。称取 1.5419g 试样用浓盐酸溶解后，得到 Fe^{2+}和 Fe^{3+}的混合溶液。加入 HNO_3 将 Fe^{2+}氧化为 Fe^{3+}，用氨水将 Fe^{3+}沉淀为 $Fe(OH)_3$。将沉淀过滤、洗涤和灼烧后得 0.8525g Fe_2O_3，计算 Fe_3O_4 的质量分数。已知 $M_{Fe_2O_3}=159.69g\cdot mol^{-1}$，$M_{Fe_3O_4}=231.55g\cdot mol^{-1}$。

解：从沉淀形式到称量形式，Fe 为主体元素，

$$2Fe_3O_4 \rightarrow 6(Fe^{2+}、Fe^{3+}) \rightarrow 6Fe^{3+} \rightarrow 6Fe(OH)_3 \rightarrow 3Fe_2O_3$$

即：

$$2Fe_3O_4 \rightarrow 3Fe_2O_3$$

根据式（7-1），$F=\dfrac{2M_{Fe_3O_4}}{3M_{Fe_2O_3}}=\dfrac{2\times 231.55}{3\times 159.69}=0.96667$

根据式（7-2），$m_{Fe_3O_4}=Fm_{Fe_2O_3}=0.96667\times 0.8525=0.82409g$

则 Fe_3O_4 的质量分数：$w_{Fe_3O_4}=\dfrac{m_{Fe_3O_4}}{m_s}\times 100\%=\dfrac{0.82409}{1.5419}\times 100\%=53.45\%$

例 7-3　称取 0.5000g 含有结晶水的纯净 $BaCl_2\cdot xH_2O$，得 $BaSO_4$ 沉淀 0.4777g，计算：（1）$BaCl_2$ 和结晶水的质量分数；（2）每分子氯化钡中含结晶水的分子数等于多少？已知：$M_{BaCl_2}=208.24g\cdot mol^{-1}$，$M_{BaSO_4}=233.39g\cdot mol^{-1}$，$M_{H_2O}=18.015g\cdot mol^{-1}$。

解：（1）因 $BaCl_2 \rightarrow BaSO_4$，Ba 为主体元素，

$$w_{BaCl_2}=\frac{Fm_{BaSO_4}}{m_s}\times 100\%=\frac{\dfrac{M_{BaCl_2}}{M_{BaSO_4}}m_{BaSO_4}}{m_s}\times 100\%$$

$$=\frac{0.4777\times\dfrac{208.24}{233.39}}{0.5000}\times 100\%=85.24\%$$

则，结晶水的质量分数

$$w_{H_2O}=100\%-85.24\%=14.76\%$$

（2）每分子氯化钡中水的分子数

$$n_{BaCl_2}:n_{H_2O}=\frac{w_{BaCl_2}m_s}{M_{BaCl_2}}:\frac{w_{H_2O}m_s}{M_{H_2O}}$$

$$=\frac{85.25\%}{208.24}:\frac{14.75\%}{18.015}=0.4094:0.8188=1:2$$

所以每分子氯化钡中含结晶水的分子数为 2。

第三节 沉淀的溶解度及其影响因素

一、沉淀的溶解度和固有溶解度

重量分析法中，沉淀的溶解损失是误差的主要来源之一，必须考虑影响沉淀溶解度的各种因素，以便选择和控制适宜的沉淀条件。

对于 MA 型难溶化合物（如 AgCl，$BaSO_4$ 等），在水中达到平衡时，有

$$MA(s) \rightleftharpoons MA(aq) \rightleftharpoons M^+ + A^-$$

其中 MA(aq) 可能是中性分子或离子对 $M^+ \cdot A^-$。MA(aq) 在一定温度下是常数，称为**固有溶解度**，以 S^0 表示。若溶液中没有影响溶解平衡的其它反应，则难溶化合物 MA 的溶解度 S 为 S^0 和离子 M^+或 A^-平衡浓度之和，即：

$$S = [MA] + [M^+] = S^0 + [M^+]$$

或

$$S = [MA] + [A^-] = S^0 + [A^-]$$

不同难溶化合物的 S^0 是不同的。有的难溶化合物的 S^0 较大，如 $HgCl_2$ 在室温下的 S^0 为 $0.25mol \cdot L^{-1}$，溶解部分主要以 $HgCl_2$ 分子型体存在，仅少量电离为 Hg^{2+}和 Cl^-。但大多数难溶化合物的固有溶解度相对较小，如 AgBr 和 AgI 的固有溶解度只占其溶解度的 0.1%～1%，相比之下，可以忽略不计。在后续讨论中，一般忽略固有溶解度对溶解度的影响，即近似为

$$S \approx [M^+] = [A^-] \tag{7-3}$$

二、溶度积和活度积

对于 MA 型难溶化合物，在水中达到平衡时，忽略固有溶解度，有

$$MA \rightleftharpoons M^+ + A^-$$

则**溶度积**为

$$K_{sp} = [M^+][A^-] \tag{7-4}$$

如果用离子的活度 a 替换式（7-4）中的平衡浓度，则有

$$K_{ap} = a_{M^+} a_{A^-} \tag{7-5}$$

定义 K_{ap} 为该难溶化合物的**活度积常数**，简称**活度积**。考虑活度与平衡浓度的关系，则得到 K_{sp} 与 K_{ap} 的关系

$$K_{sp} = [M^+][A^-] = \frac{a_{M^+}}{\gamma_{M^+}} \times \frac{a_{A^-}}{\gamma_{A^-}} = \frac{K_{ap}}{\gamma_{M^+}\gamma_{A^-}} \tag{7-6}$$

式（7-6）表明，溶度积 K_{sp} 除受温度影响外，还与离子强度有关。只有当温度和离子强度都一定时，K_{sp} 才是常数。常用难溶化合物的溶度积常数列入书后附录十一。

根据式（7-3）和式（7-6），MA 型难溶化合物的溶解度 S 与 K_{sp} 和 K_{ap} 的关系可表示如下：

$$S = [M^+] = [A^-] = \sqrt{K_{sp}} = \sqrt{\frac{K_{ap}}{\gamma_{M^+}\gamma_{A^-}}} \tag{7-7}$$

由于难溶化合物的溶解度较小，故通常忽略离子强度的影响，不加区别地用 K_{sp} 代替 K_{ap} 使用，仅在考虑离子强度的影响时才加以区分。

对于 M_mA_n 型沉淀的溶解度，则有平衡关系

$$M_mA_n \rightleftharpoons mM^{n+} + nA^{m-}$$

其溶度积表达式为

$$K_{sp}=[M^{n+}]^m[A^{m-}]^n \tag{7-8}$$

设该沉淀的溶解度为 $S(mol \cdot L^{-1})$，此时溶液中 M^{n+}和 A^{m-}的浓度分别为 $mS(mol \cdot L^{-1})$ 和 $nS(mol \cdot L^{-1})$，即：

$$[M^{n+}] = mS$$

$$[A^{m-}] = nS$$

代入式（7-8），得

$$K_{sp} = [M^{n+}]^m[A^{m-}]^n = (mS)^m(nS)^n = m^m n^n S^{m+n}$$

即：

$$S = \sqrt[(m+n)]{\frac{K_{sp}}{m^m n^n}} \tag{7-9}$$

三、条件溶度积

在固体 MA 沉淀溶解平衡中，除主反应外，也可能存在 M^+和 A^-的各类副反应。如 M^+的配位或水解效应及 A^-的酸效应等。为便于书写，以后忽略离子电荷。假设存在副反应时，M 和 A 在溶液中的各型体的总浓度分别为［M′］及［A′］，参考配位平衡的处理方法引入副反应系数 α_M 和 α_A

$$K_{sp}=[M][A]=\frac{[M']}{\alpha_M}\times\frac{[A']}{\alpha_A}$$

令

$$K'_{sp}=[M'][A'] \tag{7-10}$$

则有

$$K'_{sp} = K_{sp}\alpha_M\alpha_A \tag{7-11}$$

式（7-10）中，K'_{sp} 称为**条件溶度积**。式（7-11）表明了条件溶度积和溶度积的关系。

同理，可推导出 M_mA_n 型沉淀的条件溶度积 K'_{sp}

$$K'_{sp} = K_{sp}\alpha_M^m\alpha_A^n \tag{7-12}$$

式（7-11）及式（7-12）中，因为 α_M、α_A 均大于 1，故 $K'_{sp} > K_{sp}$，K'_{sp} 大小随着各种副反应条件改变而改变。

副反应的发生同时也影响沉淀溶解度，如对 MA 型沉淀的溶解度

$$S = [M']=[A'] = \sqrt{K'_{sp}} \tag{7-13}$$

对 M_mA_n 型沉淀，则有

$$S = \sqrt[(m+n)]{\frac{K'_{sp}}{m^m n^n}} \tag{7-14}$$

四、影响沉淀溶解度的因素

影响沉淀溶解度的因素有同离子效应、盐效应、酸效应和配位效应。另外，温度、介质、晶体颗粒的大小等对溶解度也有影响。

（一）同离子效应

沉淀一般为晶体，形成沉淀的离子称构晶离子。当沉淀溶解达到平衡时，向溶液中加入某一构晶离子（即同离子），致使沉淀平衡左移，溶解度降低的现象，称为**同离子效应**。重量分析法常利用同离子效应来降低沉淀溶解度，提高分析结果的准确度。

例 7-4 以 $BaSO_4$ 重量法测定 Ba^{2+}时，（1）如果在 200mL 试液中加入等物质的量的沉淀剂SO_4^{2-}，计算 $BaSO_4$ 的溶解度及沉淀溶解损失为多少？（2）如果加入过量的SO_4^{2-}，使沉淀后溶液中的 $[SO_4^{2-}] = 0.010mol \cdot L^{-1}$，则溶解度及沉淀溶解损失又为多少？

解（1）$BaSO_4$ 在纯水中沉淀溶解平衡时，不考虑 $BaSO_4$ 固有溶解度，溶解的 $BaSO_4$ 全部解离为 Ba^{2+}和SO_4^{2-}，则

$$S = [Ba^{2+}] = [SO_4^{2-}] = K_{sp}{}^{1/2} = 1.0 \times 10^{-5} mol \cdot L^{-1}$$

在 200mL 溶液中 $BaSO_4$ 的溶解损失量为：

$$1.0 \times 10^{-5} mol \cdot L^{-1} \times 200mL \times 233.4g \cdot mol^{-1} = 0.47mg$$

此值已超过了重量分析法对沉淀溶解损失量的许可。

（2）如果加入过量的SO_4^{2-}，使沉淀后溶液中的$[SO_4^{2-}] = 0.010mol \cdot L^{-1}$，则溶解度为：

$$S = [Ba^{2+}] = K_{sp}/[SO_4^{2-}] = 1.1 \times 10^{-8} mol \cdot L^{-1}$$

沉淀在 200mL 溶液中的损失量为：

$$1.1 \times 10^{-8} mol \cdot L^{-1} \times 200mL \times 233.4g \cdot mol^{-1} = 5.0 \times 10^{-4} mg$$

显然，此时溶解损失量仅为 5.0×10^{-4}mg，远小于 0.2mg，可以认为 $BaSO_4$ 沉淀完全，满足了沉淀重量法的误差要求。

在重量分析法中，利用同离子效应即加入过量沉淀剂，能有效降低溶解度，使被测组分沉淀完全。但也并非沉淀剂越多越好，因为有可能引起其它副反应，如盐效应、配位效应等。通常沉淀剂过量 50%～100%左右，对一些不易灼烧去除的沉淀剂，则一般过量 20%～30%为宜，以免影响沉淀的纯度。

（二）盐效应

沉淀溶解度随着溶液中电解质浓度的增大而增大的现象，称为沉淀溶解平衡中的**盐效应**。盐效应增大溶解度的原因可用式（7-7）解释，即当 K_{ap} 一定时，强电解质的浓度越大，活度系数越小，则溶解度增加越多。

在利用同离子效应降低沉淀溶解度时，有时也应考虑过量沉淀剂引起的盐效应问题。例如用 Na_2SO_4 作为沉淀剂来沉淀 Pb^{2+}时，$PbSO_4$ 在不同浓度的 Na_2SO_4 中的溶解度如表 7-2 所示。表 7-2 表明，$PbSO_4$ 在纯水中的溶解度为 $0.15mol \cdot L^{-1}$，具有较大的溶解度。Na_2SO_4 加入的初始阶段，$PbSO_4$ 溶解度显著下降，同离子效应占主导地位。但当 Na_2SO_4 浓度大于 $0.04mol \cdot L^{-1}$ 以后，$PbSO_4$ 溶解度随着 Na_2SO_4 浓度增大而增大，此时盐效应占据了主导作用。

表 7-2　$PbSO_4$ 在 Na_2SO_4 溶液中的溶解度

$c(Na_2SO_4)/mol \cdot L^{-1}$	0	0.001	0.01	0.02	0.04	0.10	0.20
$S(PbSO_4)/mol \cdot L^{-1}$	0.15	0.024	0.016	0.014	0.013	0.016	0.023

应当指出，如果沉淀本身溶解度很小，一般来讲，盐效应的影响很小，可以不考虑。只有当沉淀溶解度比较大，离子强度较高时，才考虑盐效应的影响。

（三）酸效应

溶液的酸度使沉淀溶解度增大的现象，称为沉淀溶解平衡中的**酸效应**。产生酸效应的原因是沉淀的构晶离子与溶液中的 H^+ 或 OH^- 发生了副反应。

例 7-5　比较 CaC_2O_4 在 pH = 7.00 和 pH = 2.00 时的溶解度。已知 $K_{sp(CaC_2O_4)} = 10^{-8.70}$，$H_2C_2O_4$ 的 $pK_{a1} = 1.22$，$pK_{a2} = 4.19$

解：CaC_2O_4 在溶液中达溶解平衡，由于 $C_2O_4^{2-}$ 发生酸效应，平衡右移，增大溶解度。

$$CaC_2O_4 \rightleftharpoons Ca^{2+} + C_2O_4^{2-}$$

$$C_2O_4^{2-} \overset{H^+}{\rightleftharpoons} HC_2O_4^-、H_2C_2O_4$$

设 CaC_2O_4 溶解度为 S，则

$$S = [Ca^{2+}] = [(C_2O_4^{2-})'] = [C_2O_4^{2-}]\alpha_{C_2O_4^{2-}(H)}$$

由于，$\beta_1^H = K_{a2}^{-1}$，$\beta_2^H = K_{a1}^{-1}K_{a2}^{-1}$

当 pH = 7.00 时，有

$$\alpha_{C_2O_4^{2-}(H)} = 1 + \beta_1^H[H^+] + \beta_2^H[H^+]^2 = 1 + 10^{4.19-7.00} + 10^{4.19+1.22-14.00} \approx 1$$

即在此条件下副反应可忽略不计，故

$$S = \sqrt{K_{sp}} = \sqrt{10^{-8.70}} = 4.5 \times 10^{-5}\ mol \cdot L^{-1}$$

当 pH = 2.00 时，同理可计算

$$\alpha_{C_2O_4^{2-}(H)} = 10^{2.26}$$

$$S = \sqrt{K_{sp}\alpha_{C_2O_4^{2-}(H)}} = \sqrt{10^{-8.70} \times 10^{2.26}} = 6.0 \times 10^{-4}\ mol \cdot L^{-1}$$

计算表明，由于 $C_2O_4^{2-}$ 发生酸效应，使溶解度增大了 10 倍以上。

（四）配位效应

若沉淀的构晶离子与溶液中存在的配体发生了配位反应，将促进沉淀溶解，甚至使沉淀完全溶解。

例 7-6　计算 AgBr 在 $0.10mol \cdot L^{-1}$ NH_3 溶液中的溶解度为纯水中的多少倍？已知：$K_{sp(AgBr)} = 5.3 \times 10^{-13}$，$[Ag(NH_3)_2]^+$ 的 $\beta_1 = 10^{3.32}$，$\beta_2 = 10^{7.23}$。

解：（1）AgBr 为 1:1 型沉淀，所以在纯水中的溶解度

$$S_1 = \sqrt{K_{sp}} = \sqrt{5.3 \times 10^{-13}} = 7.3 \times 10^{-7}\ mol \cdot L^{-1}$$

（2）在 $0.10mol \cdot L^{-1}$ NH_3 溶液中，Ag^+ 存在配位效应，故

$$\alpha_{Ag(NH_3)} = 1 + \beta_1[NH_3] + \beta_2[NH_3]^2 = 1 + 10^{3.32} \times 0.10 + 10^{7.23} \times (0.10)^2 \approx 1.7 \times 10^5$$

$$S_2 = \sqrt{K'_{sp}} = \sqrt{K_{sp}\alpha_{Ag(NH_3)}} = \sqrt{5.3 \times 10^{-13} \times 1.7 \times 10^5} = 3.0 \times 10^{-4}\ mol \cdot L^{-1}$$

则，AgBr 在 0.10mol·L^{-1} NH_3 溶液中的溶解度为纯水中的倍数为 $S_2/S_1 = 4.1\times10^2$，溶解度显著增大。

沉淀反应中，有些沉淀剂本身也是配体。此时，除了考虑同离子效应外也要考虑配位效应。例如 AgCl 沉淀在不同浓度 NaCl 溶液中的溶解度如表 7-3。当 NaCl 浓度较低时，AgCl 溶解度迅速下降，同离子效应占主导地位。但当 NaCl 浓度增大到一定程度后，Cl^-与 AgCl 可生成可溶性[$AgCl_2$]$^-$、[$AgCl_3$]$^{2-}$等，配位效应逐渐占据主要作用，溶解度增大。

表 7-3 AgCl 在 NaCl 溶液中的溶解度

c_{NaCl}/ 10^{-2}mol·L^{-1}	0	0.39	0.92	3.6	8.8	35	50
S_{AgCl}/ 10^{-2}mol·L^{-1}	1.3	0.072	0.091	0.19	0.36	1.7	2.8

（五）影响沉淀溶解度的其它因素

1. 温度的影响

溶解反应一般是吸热反应，因此，沉淀的溶解度一般是随着温度的升高而增大。所以对于溶解度较大的晶形沉淀，如 $MgNH_4PO_4$，应在室温下过滤和洗涤。如果沉淀的溶解度很小，例如，$Fe(OH)_3$、$A1(OH)_3$ 等；或者溶解度受温度影响很小的沉淀，可趁热过滤和洗涤。

2. 溶剂的影响

无机物沉淀多为离子型晶体，所以它们在极性较强的水中的溶解度大，而在有机溶剂中的溶解度小。有机物沉淀则相反。

3. 沉淀颗粒大小的影响

同一种沉淀，晶体颗粒越小，溶解度越大；晶体颗粒越大，溶解度越小。例如 $SrSO_4$ 沉淀，晶粒直径为 0.05μm 时，溶解度为 6.7×10^{-4}mol·L^{-1}；晶粒直径为 0.01μm 时，溶解度为 9.3×10^{-4} mol·L^{-1}。

4. 沉淀结构的影响

许多沉淀在初生成时为亚稳定型结构，经放置之后转变成溶解度更小的稳定型结构，例如：初生硫化钴沉淀为α-CoS 型，其 K_{sp} 为 4×10^{-20}，放置后转变为β-CoS 型，K_{sp} 为 7.9×10^{-24}。

第四节 沉淀的类型与形成机理

一、沉淀的类型

根据沉淀的物理性质，可粗略地分为晶形沉淀和无定形沉淀两类。

晶形沉淀构晶离子排列规则有序，晶体颗粒大，其粒径在 0.1～1μm 之间，易沉降、易分离，玷污少，是理想的沉淀形式。$BaSO_4$、$MgNH_4PO_4$ 等属于典型的晶形沉淀。

无定形沉淀颗粒很小，其粒径在 0.02μm 以下。沉淀颗粒排列杂乱无序，结构疏松，整个沉淀体积庞大，难沉降，不易分离，易玷污，包含大量溶剂分子。$Fe_2O_3\cdot nH_2O$，$Al_2O_3\cdot nH_2O$ 等属于典型的无定形沉淀。在重量分析中，应该注意掌握好沉淀条件，改善沉淀的物理性质。

有少数沉淀的物理性质介于上述两种类型之间，其粒径在 0.02～0.1μm 之间，称为**凝乳状沉淀**，如 AgCl。

二、沉淀的形成过程

沉淀的形成过程复杂，目前有关这方面的理论大都是定性理解或经验描述。图 7-2 示意了沉淀形成的大致过程。

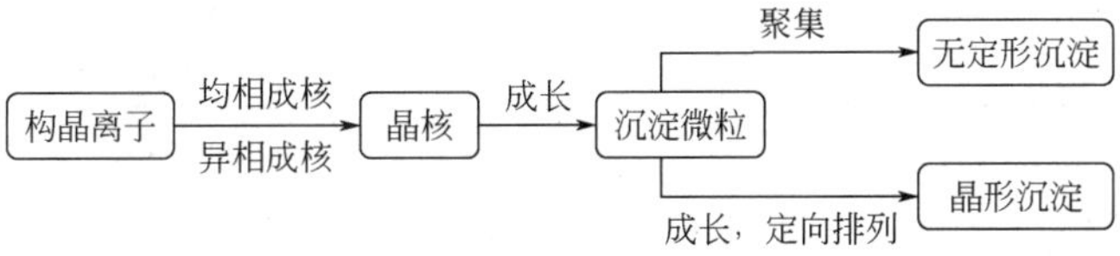

图 7-2　沉淀形成过程

（一）晶核的形成

过饱溶液中，构晶离子由于静电作用，自发地从均匀液相中缔合而形成**晶核**，这一过程叫做**均相成核**。一般认为晶核含有 4～8 个构晶离子或 2～4 个离子对。例如：$BaSO_4$的晶核由 8 个构晶离子（4 个离子对）组成。与此同时，在进行沉淀的介质和容器中不可避免地存在大量肉眼看不见的固体微粒。例如用一般方法洗涤后的烧杯中，每立方毫米溶液中就约有 2000 个不溶性杂质微粒，这些外来微粒在沉淀形成时常起晶种的作用，能够诱导构晶离子首先在其周围聚合为晶核。这种构晶离子在外来固体微粒的诱导下，聚合在固体微粒周围形成晶核的过程，称为**异相成核**。异相成核一般总比均相成核更加容易。

（二）晶体的成长过程

晶核形成之后，过饱和溶质向晶核表面扩散、聚集使晶核逐渐成长，到一定程度后就形成沉淀微粒。沉淀微粒与沉淀微粒之间有聚集为更大聚集体的倾向，这一过程称为**聚集过程**。在聚集的同时，沉淀微粒又有按一定的晶格排列而形成更大晶粒的倾向，这种定向排列的过程称为**定向**。沉淀微粒间聚集为主易形成无定形沉淀，沉淀微粒间定向为主易形成晶形沉淀。

（三）影响晶形的主要因素

1. 相对过饱和度

21 世纪初冯·韦曼（Von Weimarn）以 $BaSO_4$ 为对象研究了影响沉淀颗粒大小的因素，提出一个经验公式——**韦曼公式**

$$v = K\frac{Q-S}{S} \tag{7-15}$$

式（7-15）中，v 表示晶核形成的初始速率；Q 为加入沉淀剂瞬间溶质的总浓度；S 指晶核的溶解度；$Q-S$ 为过饱和度；$(Q-S)/S$ 为**相对过饱和度**；K 为与沉淀性质、介质、温度等因素有关的常数。韦曼公式的物理意义是沉淀生成的速率与沉淀的相对过饱和度成正比。

表 7-4 描述了相对过饱和度对 $BaSO_4$ 颗粒大小的影响。根据韦曼公式，当溶液相对过饱和度较小时，晶核形成的初速度较慢，此时异相成核是主要成核过程。由于溶液中外来固体颗粒的数目是有限的，构晶离子只能在有限的晶核上沉积长大，从而有可能得到较大的沉淀颗粒。如表 7-4 中，当相对过饱和度为 25 时，得到了大颗粒晶形 $BaSO_4$ 沉淀。反之，当溶液

的相对过饱和度逐步增大时，表 7-4 中 $(Q-S)/S$ 从 125 增加到 175000，则均相成核作用逐渐突出，晶核形成的初速率逐渐增大，产生晶核数量逐渐增多。由于溶液中晶核总数多，其余构晶离子分散生长，故只能得到较小颗粒的沉淀，甚至生成胶状沉淀。

表 7-4　相对过饱和度对 $BaSO_4$ 颗粒大小的影响

相对过饱和度 $(Q-S)/S$	沉淀颗粒的形状
175000	胶状沉淀
25000	凝乳状沉淀
125	细结晶状沉淀
25	大颗粒晶形沉淀

2. 临界过饱和值

实验证明，各种沉淀都有一个能大量地自发产生晶核的相对过饱和极限值，称为**临界过饱和值**。控制相对过饱和度在临界过饱和值以下，沉淀就以异相成核为主，常常得到大颗粒沉淀；若超过临界过饱和值，均相成核占优势，导致大量细小沉淀出现。不同的沉淀有不同的临界过饱和值，如 $BaSO_4$ 为 1000，$CaC_2O_4 \cdot H_2O$ 为 31，而 AgCl 仅为 5.5。因此在沉淀 $BaSO_4$ 时，只要控制试液和沉淀剂不太浓，比较容易保持过饱和度不超过临界值，得到晶形 $BaSO_4$ 沉淀。但沉淀 AgCl 时，临界过饱和值过小，通常只能得到凝乳状沉淀。

3. 定向和聚集速率

晶体成长时，如果沉淀微粒间的聚集速率大于定向速率，则相互间很快杂乱聚集，来不及按一定的顺序排列于晶格内，这时得到的是无定形沉淀。反之，如果定向速率大于聚集速率，即沉淀微粒仍有足够的时间按一定的顺序排列于晶格内，可以得到晶形沉淀。定向速率主要决定于沉淀物质的本性。一般极性强的盐类，如 $MgNH_4PO_4$、$BaSO_4$、CaC_2O_4 等具有较大的定向速率，易形成晶形沉淀。而氢氧化物的定向速率较小，其沉淀一般为非晶形的。特别是高价金属离子的氢氧化物，结合的 OH^- 越多，定向排列越困难，定向速率越小。

第五节　影响沉淀纯度的因素

重量分析法中，沉淀从溶液中析出时，或多或少地夹杂着溶液中的其它组分，污染沉淀。了解造成沉淀不纯的原因，采取减少杂质混入的措施和方法对重量分析结果十分重要。

一、共沉淀现象

在进行沉淀反应时，某些可溶性杂质随同沉淀一起析出，这种现象叫**共沉淀**。共沉淀现象主要是由于表面吸附、吸留与包夹和生成混晶所造成，是重量分析法中误差的主要来源之一。

（一）表面吸附

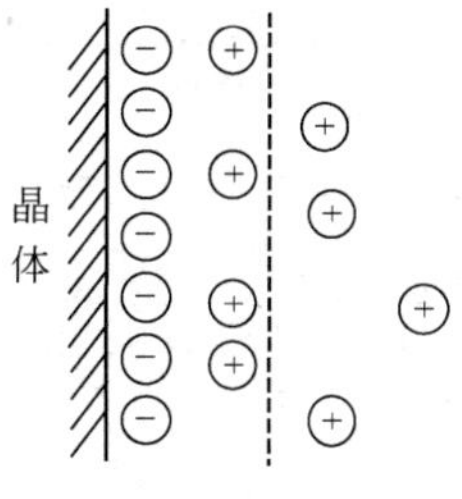

图 7-3 AgCl 沉淀表面吸附作用示意图

在沉淀中，构晶离子按一定规律排列，在晶体内部处于电荷平衡状态，但在晶体表面离子电荷则不完全平衡，势必导致表面吸附现象。图 7-3 为 AgCl 沉淀表面吸附作用示意图，AgCl 在过量 NaCl 溶液中，沉淀表面上的 Ag^+比较强地吸引溶液中的 Cl^-，组成吸附层。然后 Cl^-再通过静电力，进一步吸引溶液中的 Na^+、H^+等阳离子（称抗衡离子），组成扩散层。吸附层和扩散层共同组成沉淀表面的双电层，从而使电荷达平衡。双电层能随沉淀一起沉降，玷污沉淀。这种由于沉淀的表面吸附所引起的杂质共沉淀现象叫**表面吸附共沉淀**。

表面吸附是有选择性的，选择吸附的规律是：

（1）构晶离子首先被吸附。如 AgCl 沉淀容易吸附 Ag^+和 Cl^-；

（2）与构晶离子大小相近、电荷相同的离子容易被吸附。如 $BaSO_4$ 沉淀比较容易吸附 Pb^{2+}；

（3）共存离子价态越高越容易被吸附。例如：Fe^{3+}比 Fe^{2+}更容易被吸附；

（4）与构晶离子生成难溶化合物或解离度较小的化合物的离子也容易被吸附；

（5）沉淀的比表面积越大，吸附杂质的量越多。所以无定形沉淀较晶形沉淀吸附杂质多，细小的晶形沉淀较粗大的晶形沉淀吸附杂质多；

（6）杂质离子的浓度越大，被吸附的量也越多；

（7）溶液的温度也影响着杂质的吸附量，因为吸附作用是一个放热过程，所以溶液的温度越高，吸附的杂质量越少。

（二）吸留与包夹

在沉淀过程中，当沉淀剂的浓度较大、加入较快时，沉淀生长速度过快，则先被吸附在沉淀表面的杂质离子来不及离开沉淀，于是就陷入沉淀晶体内部，这种现象称为**吸留**。如留在沉淀内部的是母液，则称为**包夹**。

（三）生成混晶

每种晶形沉淀，都具有一定的晶体结构，如果杂质离子与构晶离子的半径相近，电子层结构相同，而且所形成的晶体结构也相同，则共存离子易进入晶格生成**混晶**。常见的混晶有 $BaSO_4$ 和 $PbSO_4$，AgC1 和 AgBr，$MgNH_4PO_4 \cdot 6H_2O$ 和 $MgNH_4AsO_4 \cdot 6H_2O$ 等。

二、后沉淀现象

当沉淀析出之后，在放置的过程中，溶液中的杂质离子慢慢沉淀到原沉淀上的现象，称为**后沉淀现象**。例如，在含有 Cu^{2+}、Zn^{2+}等离子的酸性溶液中，通入 H_2S 时最初得到的 CuS 沉淀中并不夹杂 ZnS。但是如果沉淀与溶液长时间接触，则由于 CuS 沉淀表面从溶液中吸附了 S^{2-}，而使沉淀表面上 S^{2-}浓度大大增加，致使 S^{2-}浓度与 Zn^{2+}浓度的乘积大于 Zn^{2+}的溶度积常数，于是在 CuS 沉淀的表面上，就析出 ZnS 沉淀。

三、提高沉淀纯度的措施

共沉淀和后沉淀现象是造成沉淀玷污的主要原因，为了得到纯净的沉淀，应针对上述原因采取相应措施，详见表 7-5。

表 7-5　提高沉淀纯度的措施

影响沉淀纯度因素		采取措施	原理、原因、目的或示例
共沉淀	表面吸附	对高浓度杂质，先沉淀被测组分	先沉淀杂质，势必吸附被测组分，造成负误差
		改变杂质组分存在状态	通过预氧化/还原或加入配体等降低杂质吸附能力。如 Fe^{3+}易被 $BaSO_4$ 沉淀吸附，可先将 Fe^{3+}预还原成 Fe^{2+}或与酒石酸形成配合物后，则可降低杂质铁的吸附
		选择适当的洗涤剂①	洗涤可使吸附杂质进入洗涤液
		生成晶形沉淀	晶形沉淀粒径大、比表面积小、纯净、易过滤洗涤
	吸留包夹	陈化②	小晶体溶解，大晶体长大，释放吸留杂质及包夹母液
		再沉淀③	通过溶解和再次沉淀去除吸留杂质及包夹母液
		生成晶形沉淀	晶形沉淀吸留与包夹少
	生成混晶	降低或分离去除杂质离子	杂质 Pb^{2+}易与 Ba^{2+}形成混晶，可将 Pb^{2+}形成 PbS，有效避免 Pb^{2+}与 Ba^{2+}形成混晶
		改变杂质组分存在状态	杂质 Ce^{3+}易与 La^{3+}形成混晶，可将 Ce^{3+}氧化成 Ce^{4+}，不再与 La^{3+}形成混晶
后沉淀		及时分离沉淀	Cu^{2+}、Zn^{2+}混合液，H_2S 沉淀 Cu^{2+}后应及时分离 CuS，减少 ZnS 后沉淀对 CuS 纯度影响

注：① 洗涤剂必须在灼烧或烘干时容易挥发除去。

② **陈化**：沉淀完成后，将沉淀和母液在一起放置一段时间，此过程称为陈化。其作用是使沉淀晶形完整、纯净，同时还可以使微小晶体溶解，大晶体成长更大。

③ **再沉淀**：将沉淀过滤洗涤之后，再重新溶解，使沉淀中残留的杂质进入溶液，然后第二次进行沉淀，这种操作叫做再沉淀。

第六节　沉淀条件的选择

为了获得纯净、易于过滤和洗涤的沉淀，对于不同类型的沉淀，应当采取不同的沉淀条件，以获得符合重量分析要求的沉淀。

一、晶形沉淀的沉淀条件

对于晶形沉淀来说，主要考虑的是如何获得较大的沉淀颗粒，以便使沉淀纯净并易于过滤和洗涤。但是，晶形沉淀的溶解度一般都比较大，应注意沉淀的溶解损失。表 7-6 列出了晶形沉淀的沉淀条件。

表 7-6　晶形沉淀的沉淀条件

沉淀条件	原理、原因、目的
适当的过饱和溶液（稀）	溶液过饱和度过大，晶核生成与聚沉速率大，易生成不定形沉淀 溶液过饱和度适当，晶核生成速率小于成长速率，易生成晶形沉淀 溶液过饱和度过低，则沉淀量少，增大相对误差
加热沉淀并冷却过滤（热）	热溶液使沉淀溶解度增加，降低溶液的相对过饱和度，易得晶形沉淀 加热可以减少杂质的吸附 为了防止沉淀在热溶液中的溶解损失，冷却后再过滤
缓慢加沉淀剂并迅速搅拌（慢、搅）	缓慢加入沉淀剂，可避免局部沉淀剂浓度过大 不断搅拌，可快速分散沉淀剂，防止溶液中局部沉淀剂过浓
陈化	陈化过程中，小颗粒晶体比大颗粒晶体溶解度大，小颗粒晶体不断溶解，构晶离子逐渐沉积到大颗粒晶体上，形成更大、更纯净、更完整的晶体

二、无定形沉淀的沉淀条件

无定形沉淀一般溶解度很小，颗粒微小体积庞大，不仅吸收杂质多，而且难以过滤和洗涤，甚至能够形成胶体溶液，无法沉淀出来。因此，对于无定形沉淀来说，主要考虑的是加速沉淀微粒凝聚，获得紧密沉淀，减少杂质吸附和防止形成胶体，至于沉淀的溶解损失，可以忽略不计。无定形沉淀的沉淀条件及相关原理可参考表 7-7。

表 7-7　无定形沉淀的沉淀条件

沉淀条件	原理、原因、目的
在浓溶液中进行沉淀	浓溶液中，过饱和度大，晶核生成与聚沉速率大，易生成不定形沉淀
加热沉淀并热过滤	加热可防止胶体生成；可使沉淀更紧密；可减少杂质的吸附；无定形沉淀溶解度小，可趁热过滤，并用热洗涤剂洗涤
加入电解质	可防止胶体生成。电解质应选可挥发性的盐类，如铵盐等
不必陈化	无定形沉淀久置会失去水分而聚集，使沉淀所吸附的杂质不易除去
再沉淀	无定形沉淀一般含杂质较多，可通过再沉淀提高准确度

三、均匀沉淀法

在进行沉淀的过程中，尽管沉淀剂的加入是在不断搅拌下进行的，但是在刚加入沉淀剂时，局部过浓现象总是难免的。为了消除这种现象可采用均匀沉淀法。

均匀沉淀法是先控制一定的条件，使加入的沉淀剂不能立刻与被检测离子生成沉淀，而是均匀分布于整个溶液中，再通过一种化学反应，使沉淀剂从溶液中缓慢地、均匀地产生出来，从而使沉淀在整个溶液中缓慢地、均匀地析出。均匀沉淀法可避免沉淀剂局部过浓的现象，获得颗粒较大、吸附杂质少、易于过滤和洗涤的晶形沉淀。

例如：测定 Ca^{2+}时，在中性或碱性溶液中加入沉淀剂 $(NH_4)_2C_2O_4$，产生的 CaC_2O_4 是细晶形沉淀。如果先将溶液酸化之后再加入 $(NH_4)_2C_2O_4$，则溶液中的草酸根主要以 $HC_2O_4^-$ 和 $H_2C_2O_4$ 形式存在，不会产生沉淀。混合均匀后，再加入尿素，加热煮沸，尿素逐渐水解：

$$CO(NH_2)_2 + H_2O = CO_2\uparrow + 2NH_3$$

生成的 NH_3 中和溶液中的 H^+，pH 渐渐升高，$C_2O_4^{2-}$ 的浓度渐渐增大，最后均匀而缓慢地析出 CaC_2O_4 沉淀，这样可得到粗大的晶形 CaC_2O_4 沉淀。

四、使用有机沉淀剂

用有机沉淀剂沉淀被分析物有以下独特的优点：

（1）生成的沉淀一般溶解度较小，有利于被分析物沉淀完全；

（2）生成的沉淀极性小，对杂质的吸附能力较弱，易于获得纯净的沉淀；

（3）生成的沉淀分子量一般较大，可减少称量的相对误差；

（4）有机沉淀剂品种多，选择性较高，便于选用。

常用的有机沉淀剂主要分为两大类：一类是可以与金属离子形成螯合物的有机沉淀剂，如丁二酮肟等；另一类是可以与金属离子生成离子缔合物的有机沉淀剂，如四苯硼酸钠等。

第七节 沉淀滴定法

沉淀滴定法是以沉淀反应为基础的一种滴定分析方法。用于沉淀滴定法的沉淀反应必须符合下列几个条件：（1）生成的沉淀具有恒定的组成；（2）沉淀溶解度足够小；（3）沉淀反应速率快；（4）有适当的确定滴定终点的方法。沉淀反应很多，但满足上述条件的沉淀反应并不多。目前应用最多的沉淀滴定法是**银量法**，主要依据 Ag^+与 X^-反应生成 AgX 沉淀建立沉淀滴定分析方法

$$Ag^+ + X^- \xlongequal{} AgX\downarrow$$

银量法根据确定终点所用的指示剂不同，按创立者名字命名而分为莫尔（Mohr）法、佛尔哈德（Volhard）法及法扬司（Fajans）法。

一、莫尔法

以铬酸钾（K_2CrO_4）为指示剂的银量法称为**莫尔法**。

（一）滴定原理

莫尔法通常以 $AgNO_3$ 为标准溶液直接测定 Cl^-。由于溶液中同时存在指示剂 CrO_4^{2-}，所以根据分步沉淀原理，AgCl 的溶解度（$1.33\times10^{-5}mol\cdot L^{-1}$）小于 Ag_2CrO_4 的溶解度（6.54×10^{-5} $mol\cdot L^{-1}$），所以 AgCl 首先沉淀出来

$$Ag^+ + Cl^- \xlongequal{} AgCl\downarrow(\text{白色}) \qquad K_{sp} = 1.77\times10^{-10}$$

到化学计量点时，Cl^-完全沉淀，则稍过量的 Ag^+就会与 CrO_4^{2-} 反应，生成砖红色的 Ag_2CrO_4 沉淀，借此指示滴定的终点

$$2Ag^+ + CrO_4^{2-} \xlongequal{} Ag_2CrO_4\downarrow(\text{砖红色}) \qquad K_{sp} = 2.0\times10^{-12}$$

（二）滴定条件

1. 指示剂用量适当

根据莫尔法原理，指示剂 CrO_4^{2-} 的浓度对指示终点影响较大。CrO_4^{2-} 的浓度太大，终点提前，而且 CrO_4^{2-} 本身的黄色也会影响终点的观察；CrO_4^{2-} 的浓度太小，会使终点滞后。适当的 CrO_4^{2-} 浓度可按以下思路进行确定。

理论上，沉淀反应化学计量点时有

$$[Ag^+]_{sp} = [Cl^-]_{sp} = \sqrt{K_{sp(AgCl)}}$$

此时溶液中 CrO_4^{2-} 的浓度应为

$$[CrO_4^{2-}] = \frac{K_{sp(Ag_2CrO_4)}}{[Ag^+]_{sp}^2} = \frac{K_{sp(Ag_2CrO_4)}}{K_{sp(AgCl)}} = \frac{2.0\times10^{-12}}{1.77\times10^{-10}} = 1.1\times10^{-2}\ mol\cdot L^{-1}$$

在实际滴定中，高浓度的 CrO_4^{2-} 黄色太深，不利于终点观察。实验表明，终点时 CrO_4^{2-} 浓度约为 $5\times10^{-3}mol\cdot L^{-1}$ 比较合适。

2. 溶液的酸度

莫尔法的滴定酸度一般控制在中性或微碱性，即 pH = 6.5～10.5，主要原因为：

（1）溶液的酸度太高，CrO_4^{2-} 因酸效应（$2CrO_4^{2-} + 2H^+ \xlongequal{} Cr_2O_7^{2-} + H_2O$）而浓度降低，

导致终点出现延后。

（2）溶液的碱性太强，则析出 Ag_2O 沉淀：$2Ag^+ + 2OH^- = Ag_2O\downarrow + H_2O$。

（3）铵盐的影响：如测定对象是 NH_4Cl，则适宜的酸度范围更窄，为 pH = 6.5～7.2。因为当 pH＞7.2 时，NH_4^+ 会转化为 NH_3，进而与 Ag^+ 易生成 $[Ag(NH_3)_2]^+$，使 AgCl 和 Ag_2CrO_4 溶解度增大，测定准确度下降。

3. 实验操作要求

由于 AgCl 沉淀容易吸附溶液中的 Cl^-，使溶液中的 Cl^- 浓度降低，以致终点提前。为此，滴定时必须剧烈摇动，以释放被吸附的 Cl^-。如果测定 Br^-，因其吸附作用比 Cl^- 更大，滴定时摇动更为剧烈。

4. 干扰离子

莫尔法的干扰离子较多，主要有以下几类：凡能与 Ag^+ 生成沉淀的阴离子如 PO_4^{3-}、AsO_4^{3-}、SO_3^{2-}、S^{2-}、CO_3^{2-}、$C_2O_4^{2-}$ 等；与 CrO_4^{2-} 能生成沉淀的阳离子如 Ba^{2+}、Pb^{2+} 等；大量的有色离子 Cu^{2+}、Co^{2+}、Ni^{2+} 等；在中性或微碱性溶液中易发生水解的离子如 Fe^{3+}、Al^{3+} 等。

（三）应用范围

（1）以 $AgNO_3$ 为标准溶液直接滴定 Cl^-、Br^- 和 CN^-。

（2）不适用于滴定 I^- 和 SCN^-。因为 AgI 吸附 I^- 和 AgSCN 吸附 SCN^- 更为严重，所以莫尔法不适合于碘化物和硫氰酸盐的测定。

（3）用莫尔法测定 Ag^+ 时，不能直接用 NaCl 标准溶液滴定，因为会先生成大量的 Ag_2CrO_4 沉淀。因此，如果用莫尔法测 Ag^+ 时，必须采用返滴定法，即先加一定体积过量的 NaCl 标准溶液，反应完全后再用 Ag^+ 标准溶液滴定剩余的 Cl^-。

二、佛尔哈德法

以铁铵矾 $NH_4Fe(SO_4)_2\cdot 12H_2O$ 为指示剂的银量法称为**佛尔哈德法**。佛尔哈德法分为直接滴定法和返滴定法。

（一）滴定原理

1. 直接滴定法

在酸性条件下，以铁铵矾作指示剂，用 KSCN 或 NH_4SCN 标准溶液滴定含 Ag^+ 的溶液，其反应式如下

$$Ag^+ + SCN^- = AgSCN\downarrow \text{(白色)}$$

当滴定到计量点附近时，Ag^+ 的浓度迅速降低，而 SCN^- 浓度迅速增加，于是微过量的 SCN^- 与 Fe^{3+} 反应生成红色 $[Fe(SCN)]^{2+}$，从而指示滴定终点：

$$Fe^{3+} + SCN^- = [Fe(SCN)]^{2+} \text{(红色)}$$

2. 返滴定法

返滴定法主要用于测定卤素或类卤离子（X）。首先在含 X 离子的酸性溶液中准确加入过量的 $AgNO_3$ 标准溶液，使生成 AgX 沉淀

$$X^- + Ag^+ \text{(定量且过量)} = AgX\downarrow$$

然后再以铁铵矾作指示剂，用 NH_4SCN 标准溶液滴定过量的 $AgNO_3$。其反应为

$$Ag^+(剩余) + SCN^- \rightleftharpoons AgSCN\downarrow$$
$$Fe^{3+} + SCN^- \rightleftharpoons [Fe(SCN)]^{2+}(红色)$$

必须指出，返滴定法中，AgX 溶解度应小于 AgSCN 的溶解度，否则 AgX 沉淀会转化为 AgSCN 沉淀，终点很难确定。例如 AgCl 的溶解度 $1.3\times10^{-5}mol\cdot L^{-1}$，大于 AgSCN 的溶解度 $1.0\times10^{-6}mol\cdot L^{-1}$，易发生沉淀转化反应

$$AgCl + SCN^- \rightleftharpoons AgSCN\downarrow + Cl^-$$

为避免上述现象发生，通常可采用以下两种措施：

（1）分离 AgCl 沉淀。主要操作是先将 AgCl 沉淀同溶液一起煮沸，使 AgCl 凝聚，滤去沉淀，并用稀 HNO_3 充分洗涤沉淀。然后再用 NH_4SCN 标准溶液滴定过量的 Ag^+。

（2）保护 AgCl 沉淀不与 SCN^-接触。在滴加 NH_4SCN 标准溶液前加入硝基苯，摇动使 AgCl 沉淀进入硝基苯层中，使 AgCl 不再与 SCN^-接触，即避免了上述沉淀的转化反应。

（二）滴定条件

1. 溶液的酸度

用铁铵矾作指示剂，因 Fe^{3+}易水解，所以必须在强酸性溶液（0.1～$1mol\cdot L^{-1}$）中进行。在强酸条件下滴定是佛尔哈德法的突出优点，许多干扰阴离子 PO_4^{3-}、CO_3^{2-}、CrO_4^{2-} 等在该酸度下主要以其弱酸的型体存在，不会与 Ag^+反应，因而不干扰 X^-的测定。

2. 吸附的影响

（1）用直接法滴定 Ag^+时，由于 AgSCN 沉淀易吸附溶液中的 Ag^+，可有效降低 Ag^+浓度，以至终点提前出现。所以在滴定时必须剧烈摇动，释放出吸附的 Ag^+。

（2）用返滴定法滴定 Cl^-时，为了避免破坏 AgCl 表面包覆的硝基苯层，应轻轻摇动。

3. 干扰

强氧化剂、氮的低价氧化物、铜盐、汞盐等能与 SCN^-起反应，干扰测定，必须预先除去。

（三）应用

（1）采用直接滴定法可测定 Ag^+等。

（2）采用返滴定法可测定 Cl^-、Br^-、I^-及 SCN^-等，也常用于有机氯化物如农药六六六粉等的测定，该法比莫尔法应用更为广泛。

三、法扬司法

用吸附指示剂确定终点的银量法称为**法扬司法**。**吸附指示剂**是一类有机化合物，当被吸附在沉淀表面上后，分子结构发生变化，从而引起颜色的改变。

（一）滴定原理

法扬司法原理以 $AgNO_3$ 滴定 Cl^-，采用荧光黄作吸附指示剂为例加以说明。荧光黄是一种有机弱酸，可用 HIn 表示，解离反应为

$$HIn \rightleftharpoons In^-(黄绿色) + H^+ \quad pK_a = 7$$

（1）在计量点以前，溶液中存在着过量的 Cl^-，AgCl 沉淀优先吸附构晶离子 Cl^-，形成 $AgCl\cdot Cl^-$而带负电荷，荧光黄阴离子 In^-不被吸附，溶液呈黄绿色。

（2）当滴定到计量点时，略过量的 Ag^+易被 AgCl 沉淀吸附形成表面带正电荷的 $AgCl\cdot Ag^+$

胶体，可强烈地吸附荧光黄阴离子，荧光黄阴离子被吸附之后，结构发生了变化而呈粉红色，从而指示滴定终点。吸附反应可表示为

$$AgCl \cdot Ag^+ + In^- \longrightarrow AgCl \cdot Ag \cdot In$$

(黄绿色)　(粉红色)

（二）滴定条件

1. 尽量使沉淀具有大的比表面积

由于吸附指示剂是吸附在沉淀表面上而变色，为了使终点的颜色变得更明显，使沉淀具有较大比表面积十分必要，这就需要使 AgCl 沉淀保持溶胶状态。所以滴定时一般先加入糊精或淀粉溶液等胶体保护剂，减少 AgCl 的凝聚。

2. 溶液的酸度

因被吸附型体是吸附指示剂的共轭碱，因此必须控制适当的酸度，使指示剂部分或全部解离形成阴离子。如荧光黄 $pK_a = 7$，酸度范围控制在 pH = 7.0～10.5，既保证荧光黄的解离，也保证了 Ag^+不水解。又如曙红的 $pK_a = 2$，则酸度范围控制在 pH = 2.0～10.5。

3. 指示剂吸附能力要适当

胶体微粒对指示剂的吸附能力应略小于对被测离子的吸附能力。卤化银对卤离子和几种常见吸附指示剂的吸附能力强弱次序是：

I^- ＞SCN^- ＞二甲基二碘荧光黄＞Br^-＞曙红＞Cl^-＞荧光黄

例如，当用 $AgNO_3$ 滴定 Cl^-时，可用荧光黄指示剂，但却不能用曙红作指示剂。因为曙红的吸附能力比 Cl^-强，在化学计量点之前就被氯化银胶粒吸附变色，导致终点提前。但是指示剂被吸附的能力也不能太弱，否则将导致终点延迟，并且变色不敏锐。表 7-8 列出了部分吸附指示剂及其应用。

表 7-8　吸附指示剂及其应用

指示剂	待测离子	滴定剂	适用 pH 范围
荧光黄	Cl^-	Ag^+	7～10
二氯荧光黄	Cl^-	Ag^+	4～10
曙红	Br^-、I^-、SCN^-	Ag^+	2～10
溴甲酚绿	SCN^-	Ag^+	4～5
二甲基二碘荧光黄	I^-	Ag^+	中性

思考题与习题

1. 什么叫沉淀滴定法？沉淀滴定法所用的沉淀反应必须具备哪些条件？

2. 写出莫尔法、佛尔哈德法和法扬司法测定 Cl^-的主要反应，并指出各种方法选用的指示剂和酸度条件。

3. 用银量法测定下列试样：（1）$BaCl_2$，（2）KCl，（3）NH_4Cl，（4）KSCN，（5）$NaCO_3$ + NaCl，（6）NaBr，各应选用何种方法确定终点？为什么？

4. 在下列情况下，测定结果是偏高、偏低，还是无影响？并说明原因。

（1）在 pH = 4 的条件下，用莫尔法测定 Cl^-；

（2）用佛尔哈德法测定Cl^-时，既没有滤去AgCl沉淀，又没有加有机溶剂包覆AgCl；

（3）同（2）的条件下测定Br^-；

（4）用法扬司法测定Cl^-，曙红作指示剂；

（5）用法扬司法测定I^-，曙红作指示剂。

5. 重量分析对沉淀的要求是什么？

6. 解释下列名词：

沉淀形式，称量形式，固有溶解度，同离子效应，盐效应，酸效应，配位效应，聚集速率，定向速率，共沉淀现象，后沉淀现象，再沉淀，陈化，均匀沉淀法，换算因数。

7. 活度积、溶度积、条件溶度积有何区别？

8. 影响沉淀溶解度的因素有哪些？

9. 简述沉淀的形成过程，形成沉淀的类型与哪些因素有关？

10. 简要说明晶形沉淀和无定形沉淀的沉淀条件。

11. $BaSO_4$和AgCl的K_{sp}相差不大，但在相同条件下进行沉淀，为什么所得沉淀的类型不同？

12. 影响沉淀纯度的因素有哪些？如何提高沉淀的纯度？

13. 说明沉淀表面吸附的选择规律，如何减少表面吸附的杂质？

14. 为什么要进行陈化？哪些情况不需要进行陈化？

15. 均匀沉淀法有何优点？

16. 计算$BaSO_4$的溶解度。

（1）在纯水中；

（2）考虑同离子效应，在$0.10mol\cdot L^{-1}$ $BaCl_2$溶液中。

17. 计算在pH = 2.00时的CaF_2溶解度。

18. 若 $[NH_3]+[NH_4^+]=0.10mol\cdot L^{-1}$，pH = 9.26，计算AgCl沉淀此时的溶解度。

19. 计算下列各组的换算因数。

	称量形式	测定组分
（1）	$Mg_2P_2O_7$	P_2O_5，$MgSO_4\cdot 7H_2O$
（2）	Fe_2O_3	$(NH_4)_2Fe(SO_4)_2\cdot 6H_2O$
（3）	$BaSO_4$	SO_3，S

20. 称取纯KIO_x试样0.5000g，将碘还原成碘化物后，用$0.1000mol\cdot L^{-1}$ $AgNO_3$标准溶液滴定，用去23.36mL。计算分子式中的x。

21. 称取NaCl基准试剂0.1173g，溶解后加入30.00mL $AgNO_3$标准溶液，过量的Ag^+需要3.20mL NH_4SCN标准溶液滴定至终点。已知20.00mL $AgNO_3$标准溶液与21.00mL NH_4SCN标准溶液能完全作用，计算$AgNO_3$和NH_4SCN溶液的浓度各为多少？

22. 称取银合金试样0.3000g，溶解后加入铁铵矾指示剂，用$0.1000mol\cdot L^{-1}$ NH_4SCN标准溶液滴定，用去23.80mL，计算银的质量分数（其它共存组分不干扰测定）。

23. 称取可溶性氯化物试样0.2266g用水溶解后，加入$0.1121mol\cdot L^{-1}$ $AgNO_3$标准溶液30.00mL。过量的Ag^+用$0.1185mol\cdot L^{-1}$ NH_4SCN标准溶液滴定，用去6.50mL，计算试样中氯的质量分数。

24. 测定硅酸盐中SiO_2的质量，称取试样0.5000g，得到不纯的SiO_2 0.2835g。将不纯的SiO_2用HF和H_2SO_4处理，使SiO_2以SiF_4的形式逸出，残渣经灼烧后为0.0015g，计算试样

中 SiO_2 的质量分数。若不用 HF 及 H_2SO_4 处理，测定结果的相对误差为多大？

25. 灼烧过的 $BaSO_4$ 沉淀为 0.5013g，其中有少量 BaS，用 H_2SO_4 润湿，过量的 H_2SO_4 蒸气除去，再灼烧后称得沉淀的质量为 0.5021，求 $BaSO_4$ 中 BaS 的质量分数。

26. 设有可溶性氯化物、溴化物、碘化物的混合物 1.200g，加入 $AgNO_3$ 沉淀剂使沉淀为卤化物后，其质量为 0.4500g，卤化物经加热并通入氯气使 AgBr、AgI 等转化为 AgCl 后，混合物的质量为 0.3300g，若用同样质量的试样加入氯化亚钯处理，其中只有碘化物转化为 PdI_2 沉淀，它的质量为 0.0900g。问原混合物中氯、溴、碘的质量分数各为多少？

27. 称取含有 NaCl 和 NaBr 的试样 0.6280g，溶解后用 $AgNO_3$ 溶液处理，得到干燥的 AgCl 和 AgBr 沉淀 0.5064g。另称取相同质量的试样一份，用 $0.1050mol\cdot L^{-1}$ $AgNO_3$ 标准溶液滴定至终点，消耗 28.34mL。计算试样中 NaCl 和 NaBr 的质量分数。

第八章

吸光光度法

吸光光度法(absorption photometry)是建立在物质对光的选择性吸收基础上的分析方法。根据物质吸收光的波长范围不同，吸光光度法可分为可见、紫外和红外吸光光度法等。吸光光度法的特点主要有：灵敏度高，检测试液的浓度下限可达 10^{-5}～$10^{-6}mol \cdot L^{-1}$，适用于微量组分的测定；吸光光度法测定的相对标准偏差约为 2%～5%；吸光光度法测定迅速，仪器操作简单，价格低，应用广泛，几乎所有的无机物质和许多有机物质的微量成分都能用此法进行测定；吸光光度法还常用于研究化学平衡等。因此吸光光度法理论及应用对生产或科学研究都有极其重要的意义。本章重点讨论可见光区的吸光光度法。

第一节 吸光光度法基本原理

一、物质对光的选择性吸收

（一）单色光、复合光和互补光

光是一种电磁波，它具有波粒二象性。可见光的波长范围为 400～750nm，对应光子能量为 3.1～1.7eV。理论上具有同一波长（λ）的光称为**单色光**，包含不同波长的光称为**复合光**。红、橙、黄、绿、青、蓝、紫等各色光为具有一定波长范围的可见光，并不是单色光。白光如太阳光是由不同波长的光按一定比例混合而成的复合光。研究表明，把两种特定颜色的光按一定比例混合可得到白光，这两种特定颜色的光称为**互补光**。物质的颜色是因其对不同波长的光的选择性吸收作用而产生的。当一束白光照射到某一物质上时，如果物质选择性地吸收了某一颜色的光，物质反射或透射的光就是互补光，则物质呈现出互补光的颜色。表 8-1 列出了物质的颜色和吸收光之间的关系。

表 8-1　物质颜色和吸收光之间的关系

物质颜色	吸收光	
	颜色	波长/nm
黄绿	紫	400～450
黄	蓝	450～480
橙	绿蓝	480～490
红	蓝绿	490～500
紫红	绿	500～560
紫	黄绿	560～580
蓝	黄	580～600
绿蓝	橙	600～650
蓝绿	红	650～750

（二）物质对光的选择性吸收

物质的分子内部具有一系列不连续的特征能级，包括电子能级（能级差一般为 1～20eV）、振动能级（能级差约为 0.05～1eV）和转动能级（能级差小于 0.05eV）。在同一电子能级中有若干振动能级，而在同一振动能级中又有若干转动能级，这些能级都是量子化的。当光照射某物质时，只有当光子的能量与物质分子某一能级差相等时，这一波长的光才能被吸收。也就是说，并不是任一波长的光都可以被该分子吸收。由于不同的物质分子结构不同，分子内各种特征能级不同，这就决定了分子对光的吸收具有选择性。如果分子吸收了紫外光和可见光，主要引起电子能级的跃迁，同时也伴随着分子振动能级和转动能级的跃迁，使得分子的吸收光谱并不是线状光谱，而是**带状光谱**。

（三）吸收曲线

分子对光的选择性吸收可用吸收光谱或吸收曲线来表达。如果改变照射某一有色物质的入射光波长λ，并记录该物质对不同波长光的吸收程度大小（吸光度 A），然后以λ为横坐标，A 为纵坐标作图，得到 A 随λ变化的曲线，称为**吸收光谱或吸收曲线**。吸收光谱反映了物质对不同波长光的吸收能力。图 8-1 为罗丹明B在可见光区的吸收光谱，由图可知，罗丹明B在400～450nm 和 600～750nm 波长处基本无吸收或吸收较弱，形成**波谷**；在 450～600 nm 波长处吸收强烈，形成**吸收峰**或**波峰**。由于罗丹明 B 分子吸收了蓝绿、绿及黄绿色光，所以罗丹明 B 显紫红色；在波长 554nm 处，罗丹明 B 具有最大吸光度，吸光度最大处的波长称**最大吸收波长**，用λ_{max}表示。

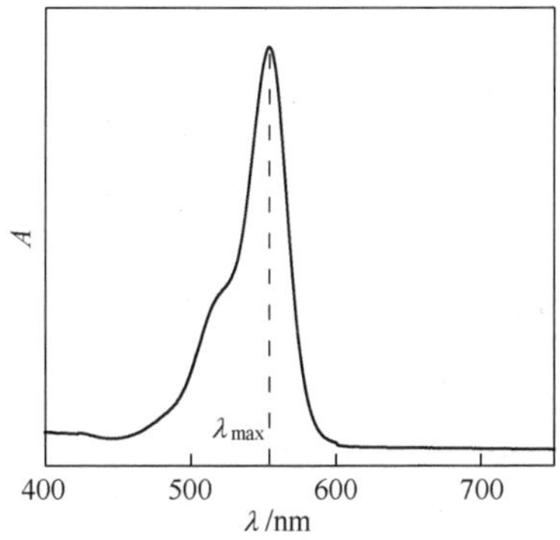

图 8-1 吸收曲线

不同的物质具有不同的特征能级，因此吸收光谱和最大吸收波长也不同。利用吸收光谱这一性质可对物质进行初步的定性分析。吸收光谱是吸光光度分析中选择测定波长的重要依据。通常选用最大吸收波长为测定波长，具有最高的灵敏度。

二、光吸收基本定律——朗伯-比尔定律

（一）透光率和吸光度

当一束平行单色光照射到溶液时，若不考虑光的反射，则入射光强度 I_0，吸收光强度 I_a，透射光强度为 I_t之间的关系为

$$I_0 = I_a + I_t \tag{8-1}$$

透射光的强度 I_t与入射光强度 I_0之比称为透光率(T)

$$T = \frac{I_t}{I_0} \tag{8-2}$$

透光率的负对数称为吸光度，用符号 A 表示，无量纲。

$$A = -\lg T = \lg\frac{I_0}{I_t} \tag{8-3}$$

（二）朗伯-比尔定律

1760 年朗伯（Lambert）指出溶液的吸光度与吸收介质厚度 b（又称**光程差**）成正比，称

朗伯定律。1852年比尔（Beer）指出吸光度与溶液浓度 c 成正比，称比尔定律。将两个定律合并称为**朗伯-比尔定律**，即：

$$A = Kbc \tag{8-4}$$

式（8-4）中，比例常数 K 称为**吸收系数**。K 值随 b、c 所取单位不同而异。通常 b 以 cm 为单位。当浓度 c 以 $g·L^{-1}$ 为单位时，K 值的单位为 $L·g^{-1}·cm^{-1}$。当浓度 c 以 $mol·L^{-1}$ 为单位时，K 用另一符号 ε 表示，ε 称为**摩尔吸光系数**，单位为 $L·mol^{-1}·cm^{-1}$。这时，朗伯-比尔定律可表示为

$$A = \varepsilon bc \tag{8-5}$$

ε 是吸收物质在一定波长和溶剂条件下的特征常数，数值上等于浓度为 $1mol·L^{-1}$，液层厚度为 1cm 时溶液的吸光度，反映了物质吸光能力的大小，可作为定性鉴定的依据。ε 常用于估量分析方法的灵敏度，ε 越大，表明该吸收物质对该波长吸收越强，测定该物质越灵敏。同一吸收物质在不同波长下的 ε 值是不同的。

ε 和 K 的关系为

$$\varepsilon = MK \tag{8-6}$$

式（8-6）中，M 为物质的摩尔质量。

例 8-1 用双硫腙测定 Cd^{2+} 溶液的吸光度 A 时，Cd^{2+} 的浓度为 $140\mu g·L^{-1}$，在 λ_{max} = 525 nm 波长处，用 b = 1cm 的吸收池，测得吸光度 A = 0.220，试计算摩尔吸光系数（Cd 的原子量为 112.41）。

解：Cd^{2+} 的浓度为 $140\mu g·L^{-1}$，与双硫腙作用生成等浓度配合物，即：

$$c = 140\times10^{-6}/112.41 = 1.25\times10^{-6} mol·L^{-1}$$

根据朗伯-比尔定律，有：

$$\varepsilon = A/bc = 0.220/(1\times1.25\times10^{-6}) = 1.77\times10^{5}\ L·mol^{-1}·cm^{-1}$$

在含有多种吸光物质的溶液中，由于各吸光物质对某一波长的单色光均有吸收作用，如果各吸光物质之间相互不发生化学反应，当某一波长的单色光通过这样一种溶液时，溶液总吸光度等于各吸光物质的吸光度之和。这一规律称为**吸光度的加和性**。

$$A = A_1 + A_2 + \cdots\cdots + A_n \tag{8-7}$$

式（8-7）中，下角标 1，2，…，n 指不同的吸收组分。

（三）偏离朗伯-比尔定律的原因

根据朗伯-比尔定律，在测量条件下，吸光度与浓度成正比。以吸光度 A 对浓度 c 作图应得到一条通过原点的直线，称为**标准曲线**，又称**校准曲线**或**工作曲线**。但在实际情况中，工作曲线经常出现弯曲的现象（图 8-2），即偏离朗伯-比尔定律。若在曲线偏离部分进行定量分析，就会产生测量误差。因此有必要了解偏离朗伯-比尔定律的原因，以便对测定条件作适当的选择和控制。

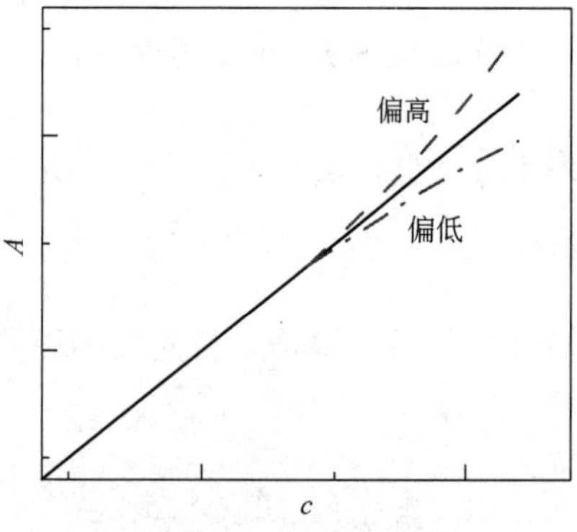

图 8-2 标准曲线及对朗伯-比尔定律偏离

导致偏离朗伯-比尔定律的原因是多方面的，讨论如下。

1. 非单色光引起的偏离

严格说来，朗伯-比尔定律只适用于单色光。但光度仪入射光实际为一很窄波段的谱带组成的复合光。由于

物质对不同波长的吸收具有选择性，因而引起了对朗伯-比尔定律的偏离。为讨论方便，假设入射光仅由两种波长λ_1和λ_2的光组成，则

对于单色光，设波长为λ_1，吸光度为A_1，则：$A_1 = \lg(I_{01}/I_{t1}) = \varepsilon_1 bc$，$I_{t1} = I_{01} \times 10^{-\varepsilon_1 bc}$

对于单色光，设波长为λ_2，吸光度为A_2，则：$A_2 = \lg(I_{02}/I_{t2}) = \varepsilon_2 bc$，$I_{t2} = I_{02} \times 10^{-\varepsilon_2 bc}$

当复合光时，入射光强度为（$I_{01} + I_{02}$），透射光强度为（$I_{t1} + I_{t2}$），因此，吸光度为

$$A_{总} = \lg[(I_{01}+I_{02})/(I_{t1}+I_{t2})] = \lg[(I_{01}+I_{02})/(I_{01}10^{-\varepsilon_1 bc} + I_{02}10^{-\varepsilon_2 bc})]$$

设$\varepsilon_1 - \varepsilon_2 = \Delta\varepsilon$，$I_{01} \approx I_{02}$

$$A_{总} = \lg[(2I_{01})/I_{t1}(1 + 10^{\Delta\varepsilon bc})] = A_1 + \lg 2 - \lg(1 + 10^{\Delta\varepsilon bc})$$

所以有：

（1）当$\Delta\varepsilon = 0$，$A_{总} = \varepsilon bc$，则吸光度与浓度呈直线关系。

（2）若$|\Delta\varepsilon|$很小时，即$\varepsilon_1 \approx \varepsilon_2$，入射光可近似认为是单色光。在低浓度范围内，朗伯-比尔定律不发生偏离。若浓度较高，即使$|\Delta\varepsilon|$很小，$A_{总} \neq A_1$，且随着c值增大，$A_{总}$与A_1的差异愈大，表现为A-c曲线上部（高浓度区）弯曲愈严重。故朗伯-比耳定律只适用于稀溶液。

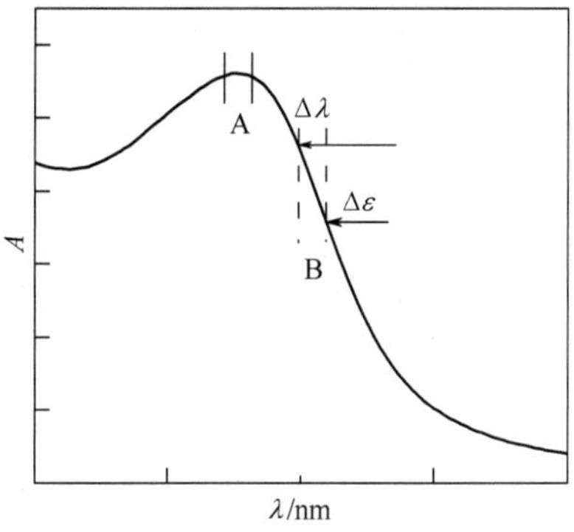

图 8-3 非单色光对朗伯-比尔定律的影响

（3）当$\Delta\varepsilon \neq 0$且$\Delta\varepsilon > 0$时，$\Delta\varepsilon bc > 0$，$\lg(1 + 10^{\Delta\varepsilon bc})$值随$c$值增大而增大，则标准曲线偏离直线向$c$轴弯曲，即负偏离。$|\Delta\varepsilon|$越大，偏离朗伯-比耳定律越严重。如图 8-3 所示，光谱带 A 和带 B 虽然具有相同的波长宽度（$\Delta\lambda$），但在整个 A 带内，$|\Delta\varepsilon|$较小，得到的工作曲线较符合朗伯-比耳定律。而在 B 带内，$|\Delta\varepsilon|$较大，得到的工作曲线偏离朗伯-比耳定律就严重得多。因此，一般吸收曲线的最大吸收峰顶部比较平缓，吸光度随波长变化小，选择该处的波长为入射波长，既可保证测定有较高的灵敏度，又可减少由非单色光引起的偏离。

2. 溶液浓度过高引起的偏离

朗伯-比耳定律一般只适用于浓度小于 0.01mol·L^{-1} 的稀溶液。因为浓度高时，吸光粒子间的平均距离减小，受粒子间电荷分布相互作用的影响，他们的摩尔吸光系数发生改变，导致偏离朗伯-比耳定律。因此，待测溶液的浓度应该控制在 0.01mol·L^{-1} 以下。

3. 由化学反应引起的偏离

解离、缔合、生成配合物或溶剂化等会对朗伯-比耳定律产生偏离。解离是偏离朗伯-比尔定律的主要化学因素，溶液浓度改变，解离程度也会发生变化，吸光度与浓度的比例关系便发生变化，导致偏离朗伯-比尔定律。溶液中有色质点聚合与缔合；形成新的化合物或互变异构；某些有色物质在光照下化学分解、自身氧化还原、干扰离子和显色剂作用等都会导致偏离朗伯-比尔定律。溶剂的性质也可能影响朗伯-比尔定律，例如，碘在四氯化碳溶液中呈紫色，在乙醇中呈棕色，在四氯化碳溶液中即使含有 1%乙醇也会使碘溶液的吸收曲线形状发生变化。

4. 介质不均匀性引起的偏离

朗伯-比尔定律适用于均匀、非散射的溶液。如果被测试液是胶体溶液、乳浊液或悬

浮液，则入射光通过溶液后，除了一部分被试液吸收，还会有反射、散射使光损失，导致透光率减小，吸光度增大，造成标准曲线向吸光度轴弯曲，故吸光光度法应避免溶液产生胶体或浑浊。

第二节 分光光度计及其基本组成

一、分光光度计基本结构

吸光度的测定使用分光光度计。分光光度计种类和型号较多，如单光束分光度度计、双光束分光度度计、双波长分光度度计、光学多通道分光光度计等。各种类型的分光光度计就其基本结构而言，均由光源、单色器、吸收池、检测器和指示器五部分组成。

二、分光光度计主要部件

1. 光源

分光光度计的光源必须能够在所需波长范围内发射出具有足够强度的、稳定的连续光谱。可见光区常用**钨灯**作为光源，其辐射波长范围在 320～2500nm。紫外区用**氢灯**或**氘灯**，发射 185～400nm 的连续光谱。

2. 单色器

单色器是一种将复合光分解成单色光并可从中选出一任意波长单色光的光学系统。分光光度计的单色器通常由入射狭缝、准直镜、色散元件、聚焦镜和出射狭缝组成，见图 8-4。色散元件是单色器的核心，常用棱镜或光栅。棱镜根据光的折射原理将复合光色散为不同波长的单色光。光栅根据光的衍射和干涉原理将复合光分解成单色光，光栅一般具有比棱镜更好的色散和分辨能力。经单色器获得的单色光经过一个很窄的入射狭缝照射到吸收池上。

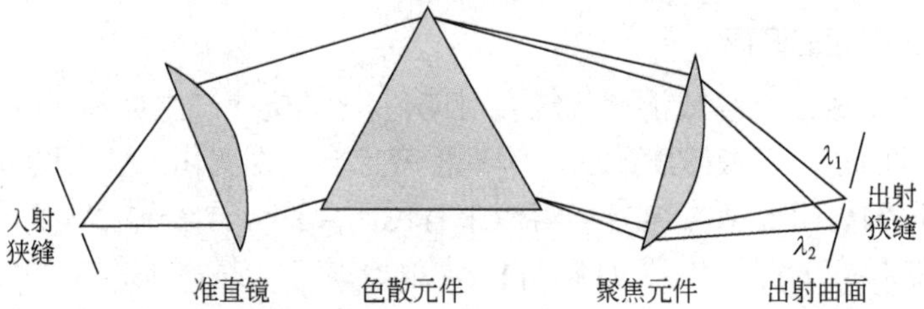

图 8-4 棱镜单色器

3. 吸收池

吸收池又称**比色皿**，是由玻璃或石英制成的用于盛放试液的透明容器。在紫外区须采用石英比色皿，可见光区一般用玻璃比色皿。通常随仪器配有厚度（光程长度）为 0.5cm、1cm、2cm 和 3cm 四种规格的比色皿。比色皿表面对入射光有一定的反射作用，选用时用同质和同厚度的比色皿分别盛装试液和参比溶液，以抵消因反射光引起的误差。

4. 检测器

光电检测器将光强度转换成电流来测量吸光度。光电检测器对测定波长范围内的光有快速、灵敏的响应，产生的光电流与照射于检测器上的光强度成正比。光电检测器分为光电管和光电倍增管。光电倍增管在现代分光光度计中广泛采用。

5. 指示器

指示器又称**信号显示系统**，其作用是检测光电流强度大小，并以吸光度或透光率的形式显示或记录下来。现代分光光度计广泛采用数字电压表、示波器及计算机等进行信号处理和显示。

第三节 显色反应及显色条件的选择

在可见吸光光度法中，对于吸光能力强的有色组分，可直接用分光光度计测定。若被测组分本身无色或浅色，则通过显色反应形成稳定的、具有特征颜色的有色物质后，再进行测定。将无色或浅色组分转变为有色化合物的反应称为**显色反应**，与待测组分形成有色化合物的试剂称为**显色剂**。

一、显色反应的选择

显色反应主要有氧化还原反应、配位反应及离子缔合反应等。如钢中少量锰含量的测定时，可用 $(NH_4)_2S_2O_8$ 将 Mn^{2+}氧化为紫红色 MnO_4^-，通过测定 MnO_4^- 定量钢中锰含量。又如，微量铁的测定可用有机配体邻二氮菲（phen）在一定条件下与 Fe^{2+}生成红色配合物显色。有关显色反应方程式如下

$$2Mn^{2+} + 5S_2O_8^{2-} + 8H_2O \xlongequal{} 2MnO_4^-(\text{红色}) + 10SO_4^{2-} + 16H^+$$

$$3\text{phen} + Fe^{2+} \xlongequal{} [Fe(\text{phen})_3]^{2+}(\text{红色})$$

对于显色反应，一般应满足下列要求。

（1）选择性好。一种显色剂最好只与被测组分起显色反应。干扰少，或干扰容易消除。

（2）灵敏度高。吸光光度法一般用于微量组分的测定，故一般选择生成具有高吸光度的有色化合物的显色反应，一般ε 值应达到 10^4～10^5。例如，苦胺 R 在 $0.7mol \cdot L^{-1}$ HCl 介质中显色 Cu^{2+}，ε 值为 $2.8\times10^4\ L \cdot mol^{-1} \cdot cm^{-1}$。

（3）有色化合物的组成要恒定，化学性质稳定。此类化合物可以保证在测定过程中吸光度基本不变，保证测定结果的准确度及精密度。

（4）有色化合物与显色剂之间颜色差别要大。通常要求有色化合物与显色剂的最大吸收波长之差在 60 nm 以上，这样显色时的颜色变化鲜明，试剂空白一般较小。

在各种显色反应中，配位反应最为重要，其中多元配合物体系在光度分析中发展较快且应用较为普遍。多元配合物是由三种或三种以上的组分所形成的配合物。目前应用较多的是由一种金属离子同时与两种不同的配体形成**三元配合物**。以下简要介绍三元配合物的分析特性。

（1）三元配合物比较稳定，可提高分析测定的准确度和重现性。例：Ti-EDTA-H_2O_2三元配合物的稳定性比Ti-EDTA和Ti-H_2O_2二元配合物的稳定性分别增加约1000倍和100倍。

（2）三元配合物比二元配合物具有更高的灵敏度和更大的对比度。灵敏度通常可提高1～2倍，有时甚至提高5倍以上。例如稀土元素与二甲酚橙在pH=5.5～6形成红色螯合物，显色的灵敏度不够。当pH = 8～9，加入溴化十六烷基吡啶后，生成蓝紫色三元配合物，灵敏度提高数倍，适用于痕量稀土元素总量的测定。

（3）比二元体系具有更高的选择性。一种配体通常可以和多种金属离子配位，但多种配体则减少了金属离子形成类似配合物的可能性。如铌和钽都可以和邻苯三酚生成二元配合物，但是在草酸介质中，只有钽能与邻苯三酚形成黄色的钽-邻苯三酚-草酸三元配合物，铌则不形成类似的配合物。

二、显色剂

显色剂可分为无机和有机显色剂。许多无机试剂能与金属离子起显色反应，如用KSCN作为显色剂测铁、用钼酸铵作显色剂测硅、磷等，但多数无机显色剂的灵敏度和选择性都不高，限制了无机显色剂的应用。

有机显色剂在显色反应中广泛应用。有机显色剂分子中含有生色团和助色团，生色团是某些含不饱和键的基团，如偶氮基（—N═N—）、醌基、硫羰基等；助色团是某些含有孤对电子的基团，如氨基、羟基以及卤代基等，它们与生色团上的不饱和键相互作用，可以影响有机化合物对光的吸收，使颜色加深。有机显色剂种类很多，简单介绍几种：

1. 偶氮类显色剂

分子中含有偶氮基，分子本身具有一定颜色，在一定条件下能与某些金属离子作用，使颜色发生明显变化。偶氮类显色剂性质稳定、显色反应灵敏度高，选择性好及对比度大，是应用最广泛的一类显色剂。其中以偶氮胂Ⅲ等最为突出，可在强酸性溶液中与Th、Zr、U等生成稳定的有色配合物，也可以在弱酸性溶液中与稀土金属离子生成稳定的有色配合物。

2. 三苯甲烷类显色剂

三苯甲烷类显色剂如铬天青S、二甲酚橙、结晶紫和罗丹明B等，种类多，应用广。铬天青S可与许多金属离子及阳离子表面活性剂如氯化十八烷基三甲基胺、溴化十六烷基三甲基胺等形成三元配合物，其ε值可达10^4～10^5数量级，十分灵敏。目前铬天青S常用来测定铍和铝。

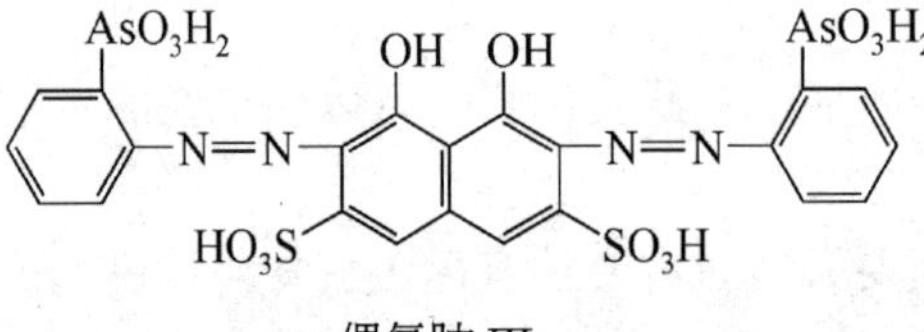

偶氮胂Ⅲ

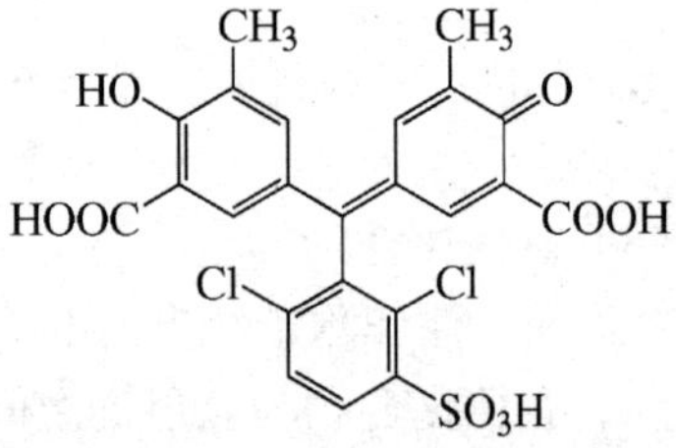

铬天青S

三、显色条件的选择

显色反应能否满足光度法的要求，除了主要与显色剂的性质有关系外，控制好显色反应的条件也是十分重要的。显色条件包括显色剂用量、酸度、显色温度、显色时间及干扰的消除等。

（一）显色剂用量

现以配位显色反应为例阐明实验法确定显色剂最佳用量。设配位反应按下式进行

$$M + nR \xlongequal{} MR_n(\text{显色})$$

为保证待测离子 M 与配体 R 全部反应转化为有色配合物 MR_n，加入适当过量的显色剂是必要的，但过量多少，要通过实验绘制 A-c_R 曲线来确定，如图 8-5 所示。图 8-5（a）曲线表明，当显色剂浓度在 0～a 范围内时，显色剂用量不足，随着显色剂浓度增加，显色反应正向进行，有色生成物浓度增加，吸光度增加。a～b 范围内吸光度最大且稳定，因此可在 a～b 范围内选择合适的显色剂用量。图 8-5（b）曲线表明，当显色剂用量在 a'～b'这一较窄范围内时吸光度最大且稳定，其余吸光度都下降，因此必须严格控制显色剂用量。如果出现图 8-5（c）曲线情况，即吸光度随着显色剂浓度增加而不断增加，不出现较稳定的区域，则测定条件很难控制，一般这样的显色反应不适用于光度分析，需另找显色剂。

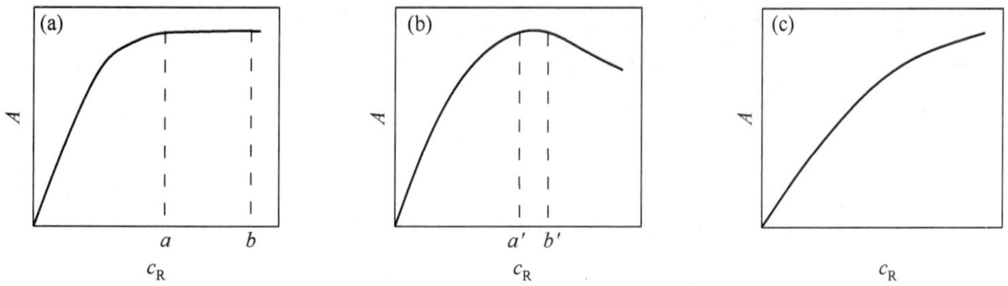

图 8-5 显色剂浓度对吸光度的影响

（二）溶液酸度

溶液酸度对显色反应的影响很大，可从金属离子、显色剂及有色配合物三方面考虑。

（1）影响金属离子水解。大部分高价金属离子都易水解，影响显色反应。

（2）影响显色剂平衡浓度。显色剂多是有机弱酸，溶液的酸度影响着显色剂各型体平衡浓度，并影响显色反应的完全程度。此外，许多显色剂本身就是酸碱指示剂，溶液的酸度对显色剂本身的颜色会产生改变，影响显色剂与配合物之间的颜色对比度，进而影响测定的结果。

（3）影响配合物的组成及稳定性。某些逐级配合物的显色反应，酸度不同，配合物的配比往往不同，颜色不同。例如磺基水杨酸与 Fe^{3+}的显色反应，当溶液 pH 为 1.8～2.5，5.4～8，8～11.5 时，将分别生成配比为 1:1（紫红色）、1:2（棕褐色）和 1:3（黄色）三种颜色的配合物。

显色反应最适宜的酸度可通过实验来确定。方法是固定待测组分及显色剂浓度，改变溶液 pH，测定其吸光度 A，绘制 A-pH 曲线。在 A-pH 曲线中，吸光度最大且较恒定的 pH 范围即是显色反应适宜的酸度范围。

（三）显色时间

有些显色反应较慢，需放置使其显色完全。有些显色配合物不够稳定，放置后会产生部分分解，导致吸光度降低，因此适宜的显色时间必须通过实验来确定。从加入显色剂计算时

间，每隔几分钟测定一次吸光度，绘制 *A-t* 曲线，来确定适宜的时间。

（四）显色温度

显色反应一般在室温下进行，但有的反应则需要加热，以加速显色反应进行完全；有的有色物质当温度高时容易分解。为此对不同的反应，应通过实验做 *A-T* 曲线找出适宜的温度范围。

（五）有机溶剂和表面活性剂

有机溶剂可以降低有色化合物的解离度，从而提高显色反应的灵敏度。此外，有机溶剂还可以影响显色反应速率，影响配合物的颜色、溶解度和组成等。表面活性剂具有胶束增溶增敏作用，可以提高显色反应的灵敏度，增加有色化合物的稳定性。合适的溶剂、表面活性剂及用量都可用实验来确定。

（六）共存离子的干扰

在光度法中，体系中时常存在其它共存组分或干扰组分。如果这些组分本身有颜色，或者能与显色剂反应生成有色化合物，或者与显色剂反应，使显色剂或被测组分的浓度降低，或者在显色条件下，共存组分发生水解、生成沉淀等，都将影响测定结果。

为消除共存离子干扰，常通过控制显色反应的酸度、加入掩蔽剂，通过离子交换、沉淀分离或溶剂萃取法等来消除干扰。

1. 控制显色反应的酸度

控制显色反应的酸度是消除共存组分干扰简便而重要的方法。它实质上是根据各种离子与显色剂所形成配合物稳定性的差异，利用酸效应来控制显色反应的完全程度，从而消除干扰，提高选择性。如用二苯硫腙法测定 Hg^{2+}时，在 $0.5mol\cdot L^{-1}$ 介质中可消除多种共存离子干扰。

2. 配位掩蔽法

掩蔽剂的作用是与体系中干扰物质发生配位反应，降低干扰物质的浓度，减少对待测组分的影响。如用 SCN^-测定钴时，共存离子 Fe^{3+}也能与 SCN^-生成红色配合物，产生干扰。可用 F^-做掩蔽剂与 Fe^{3+}生成稳定配合物消除干扰。对掩蔽剂的要求是不与待测组分发生反应，掩蔽剂及其与干扰物质形成的配合物不影响待测组分的测定。

3. 氧化还原掩蔽法

利用氧化剂或还原剂改变干扰离子的价态，使其不影响待测组分的测定。例如，用铬天青 S 测定 Al(Ⅲ)时，Fe(Ⅲ)有干扰，可加入抗坏血酸使其还原为 Fe(Ⅱ)而消除干扰。

另外，选择多元配合物体系、选择适当的测量波长和参比溶液等也是重要的消除干扰的策略。如果上述方法都不能使用，也可采用预分离的方法，如萃取分离、色谱分离、沉淀分离、离子交换、蒸馏等方法，将干扰组分与待测组分分开，然后进行分光光度测定。

第四节 吸光度测量条件的选择及误差控制

光度分析中，为使测得的吸光度有较高的灵敏度和准确度，必须选择合适的吸光度测量条件，包括测量波长的选择、参比溶液的选择及吸光度读数范围的选择等。

一、测量波长的选择

测量波长一般选择λ_{max}作为入射光波长，称为“最大吸收原则”。其优点在于测量结果具有较高灵敏度，而且能够减少或消除由非单色光引起的对朗伯-比尔定律的偏离。但是，如果在最大吸收波长处有其它吸光物质干扰测定，则应根据“吸收最大，干扰最小”原则来选择入射波长。如图 8-6 所示，如果选择显色产物最大吸收波长λ_{max}进行测定，则显色剂在该处也有吸收，产生干扰。但如果选择λ_1作为测量波长，灵敏度虽有所下降，却消除了显色剂吸收造成的干扰，提高了测定的准确度和选择性。

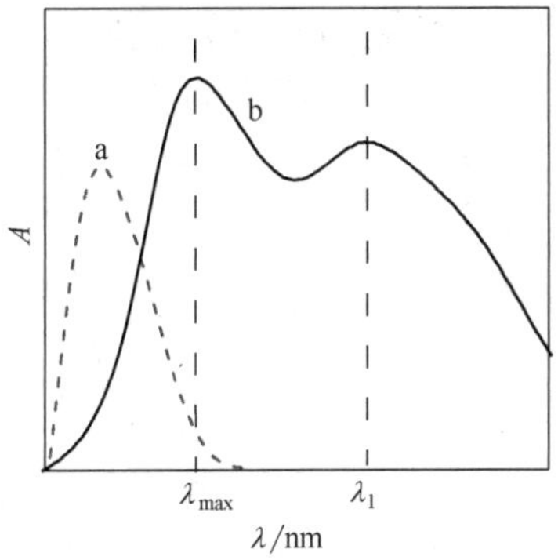

图 8-6　测量波长选择示意图

a 显色剂吸收光谱；b 显色产物吸收光谱

二、参比溶液的选择

参比溶液又称**空白溶液**，用以调节仪器的工作零点，以消除由于吸收池、溶剂和试剂对光的吸收、反射、散射以及各种干扰等所造成的误差。考虑吸光度具有加和性，则样品及各干扰总吸光度 A

$$A = A_{待测组分} + A_{干扰} + A_{池}$$

因此，吸收池及各种干扰所造成的误差，应通过参比来加以消除

$$A_{参比} = A_{干扰} + A_{池}$$

参比溶液作用十分重要，参比溶液的选择原则是“扣除非待测组分的吸收”。因此不同分析对象应视具体情况选用参比溶液，具体可参考表 8-2。盛放参比溶液的吸收池一般采用光学性质相同、厚度相同的比色皿。

表 8-2　参比溶液选择

试液	显色剂	溶剂	吸光物质	参比液组成
无吸收	无吸收	无吸收	吸收	溶剂
基质吸收	无吸收	无吸收	吸收	不加显色剂的试液
无吸收	吸收	无吸收	吸收	显色剂
基质吸收	吸收	无吸收	吸收	试液 + 待测组分的掩蔽剂 + 显色剂

三、吸光度读数范围的选择

吸光度的实验测量值总存在着误差，测量误差不仅与仪器质量有关，还与被测溶液的吸光度大小有关。设待测液服从朗伯-比尔定律，则

$$-\lg T = \varepsilon bc$$

微分，得

$$-\mathrm{d}\lg T = -0.4343\mathrm{d}\ln T = -0.4343\frac{\mathrm{d}T}{T} = \varepsilon b\mathrm{d}c$$

两式相除，整理后得

$$\frac{dc}{c}=\frac{0.4343}{T\lg T}dT$$

以有限值表示

$$\frac{\Delta c}{c}=\frac{0.4343}{T\lg T}\Delta T \tag{8-8}$$

上式表明，浓度的相对误差 E_r（$\Delta c/c$）与透光率 T 有关，也与透光率绝对误差ΔT有关。

ΔT是由仪器刻度读数所引起的误差。一般分光光度计的ΔT 约为±0.2%～±2%，是与透光率值无关的常数，实际上由仪器的水平确定，仪器越高档，ΔT 越小。假定ΔT = ±0.5%，按式（8-8）计算出不同的 T 值时浓度的相对误差$|\Delta c/c|$，并作图，得图 8-7。

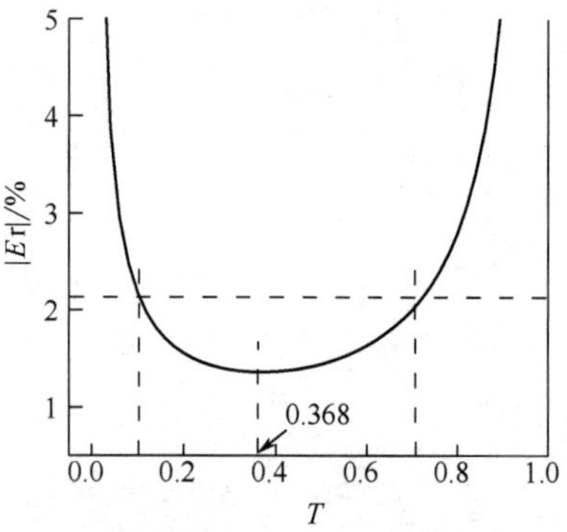

图 8-7 不同透光率下的浓度相对误差（ΔT =±0.5%）

由图 8-7 可知，当透光率 T = 70%～10%时或吸光度 A=0.15～1.0 的范围时，浓度测量相对误差约为±1.4%～±2.2%。当透光率 T>70%或 T<10%时，即吸光度 A<0.15 或 A>1.0 时，浓度测量相对误差会快速增大。当 T=0.368（A= 0.4342）时，由于仪器自身ΔT 引起的浓度测量相对误差最小。

在实际工作中，应参照仪器说明书，控制在适宜的吸光度范围内进行测定。通常方法是改变待测液浓度或改变比色皿厚度，使吸光度具有较小的相对误差。

第五节 吸光光度法的应用

吸光光度法主要应用于微量组分的测定，也能用于多组分分析及研究化学平衡、配合物组成等。

一、定量分析

（一）单一组分分析

单一组分分析方法有标准曲线法和标准对照法。

1. 标准曲线法

配制一系列浓度不同的标准溶液，在λ_{max} 处分别测量它们的吸光度。以标准溶液的浓度为横坐标，相应的吸光度为纵坐标作图，得到一条标准曲线，然后在相同条件下测量待测溶液的吸光度，从标准曲线上查得待测溶液的浓度。

例 8-2 有一系列标准 Fe^{3+}溶液，浓度（μg·mL^{-1}）分别为 2、4、6、8、10、12、14，测得其吸光度分别为 0.101、0.203、0.304、0.405、0.507、0.608 和 0.709，有一液体试样，在同一条件下测得其吸光度为 0.510，请用作图法求试样溶液中铁含量为多少？

解：根据 Lambert-Beer 定律，作 Fe^{3+}标准溶液的 A-c 图

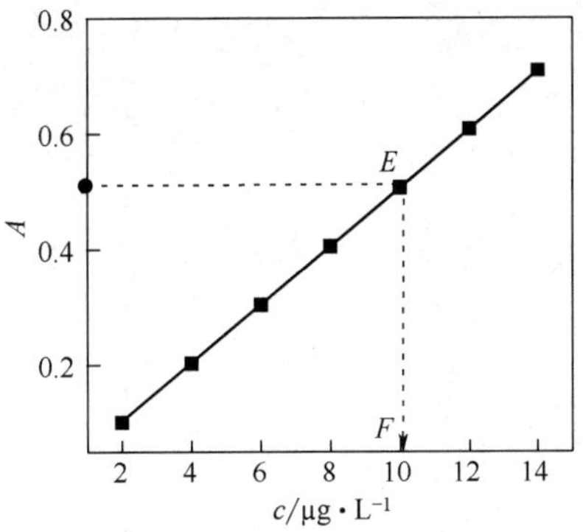

由于样品吸光度为 0.510，在纵坐标作通过该点且平行于横坐标的直线，交标准曲线于 E 点，通过 E 点，作垂直于横坐标的直线交于 F 点，读取 F 点浓度约为 $10\mu g \cdot mL^{-1}$，即为试样溶液中铁的含量。

2. 标准对照法

配制一个与被测溶液组成浓度相近的标准溶液（浓度为 c_s），测得吸光度为 A_s。然后在相同条件下测得被测溶液的吸光度 A_x，根据 Lambert-Beer 定律计算其试样溶液的浓度 c_x

$$c_x = \frac{A_x}{A_s} c_s \tag{8-9}$$

例 8-3 有一标准的 Fe^{3+}溶液的浓度为 $6\mu g \cdot mL^{-1}$，其吸光度为 0.304，有一液体试样，在同一条件下测得其吸光度为 0.510，求试样溶液中铁含量为多少？

解：根据 Lambert-Beer 定律

对标准 Fe^{3+}溶液有： $A_s = \varepsilon b c_s$

对液体试样溶液有： $A_x = \varepsilon b c_x$

两式相比得： $\dfrac{A_s}{A_x} = \dfrac{c_s}{c_x}$

整理后计算得： $c_x = \dfrac{A_x}{A_s} c_s = \dfrac{0.510}{0.304} \times 6 = 10\mu g \cdot mL^{-1}$

（二）多组分分析

当试样中含有多种吸光组分时，如果各测定组分的吸收曲线之间相互重叠，可以利用吸光度的加和性，对多组分进行同时测定。

假定溶液中同时存在 a 和 b 两组分，其吸收光谱一般有如下两种情况。

（1）各组分吸收光谱不重叠，或至少找到某一波长处 a 有吸收而 b 不吸收，在另一波长处，b 有吸收而 a 不吸收，如图 8-8 所示，则可分别在波长 λ_1 和 λ_2 处测定组分 a 和 b 的吸光度而不相互干扰，这与单组分测定无区别。

（2）各组分的吸收曲线互有重叠，其分析步骤为：

① 找出两个入射光波长，使两组分的吸光度差值较大，如图 8-9 所示，在波长 λ_1 和 λ_2 处测定混合体系的总吸光度 $A_{a+b}^{\lambda_1}$ 和 $A_{a+b}^{\lambda_2}$。由吸光度的加和性得联立方程

$$A_{a+b}^{\lambda_1} = \varepsilon_a^{\lambda_1} b c_a + \varepsilon_b^{\lambda_1} b c_b$$

$$A_{a+b}^{\lambda_2} = \varepsilon_a^{\lambda_2} b c_a + \varepsilon_b^{\lambda_2} b c_b \tag{8-10}$$

式中，c_a、c_b分别为a和b组分的浓度；$\varepsilon_a^{\lambda_1}$、$\varepsilon_b^{\lambda_1}$分别为a和b组分在入射波长$\lambda_1$时的摩尔吸光系数；$\varepsilon_a^{\lambda_2}$、$\varepsilon_b^{\lambda_2}$分别为a和b组分在入射波长$\lambda_2$时的摩尔吸光系数。

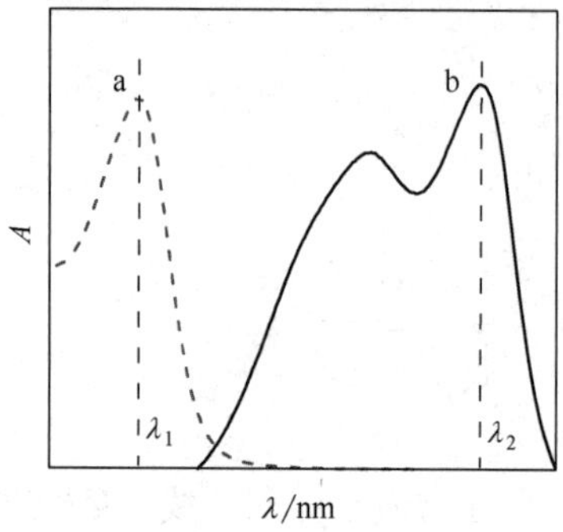

图8-8　两组分体系吸收光谱不重叠

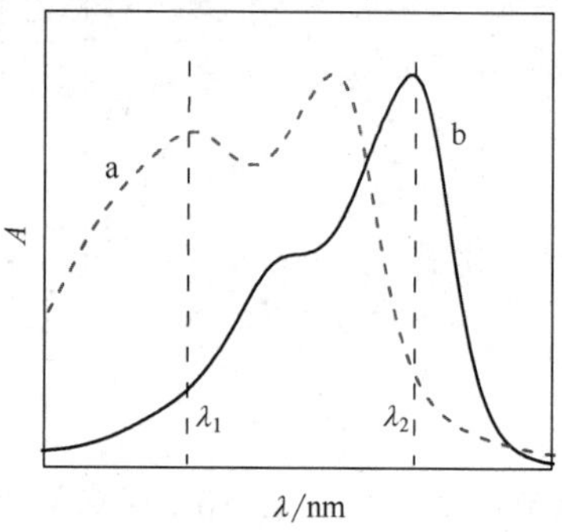

图8-9　两组分体系吸收光谱重叠

② 解方程组可求出c_a和c_b。各ε可预先用a和b单组分的标准溶液在λ_1和λ_2两波长处测得。显然，同时测定的组分越多，计算工作量越大，可借助计算机提高多组分同时测定的效率和准确度。

例8-4　1.00×10^{-3}mol·L^{-1}的$K_2Cr_2O_7$溶液及1.00×10^{-4}mol·L^{-1}的$KMnO_4$溶液在450nm波长处的吸光度分别为0.200及0.050，而在530nm波长处的吸光度分别为0.050及0.420。今测得两者混合溶液在450nm和530nm波长处的吸光度分别为0.380和0.710，试计算该混合溶液中$K_2Cr_2O_7$和$KMnO_4$浓度（吸收池厚度为1cm）。

解：首先计算出各标准溶液在不同波长下的ε值。对于1.00×10^{-3} mol·L^{-1}的$K_2Cr_2O_7$溶液（Cr）：

$$\varepsilon_{Cr}^{450}=A_{Cr}^{450}/(bc_{Cr})=0.200/1\times1.00\times10^{-3}=200\text{L}\cdot\text{mol}^{-1}\cdot\text{cm}^{-1}$$

$$\varepsilon_{Cr}^{530}=A_{Cr}^{530}/(bc_{Cr})=0.050/1\times1.00\times10^{-3}=50\text{L}\cdot\text{mol}^{-1}\cdot\text{cm}^{-1}$$

对于1.00×10^{-4} mol·L^{-1}的$KMnO_4$溶液（Mn）：

$$\varepsilon_{Mn}^{450}=A_{Mn}^{450}/(bc_{Mn})=0.050/1\times1.00\times10^{-4}=500\text{L}\cdot\text{mol}^{-1}\cdot\text{cm}^{-1}$$

$$\varepsilon_{Mn}^{530}=A_{Mn}^{530}/(bc_{Mn})=0.420/1\times1.00\times10^{-4}=4.20\times10^{3}\text{L}\cdot\text{mol}^{-1}\cdot\text{cm}^{-1}$$

对于混合溶液（Cr + Mn），设$K_2Cr_2O_7$溶液浓度为$c_{Cr'}$，$KMnO_4$溶液浓度为$c_{Mn'}$。因各物质的吸光度具有加和性，由题意得：

$$A_{Cr+Mn}^{450}=A_{Cr'}^{450}+A_{Mn'}^{450}=\varepsilon_{Cr}^{450}bc_{Cr'}+\varepsilon_{Mn}^{450}bc_{Mn'}$$

$$A_{Cr+Mn}^{530}=A_{Cr'}^{530}+A_{Mn'}^{530}=\varepsilon_{Cr}^{530}bc_{Cr'}+\varepsilon_{Mn}^{530}bc_{Mn'}$$

代入对应数据得：

$$0.380=200\times1\times c_{Cr'}+500\times1\times c_{Mn'}$$

$$0.710=50\times1\times c_{Cr'}+4.20\times10^{3}\times1\times c_{Mn'}$$

解得：

$$c_{Cr'}=1.52\times10^{-3}\text{mol}\cdot\text{L}^{-1}$$

$$c_{Mn'}=1.51\times10^{-4}\text{mol}\cdot\text{L}^{-1}$$

二、物理化学常数的测定

（一）酸碱解离常数的测定

吸光光度法可用于测定对光有吸收的一元弱酸（碱）的解离常数，它是研究酸碱指示剂及金属指示剂的重要方法之一。例如一元弱酸 HL，按下式解离

$$\mathrm{HL} \rightleftharpoons \mathrm{H^+} + \mathrm{L^-} \qquad K_a = \frac{[\mathrm{H^+}][\mathrm{L^-}]}{[\mathrm{HL}]}$$

首先配制三种分析浓度相同（$c = [\mathrm{HL}] + [\mathrm{L^-}]$）而 pH 值不同的 HL 溶液，使其中一种溶液的 pH 值在变色点附近，用 1cm 比色皿在选定波长下测定该溶液的吸光度 A

$$A = \varepsilon_{\mathrm{HL}} b[\mathrm{HL}] + \varepsilon_{\mathrm{L^-}} b[\mathrm{L^-}]$$

用分布分数与分析浓度 c 的关系替代[HL]、[L⁻]，得

$$A = \varepsilon_{\mathrm{HL}} b \frac{[\mathrm{H^+}]c}{K_a + [\mathrm{H^+}]} + \varepsilon_{\mathrm{L^-}} b \frac{K_a c}{K_a + [\mathrm{H^+}]} \qquad (8\text{-}11)$$

另两种溶液，一种酸性较强，保证弱酸几乎全部以 HL 型体存在；另一种溶液碱性较强，保证弱酸几乎全部以 $\mathrm{L^-}$型体存在。用 1cm 比色皿测定上述两种溶液的吸光度

$$A_{\mathrm{HL}} = \varepsilon_{\mathrm{HL}} bc \qquad (8\text{-}12)$$

$$A_{\mathrm{L^-}} = \varepsilon_{\mathrm{L^-}} bc \qquad (8\text{-}13)$$

将式（8-12）、式（8-13）的 ε 代入式（8-11），整理得

$$K_a = \frac{A_{\mathrm{HL}} - A}{A - A_{\mathrm{L^-}}}[\mathrm{H^+}]$$

$$\mathrm{p}K_a = \mathrm{pH} + \lg \frac{A - A_{\mathrm{L^-}}}{A_{\mathrm{HL}} - A} \qquad (8\text{-}14)$$

式（8-14）是用光度法测定一元弱酸解离常数的基本公式。利用实验数据，可由此公式用代数法计算 $\mathrm{p}K_a$ 值，或由图解法求 $\mathrm{p}K_a$ 值。

（二）配合物组成测定

1. 摩尔比法

吸光光度法是研究配合物组成（配合比）和测定稳定常数的重要方法之一。下面以摩尔比法为例介绍如何测定配合物组成。设金属离子 M 与配体 L 生成有色配合物 ML_n

$$\mathrm{M} + n\mathrm{L} \rightleftharpoons \mathrm{ML}_n$$

固定金属离子 M 的浓度不变，由低到高改变配体 L 的浓度，生成系列不同浓度有色配合物 ML_n。测定它们的吸光度，作 A-c_L/c_M 图（图 8-10）。

当 $c_L/c_M < n$ 时，配位不完全，金属离子没有显色完全，随着配体剂量增加，生成的有色配合物增加，吸光度增加。当配体增加到一定浓度时，金属离子可视为完全配位，吸光度不再增大。图中曲线转折点不敏锐，是由于配合物解离的结果。运用外推法得一交点 E，从交点向横坐标作垂线，对应的 c_L/c_M 值就是配合物组成比 n。摩尔比法简便、快捷，适用于解离度较小且配位数比较高的配合物组成的测定。

2. 等摩尔连续变化法（Job 法）

在实验条件下，将所研究的金属离子 M 与试剂 L 配制成一系列浓度比（c_M:c_L）连续变化而总浓度（$c_M + c_L$）相等的溶液。对这一系列溶液，在优化的测量条件下测定其吸光度 A，用 A 作纵坐标，以连续变化的浓度比 $c_M/(c_M + c_L)$ 为横坐标作图（图 8-11）。曲线转折点所对应的 c_L/c_M 值就是配合物组成比 n。当配合物很稳定时，曲线的转折点明显，但配合物稳定性稍差时，可画切线外推找出转折点。等摩尔连续变化法适用于低配位比，稳定性较高的配合物组成比测定。

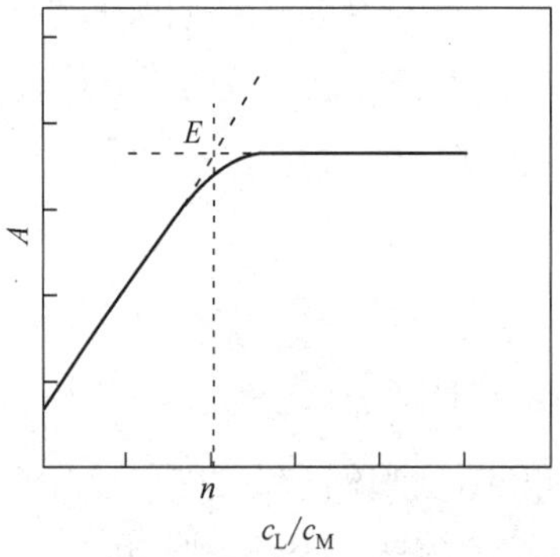

图 8-10　摩尔比法

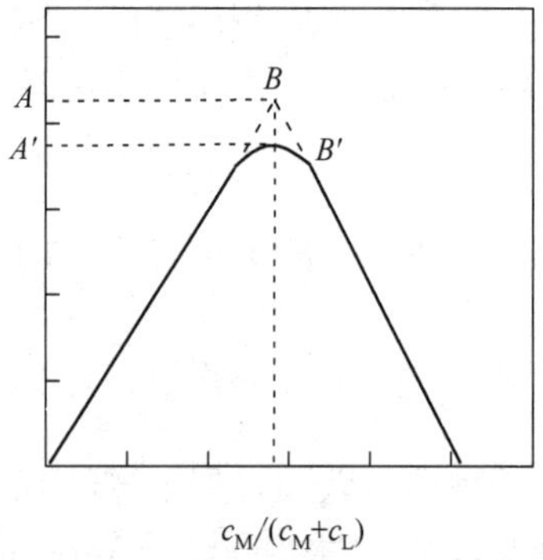

图 8-11　等摩尔连续变化法

思考题与习题

1. 为什么物质对光会发生选择性吸收？

2. 朗伯-比耳定律的物理意义是什么？什么是透光率？什么是吸光度？二者之间的关系是什么？

3. 摩尔吸光系数的物理意义是什么？其大小和哪些因素有关？在分析化学中有何意义？

4. 什么是吸收光谱曲线？什么是标准曲线？它们有何实际意义？利用标准曲线进行定量分析时可否使用透光率 T 和浓度 c 为坐标？

5. 当研究一种新的显色剂时，必须要做哪些实验条件的研究？为什么？

6. 分光光度计有哪些主要部件？它们各起什么作用？

7. 吸光度的测量条件如何选择？为什么？

8. 光度分析法误差的主要来源有哪些？如何减免这些误差？试根据误差分类分别加以讨论？

9. 0.088mg Fe^{3+}，用 KSCN 显色后稀释至 50mL，在 480nm 波长处用 1cm 比色皿测得吸光度为 0.740，计算 Fe-SCN 配合物的摩尔吸光系数［M(Fe) = 55.85g·mol^{-1}］。

10. 双硫腙光度法测定 Pb^{2+}，Pb^{2+}的浓度为 0.080mg/50mL，用 2.0cm 比色皿在 520nm 下测得 T = 53%，求配合物的摩尔吸光系数［M(Pb) = 207.2g·mol^{-1}］。

11. 已知某 Fe(Ⅲ)配合物，其中铁浓度为 0.5μg·mL^{-1}，当吸收池厚度为 1cm 时，透光率为 80%。试计算：（1）溶液的吸光度；（2）该配合物的摩尔吸光系数；（3）溶液浓度增大一倍时的透光率；（4）使（3）的透光率保持为 80%不变时吸收池的厚度。

12. 某化合物在λ_1=380nm 处的摩尔吸光系数$\varepsilon = 10^{4.13}$ L·mol^{-1}·cm^{-1}，该化合物 0.025g 溶解在 1L 的溶液中，以 1.0cm 比色皿测得 A = 0.760，由此计算化合物的摩尔质量。

13. 若透光率读数误差 $\Delta T = 0.0040$，计算下列各溶液的普通光度法浓度相对误差：

（1）$A = 0.204$；（2）$A = 0.195$；（3）$A = 0.280$；（4）$T = 94.4\%$。

14. 某有色溶液在 2.0cm 厚的吸收池中测得透光率为 1.0%，仪器的透光率读数 T 有±0.5% 的绝对误差。试问：（1）测定结果的相对误差是多少？（2）欲使测量的相对误差为最小，溶液的浓度应稀释多少倍？（3）若浓度不变，应用多厚的吸收池较合适？（4）浓度或吸收池厚度改变后，测量结果误差是多少？

15. 精密称取维生素 B_{12} 对照品 20.0mg，加水准确稀释至 1000mL，将此溶液置厚度为 1cm 的吸收池中，在 λ=361nm 处测得 A=0.414。另取两个试样，一为维生素 B_{12} 的原料药，精密称取 20.0mg，加水准确稀释至 1000mL，同样条件下测得 A=0.390，另一为维生素 B_{12} 注射液，精密吸取 1.00mL，稀释至 10.00mL，同样条件下测得 A=0.510。试分别计算维生素 B_{12} 原料药的质量分数和注射液的浓度。

16. 今有 A、B 两种药物组成的复方制剂溶液。在 1cm 吸收池中，分别以 295nm 和 370nm 的波长进行吸光度测定，测得吸光度分别为 0.320 和 0.430。浓度为 $0.01\text{mol}\cdot\text{L}^{-1}$ 的 A 对照品溶液，在 1cm 的吸收池中，波长为 295nm 和 370nm 处，测得吸光度分别为 0.08 和 0.90；同样条件，浓度为 $0.01\text{mol}\cdot\text{L}^{-1}$ 的 B 对照品溶液测得吸光度分别为 0.67 和 0.12。计算复方制剂中 A 和 B 的浓度（假设复方制剂其它试剂不干扰测定）。

17. A 与 B 两种物质的对照品溶液及样品溶液，用等厚度的吸收池测得吸光度如下表。（1）求被测混合物中 A 和 B 含量。（2）求被测混合物在 300nm 处的吸光度。

波长	238nm	282nm	300nm
A 对照 $3.0\mu\text{g}\cdot\text{mL}^{-1}$	0.112	0.216	0.810
B 对照 $5.0\mu\text{g}\cdot\text{mL}^{-1}$	1.075	0.360	0.080
A + B 样品	0.442	0.278	—

18. 某一元弱酸的酸式体在 475nm 处有吸收，$\varepsilon = 3.4\times10^4\text{L}\cdot\text{mol}^{-1}\cdot\text{cm}^{-1}$，而它的共轭碱在此波长下无吸收，在 pH = 3.90 的缓冲溶液中，浓度为 $2.72\times10^{-5}\text{mol}\cdot\text{L}^{-1}$ 的该弱酸溶液在 475nm 处的吸光度为 0.261（用 1cm 比色皿）。计算此弱酸的 K_a 值。

19. 某弱酸 HA 总浓度为 $2.0\times10^{-4}\text{mol}\cdot\text{L}^{-1}$，于 $\lambda_{520\text{nm}}$ 处，用 1cm 比色皿测定，在不同 pH 值的缓冲溶液中，测得吸光度值如下：

pH	0.88	1.17	2.99	3.41	3.95	4.89	5.50
A	0.890	0.890	0.692	0.552	0.385	0.260	0.260

求：（1）在 520nm 处，HA 和 A^- 的 ε_{HA}，ε_{A^-}；（2）HA 的电离常数 K_a。

20. 配制一组溶液，其中铁(Ⅱ)的含量相同，各加入 $7.12\times10^{-4}\text{mol}\cdot\text{L}^{-1}$ 亚铁溶液 2.00mL 和不同体积的 $7.12\times10^{-4}\text{mol}\cdot\text{L}^{-1}$ 邻菲罗啉溶液，稀释至 25mL 后，用 1.00cm 吸收池在 510nm 测得各溶液的吸光度如下：

邻菲罗啉 V/mL	吸光度	邻菲罗啉 V/mL	吸光度
2.00	0.240	6.00	0.700
3.00	0.360	8.00	0.720
4.00	0.480	10.00	0.720
5.00	0.593	12.00	0.720

问亚铁-邻菲罗啉配合物的组成是怎样的？

第九章

定量分析的一般步骤

通常，定量分析的一般步骤包括：试样的采集与制备、试样的分解、分析方法的选择、数据处理及分析结果的表示等。

第一节 试样的采集与制备

一、试样的采集

（一）试样采集的一般原则

试样的采集（sampling）是指从大批物料中采取少量样本作为**原始试样**（gross sample），又称**取样**或**采样**。采样的一般原则是保证所取得的原始试样具有代表性，即原始试样的组成和原始物料整体的平均组成一致。因采样问题所导致的错误数据将给科研或实际工作造成不良后果。

实际分析对象多种多样，有固体、液体和气体，试样的性质及均匀度也各不相同。要取得具有代表性的试样，是一件比较困难的事情。关于各类试样采集的具体操作，有关的国家标准或行业标准都有严格规定。

（二）采样操作

采样操作包括采样点的布设和采取份样，正确确定采样点的布设最为重要，关系到原始试样的代表性。下面就不同种类物料采样方法进行简略讨论。

1. 组成比较均匀的物料

对于组成比较均匀的物料，如气体、液体和某些固体，采样点布设可以较少。如游泳池水卫生状况监测样本量为：儿童泳池布置 1～2 个采样点，成人泳池面积≤1000m^2 的布置 2 个采样点，成人泳池面积＞1000m^2 的布置 3 个采样点。

如果为更小容器（如桶、瓶、袋），如包装好的化肥、农药、盐类等粉状或松散物料组成均匀，从总体中按有关标准，随机采取份样混合即可。

对于金属或金属制品物料，因金属经过高温熔炼，组成比较均匀，因此对于片状、线状物料，剪取一部分即可用于测定。但对含杂质较多的钢锭和铸铁，因表面和内部凝固时间不同，铁和杂质凝固温度不同，因此并不是很均匀，取样时应考虑多点和不同深度采取份样混合后测定。

但对于环境空气质量监测布点以及江河、湖泊、海域等大面积水体布点采样时，要考虑的因素变得十分复杂。例如，设计环境空气质量监测网，为能客观反映环境空气污染对人类生活环境的影响，应以监测地区多年的环境空气质量状况及变化趋势、产业和能源结构特点、人口分布情况、地形和气象条件等因素为依据，充分考虑监测数据的代表性，按照监测目的确定监测网的布设采样点进行采样检测。

2. 组成很不均匀的物料

组成很不均匀的物料，如矿石、煤炭等，由于矿石物料颗粒大小不等、硬度不一致、成分分布不均、堆放形式不一等原因，因此应按规定方式布设采样点，以保证所采试样的代表性。这里以磷矿石为例说明不均匀物料的采样。

（1）汽车、火车上采样　汽车车厢按图 9-1（a）布置 5 个采样点，份样量为 800～2000g，同批采取的各点份样应相近。火车车厢载重量小于或等于 30 吨时，按图 9-1（b）布置 8 个采样点；大于 30 吨时，按图 9-1（c）布置 11 个采样点。采样点离车壁不小于 0.3m，用采样工具在离底部至少 0.1m、离表面至少 0.2m 深度处采取份样。

（2）船舶上采样　船舱载重量小于 100 吨时，按照火车车厢的采样方法布置采样点；大于或等于 100 吨时，布置 20 个采样点；大于或等于 200 吨时，布置 30 个采样点，并依此类推。采样工具在离表面至少 0.2m 深度处采取份样。

（3）矿堆上采样　在矿石堆的整个表面上，自离底部约 0.3 m 开始，至顶部每隔 1m 左右画出若干水平线，在各线上相距一定距离按图 9-1（d）布置采样点。矿堆总量小于 50 吨时可布点 5～10 个，大于或等于 50 吨时可布点 11 个，大于或等于 100 吨时可布点 20 个；大于或等于 200 吨时，布置 30 个采样点，并依此类推。用采样工具在离表面至少 0.2 m 深度处采取份样。

（4）皮带运输机上采样　根据矿石的总量及运输机的传送速度，相隔一定时间用自动装置或小铁铲在传送带任一段的整个截面上采取份样。

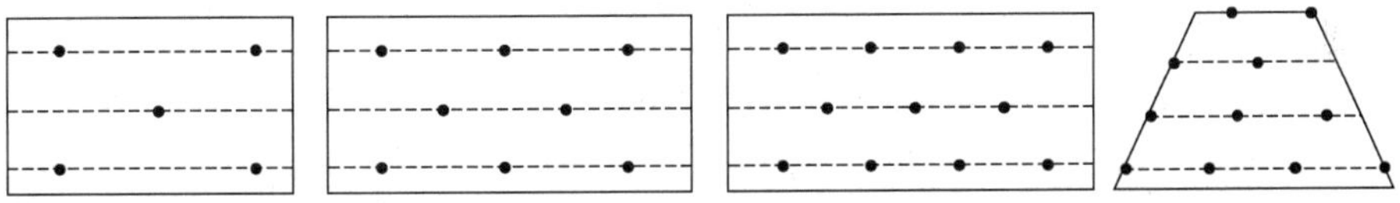

图 9-1　采样布点示意图

二、湿存水的去除

固体试样中的水分或试样吸收空气中的水分统称为湿存水。湿存水含量随试样的粉碎程度和放置时间的长短而变化，从而影响试样中各组分的相对含量，所以一般需将试样在 100～105℃烘干，若存在受热易分解的物质，试样可采用风干或真空干燥等方法去除湿存水。

三、试样的制备

原始试样通常并不直接用于分析，需经过破碎、过筛、混匀和缩分四个步骤。大块矿石样需先破碎成小的颗粒，破碎分为粗碎、中碎、细碎和研磨，以便试样的粒度小到能通过要求的筛孔。标准筛的筛号与筛孔直径的对应关系如表 9-1。为了保证试样的代表性，应使采样试样全部通过要求的标准筛，不可将粗颗粒试样随意弃去。

表 9-1 标准筛的筛号与孔径

筛号	20	40	60	80	100	120	200
筛孔直径/mm	0.83	0.42	0.25	0.177	0.149	0.125	0.074

经破碎、过筛后的试样，应加以混合，使其组成均匀。

在破碎、混合过程中，随着试样颗粒越来越细，组成越来越均匀，可将试样不断地缩分，以减小试样的处理量。常用的**缩分方法**是**四分法**，如图 9-2 所示，先将试样堆成圆锥形，压成圆堆，然后通过圆心十字将试样分为四等份。弃去对角的两份，而把其余的两份收集混合。这样经过一次四分法处理就把试样量缩减一半。

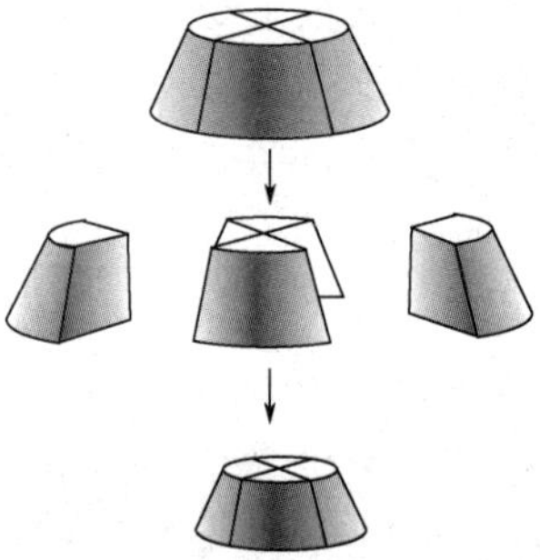

图 9-2 四分法缩分示意图

反复缩分可不断缩减试样质量。试样缩分最小质量 m(kg) 可按**切乔特采样公式**估算：

$$m = Kd^{a} \qquad (9\text{-}1)$$

式（9-1）中，m 为缩分出试样的最小质量，kg；d 为样品颗粒的最大直径，mm；K 与 a 为经验常数，根据物料的均匀程度和易破碎程度而定，通常 K 值在 $0.02 \sim 1\text{kg}\cdot\text{mm}^{-2}$，$a$ 值在 1.8～2.5。地质部门将 a 值规定为 2，则上式可写为

$$m = Kd^{2} \qquad (9\text{-}2)$$

根据式（9-2），矿石的颗粒越大，采样量越多。因此，减少试样粒度是减少采样量的重要方法，分析试样一般要求通过 100～200 目筛。

例 9-1 有试样 20kg，粗碎后最大粒度为 6mm 左右，设 K 为 $0.2\text{kg}\cdot\text{mm}^{-2}$，应保留的试样量至少是多少千克？应缩分几次？若再破碎至粒度不大于 2mm，则应再缩分几次？

解：根据式（9-2）：

$$m = Kd^2 = 0.2\times6^2 = 7.2\text{kg}$$

即对粒度为 6mm 左右试样，应保留试样量至少 7.2kg。由 20kg 原始试样可缩分 1 次后，得试样 10kg。如果再次缩分一次，得试样 5kg，已低于 7.2kg 的最小质量要求，所以只能缩分一次。

当破碎至粒度不大于 2mm，由式（9-2）：

$$m = Kd^2 = 0.2\times2^2 = 0.8\text{kg}$$

即因粒度减少后，试样最小质量为 0.8kg，设再缩分次数 n，则有

$$10\text{kg}\times(1/2)^n \geqslant 0.8\text{kg}$$

解得：

$$n = 3$$

即若再破碎至粒度不大于 2mm，则应再缩分 3 次，此时试样最小质量为 1.25kg。

第二节 试样的分解

许多分析测定工作是在水溶液中进行的，因此需将试样分解，形成溶液，这个过程称

为**试样的分解**。试样的分解是分析工作的重要组成部分，它不仅关系到待测组分是否转变为适合的形态，也关系到以后的分离和测定。在分解试样时必须注意：（1）试样分解必须完全，处理后的溶液中不得残留原试样的细屑或粉末；（2）在试样分解过程中不损失待测组分；（3）不应引入待测组分和干扰物质。

一、无机试样的分解

无机试样的分解有溶解法、熔融法和烧结法。

1. 溶解法

采用适当的溶剂将试样溶解制成溶液，常用的溶剂有水、酸和碱等。

可溶性盐类直接溶于水制成分析试样，如硝酸盐、乙酸盐、铵盐、绝大部分的碱金属盐，可以用水作为溶剂，以制备分析试液。

酸溶法是利用酸的酸性、氧化还原性质或酸根离子的配位作用，使试样溶解。钢铁、合金、部分氧化物、硫化物、碳酸盐矿物和磷酸盐矿物等常采用此法溶解。常用的酸溶剂有盐酸、硝酸、硫酸、磷酸、高氯酸、氢氟酸及各种混合酸。

碱溶法的溶剂主要为氢氧化钠和氢氧化钾。碱溶法常用来溶解两性金属铝、锌及其合金，以及它们的氧化物、氢氧化物等。

2. 熔融法

熔融法是将试样与固体熔剂混合，利用试样与熔剂在高温下发生复分解反应，使待测组分全部转化成易溶于水或酸的化合物。由于熔融时反应物的浓度和温度（300～1000℃）都很高，因而分解能力很强。但熔融法存在以下缺点：（1）时常需用大量的熔剂（熔剂质量一般约为试样质量的 10 倍），因而可能引入较多的杂质；（2）由于应用了大量的熔剂，在以后所得的试液中盐类浓度较高，可能会给分析测定带来干扰；（3）熔融时需要加热到高温，会使某些组分因挥发而造成损失；（4）熔融时所用的容器常常会受到熔剂不同程度的侵蚀，从而使试液中杂质含量增加。因此，当试样可用酸性溶剂（或碱性溶剂）溶解时，应尽量避免用熔融法。

3. 烧结法

烧结法又称为半熔融法，是让试样与熔剂混合，加热至熔结。此时温度低于熔点，半熔物收缩成整块，而不是全熔，在相对较低温度下完成试样与熔剂反应。与熔融法相比，烧结法温度较低，加热时间更长，但不易侵蚀坩埚。例如碳酸钠-氧化锌烧结法常用于矿石或煤中全硫量分析，其中碳酸钠是熔剂，氧化锌起疏松和通气的作用。当加热至 800℃时，试样烧结块体，试样中硫被氧化生成硫酸盐。烧结块体可用水浸取，硫酸根进入溶液中，硅酸根大部分析出为硅酸锌沉淀。若试样中含有游离硫，加热时易因挥发而造成损失，应在混合试样中加入少许高锰酸钾粉末，开始时缓慢升温，使游离硫氧化为硫酸根离子。

二、有机试样的溶解

为了测定有机试样中某些组分的含量，测定试样的物理性质，鉴定或测定其官能团，应选择适当的溶剂将有机试样溶解。低级醇、多元酸、糖类、氨基酸、有机酸的金属盐等，均可用水溶解。许多有机物不溶于水可溶于有机溶剂。分析化学中常用的有机溶剂种类极多，包括各种醇类、丙酮、乙醚、甲乙醚、乙二醇、二氯甲烷、三氯甲烷、四氯甲烷、氯苯、乙酸乙酯、乙酸、乙酸酐、吡啶、乙二胺、二甲基甲酰胺等。还可以应用各种混合溶剂如甲醇与苯的混合溶剂，乙二醇和醚的混合溶剂等。混合溶剂的组成因可以调节溶液极性而具有更广泛的适用性。有机溶剂的选择必须考虑所选用的溶剂不影响后续的分离、测定工作。

三、有机试样的分解

为了测定有机试样中所含有的常量或痕量的元素，一般需要把有机试样分解。这时既要使待测元素能定量回收，又要使其能转变为易于测定的某一价态，同时又不引入干扰组分。有机试样的分解，通常可分为干法和湿法。

1. 干法

典型的干法分解方式有两种，一是氧瓶燃烧法，二是定温灰化法。

氧瓶燃烧法在“氧瓶”中进行，瓶中充满氧并放置少许吸收溶液。电火花点燃“氧瓶”中有机试样并分解。分解完后摇动“氧瓶”，使产物完全被吸收。这种方法广泛用于有机物中卤素、硫、磷、硼等元素的分解，也用于许多有机物中部分金属元素，如汞、锌、镁、钴和镍等的分解。

定温灰化法是将试样置于敞口器皿或坩埚内，加热至 500～550℃，试样分解，灰化，所得残渣用适当溶剂溶解后进行测定。灰化前加入一些添加剂如 CaO、MgO、Na_2CO_3 等，可使灰化更有效。此法常用于有机物或生物试样中的无机元素，如锑、铬、铁、钼、锶及锌等。

2. 湿法

常用硫酸、硝酸或混合酸分解试样，在克氏烧瓶中加热，试样中的有机物被氧化成 CO_2 和 H_2O，金属元素转变为硝酸盐或硫酸盐，非金属元素则转变成相应的阴离子。此法适用于分解有机物中的金属、硫及卤素等元素。

第三节 分析方法的选择

一、根据测定的具体要求选择分析方法

当接到分析任务时，首先要明确分析目的和要求，确定测定组分、准确度及要求完成的时间。一般对标样分析和成品分析的准确度要求高；微量组分分析则对灵敏度要求高；对生产过程中的控制分析，速度则是主要的。所以应根据分析目的和要求，选择适宜的分析方法。例如，测定标准钢样中硫的含量时，一般采用准确度较高的重量分析法；而对于炼钢炉前控制硫含量的分析，采用 1～2min 即可完成的燃烧容量法。

二、根据被测组分的性质选择分析方法

一般来说，分析方法都基于被测组分的某种性质，如酸碱性质、配位性质、氧化还原

性质等。例如，锰离子在 pH＞6 时，可与 EDTA 定量配位，可用配位滴定法测定其含量；高锰酸根离子具有氧化性，可用氧化还原法测定；高锰酸根离子呈紫红色，也可用比色法测定。

三、根据被测组分的含量选择分析方法

各种方法均有一定的适用范围，被测组分的浓度或含量应在所用分析方法的检测范围内才能保证测定结果的准确性。因此，测定常量组分时，多采用滴定分析法和重量分析法。当重量分析法和滴定分析法均可采用的情况下一般选用滴定分析法。测定微量组分时多采用灵敏度比较高的仪器分析法。例如，测定铁矿粉中磷的含量时，采用重量分析法或滴定分析法；钢铁中微量硅的测定宜采用吸光光度法。

四、根据共存组分性质提高分析方法的选择性

在选择分析方法时，必须考虑共存组分对测定的影响，应尽量选取选择性较好的分析方法。如果共存组分干扰测定，则应加入掩蔽剂以消除干扰，或通过分离除去干扰组分之后，再进行测定。

此外还应根据本单位的设备条件、试剂纯度等，选择切实可行的分析方法。

第四节　分析结果的质量评价

质量评价是指对分析结果的可靠性做出判断。任何测定都会产生误差，要使分析的准确度得到保证，必须使所有误差，包括系统误差、随机误差，甚至过失误差都减小到预期水平，分析结果才有质量保证。质量评价通常可分为“实验室内”的质量评价和“实验室间”的质量评价。“实验室内”的质量评价主要用多次重复测定的方法确定随机误差；用标准物质或标准方法检验是否存在系统误差；用互换仪器的方法确定是否存在仪器误差；用不同的分析研究人员进行重复测定的方法确定是否存在操作误差；用绘制质量控制图的方法及时发现测量过程中的问题。“实验室间”的质量评价由中心实验室指导进行，中心实验室将标准物质发给参加质量评价的实验室，将分析结果与标准物质证书上的保证值进行比较，以确定各实验室的分析结果是否存在系统误差。

思考题与习题

1. 简述定量分析的一般步骤。
2. 试样采集的基本原则是什么？
3. 进行试样分解应注意哪些事项？
4. 熔融法分解试样有何优缺点？
5. 选择分析方法应从哪些方面进行思考？

6. 已知铝锌矿的 $K=0.1$，$a=2$。

（1）采取的原始试样最大颗粒直径为 30mm，问最少应采取多少千克试样才具有代表性？

（2）将原始试样破碎并通过直径为 3.36mm 的筛孔，再用四分法进行缩分，最多应缩分几次？

（3）如果要求最后所得分析试样不超过 100g，问试样通过筛孔的直径应为多少毫米？

附　录

附录一　弱酸在水中的解离常数（25℃，$I=0$）

弱酸	分子式	K_a	pK_a
砷酸	$H_3A_sO_4$	$K_{a1}=6.3\times10^{-3}$	2.20
		$K_{a2}=1.1\times10^{-7}$	7.00
		$K_{a3}=3.2\times10^{-12}$	11.50
亚砷酸	$H_3A_sO_3$	$K_a=6.0\times10^{-10}$	9.22
硼酸	H_3BO_3	$K_a=5.8\times10^{-10}$	9.24
碳酸	H_2CO_3	$K_{a1}=4.2\times10^{-7}$	6.38
		$K_{a2}=5.6\times10^{-11}$	10.25
氢氰酸	HCN	$K_a=7.2\times10^{-10}$	9.14
铬酸	H_2CrO_4	$K_{a1}=1.8\times10^{-1}$	0.74
		$K_{a2}=3.2\times10^{-7}$	6.50
氢氟酸	HF	$K_a=7.2\times10^{-4}$	3.14
亚硝酸	HNO_2	$K_a=5.1\times10^{-4}$	3.29
过氧化氢	H_2O_2	$K_a=1.8\times10^{-12}$	11.75
磷酸	H_3PO_4	$K_{a1}=7.6\times10^{-3}$	2.12
		$K_{a2}=6.3\times10^{-8}$	7.20
		$K_{a3}=4.4\times10^{-13}$	12.36
焦磷酸	$H_4P_2O_7$	$K_{a1}=3.0\times10^{-2}$	1.52
		$K_{a2}=4.4\times10^{-3}$	2.36
		$K_{a3}=2.5\times10^{-7}$	6.60
		$K_{a4}=5.6\times10^{-10}$	9.25
亚磷酸	H_3PO_3	$K_{a1}=5.0\times10^{-2}$	1.30
		$K_{a2}=2.5\times10^{-7}$	6.60
氢硫酸	H_2S	$K_{a1}=5.7\times10^{-8}$	7.24
		$K_{a2}=1.2\times10^{-15}$	14.92
硫酸	HSO_4^-	$K_{a2}=1.0\times10^{-2}$	1.99
亚硫酸	H_2SO_3	$K_{a1}=1.\ 3\times10^{-2}$	1.90
		$K_{a2}=6.3\times10^{-8}$	7.20
偏硅酸	H_2SiO_3	$K_{a1}=1.7\times10^{-10}$	9.77
		$K_{a2}=1.6\times10^{-12}$	11.80
甲酸	HCOOH	$K_a=1.8\times10^{-4}$	3.74
乙酸	CH_3COOH	$K_a=1.8\times10^{-5}$	4.74

续表

弱酸	分子式	K_a	pK_a
一氯乙酸	$CH_2ClCOOH$	$K_a=1.4\times10^{-3}$	2.86
二氯乙酸	$CHCl_2COOH$	$K_a=5.0\times10^{-2}$	1.30
三氯乙酸	CCl_3COOH	$K_a=0.23$	0.64
乳酸	$CH_3CHOHCOOH$	$K_a=1.4\times10^{-4}$	3.86
草酸	$H_2C_2O_4$	$K_{a1}=5.9\times10^{-2}$ $K_{a2}=6.4\times10^{-5}$	1.22 4.19
酒石酸	$(CHOHCOOH)_2$	$K_{a1}=9.1\times10^{-4}$ $K_{a2}=4.3\times10^{-5}$	3.04 4.37
柠檬酸	$C_3H_4OH(COOH)_3$	$K_{a1}=7.4\times10^{-4}$ $K_{a2}=1.7\times10^{-5}$ $K_{a3}=4.0\times10^{-7}$	3.13 4.76 6.40
苯酚	C_6H_5OH	$K_a=1.1\times10^{-10}$	9.95
苯甲酸	C_6H_5COOH	$K_a=6.46\times10^{-5}$	4.19
邻苯二甲酸	$C_6H_4(COOH)_2$	$K_{a1}=1.1\times10^{-3}$ $K_{a2}=3.9\times10^{-6}$	2.95 5.41
乙二胺四乙酸（EDTA）	H_6Y^{2+} H_5Y^+ H_4Y H_3Y^- H_2Y^{2-} HY^{3-}	$K_{a1}=0.1$ $K_{a2}=3\times10^{-2}$ $K_{a3}=1\times10^{-2}$ $K_{a4}=2.1\times10^{-3}$ $K_{a5}=6.9\times10^{-7}$ $K_{a6}=5.5\times10^{-11}$	0.9 1.6 2.0 2.67 6.16 10.26

附录二 弱碱在水中的解离常数（25℃，$I=0$）

弱碱	分子式	K_b	pK_b
氨	NH_3	1.8×10^{-5}	4.74
羟胺	NH_2OH	9.1×10^{-9}	8.04
甲胺	CH_3NH_2	4.2×10^{-4}	3.38
乙胺	$C_2H_5NH_2$	5.6×10^{-4}	3.25
三乙醇胺	$(HOC_2H_4)_3N$	5.8×10^{-7}	6.24
六亚甲基四胺	$(CH_2)_6N_4$	1.4×10^{-9}	8.85
乙醇胺	$HOC_2H_4NH_2$	3.2×10^{-5}	4.50
三乙醇胺	$(HOC_2H_4)_3N$	5.8×10^{-7}	6.24
乙二胺	$H_2NCH_2CH_2NH_2$	$K_{b1}=8.5\times10^{-5}$ $K_{b2}=7.1\times10^{-8}$	4.07 7.15
苯胺	$C_6H_5NH_2$	4.6×10^{-10}	9.34
吡啶	C_5H_5N	1.7×10^{-9}	8.77

附录三 部分金属配合物的稳定常数（18～25℃）

配体	金属离子	n	$\lg\beta_1$	$\lg\beta_2$	$\lg\beta_3$	$\lg\beta_4$	$\lg\beta_5$	$\lg\beta_6$
NH_3	Ag^+	1,2	3.32	7.23				
	Cd^{2+}	1, …, 6	2.65	4.75	6.19	7.12	6.80	5.14
	Co^{2+}	1, …, 6	2.11	3.74	4.79	5.55	5.73	5.11
	Cu^{2+}	1, …, 4	4.15	7.63	10.53	12.67		
	Ni^{2+}	1, …, 6	2.80	5.04	6.77	7.96	8.71	8.74
	Zn^{2+}	1, …, 4	2.27	4.61	7.01	9.06		
F^-	Al^{3+}	1, …, 6	6.13	11.15	15.00	17.75	19.37	19.84
	Fe^{3+}	1, 2, 3, 5	5.28	9.30	12.06		15.77	
	Th^{4+}	1, …, 3	7.65	13.46	17.97			
	TiO^{2+}	1, …, 4	5.4	9.8	13.7	18.0		
	ZrO^{2+}	1, …, 3	8.80	16.12	21.94			
Cl^-	Ag^+	1, …, 4	3.48	5.23	5.70	5.30		
	Hg^{2+}	1, …, 4	6.74	13.22	14.07	15.07		
	Sb^{3+}	1, …, 4	2.26	3.49	4.18	4.72		
I^-	Cd^{2+}	1, …, 4	2.10	3.43	4.49	5.41		
	Hg^{2+}	1, …, 4	12.87	23.82	27.60	29.83		
CN^-	Ag^+	2, 3, 4		21.1	21.7	20.6		
	Cd^{2+}	1, …, 4	5.54	10.54	15.26	18.78		
	Cu^+	2, 3, 4		24.0	28.59	30.3		
	Fe^{2+}	6						35
	Fe^{3+}	6						42
	Hg^{2+}	4				41.4		
	Ni^{2+}	4				31.3		
	Zn^{2+}	4				16.7		
SCN^-	Fe^{3+}	1, …, 6	2.21	3.63	5.00	6.30	6.20	6.10
	Hg^{2+}	1, …, 4	9.08	16.86	19.70	21.70		
$S_2O_3^{2-}$	Ag^+	1, …, 3	8.82	13.46	14.15			
	Hg^{2+}	2, 3, 4		29.86	32.26	33.61		
柠檬酸根	Al^{3+}	1	20.0					
	Fe^{2+}	1	18.0					
	Fe^{3+}	1	25.0					
	Ni^{2+}	1	14.3					
	Zn^{2+}	1	11.4					
磺基水杨酸	Al^{3+}	1, …, 3	13.20	22.83	28.89			
	Fe^{3+}	1, …, 3	14.34	25.18	32.12			
乙酰丙酮	Al^{3+}	1, …, 3	8.60	15.5	21.30			
	Cu^{2+}	1, 2	8.27	16.34				
	Fe^{3+}	1, …, 3	11.4	22.1	26.7			
乙二胺	Ag^+	1, 2	4.70	7.70				
	Cd^{2+}	1, …, 3	5.47	10.02	12.09			
	Co^{2+}	1, …, 3	5.91	10.64	13.94			
	Cu^{2+}	1, …, 3	10.67	20.00	21.00			
	Hg^{2+}	1, 2	14.3	23.3				
	Ni^{2+}	1, …, 3	7.52	13.80	18.06			
	Zn^{2+}	1, …, 3	5.77	10.83	14.11			

附录四 某些氨羧配合物的稳定常数（18～25℃，I=0.1）

金属离子	lgK						
	EDTA	DCyTA	DTPA	EGTA	HEDTA	NTA	
						$\lg\beta_1$	$\lg\beta_2$
Ag^+	7.32			6.88	6.71	5.16	
Al^{3+}	16.30	19.50	18.60	13.90	14.30	11.40	
Ba^{2+}	7.86	8.69	8.87	8.41	6.30	4.82	
Be^{2+}	9.20	11.51				7.11	
Bi^{3+}	27.94	32.30	35.60		22.30	17.50	
Ca^{2+}	10.69	13.20	10.83	10.97	8.30	6.41	
Cd^{2+}	16.46	19.93	19.20	16.70	13.30	9.83	14.61
Co^{2+}	16.31	19.62	19.27	12.39	14.60	10.38	14.39
Co^{3+}	36.00				37.40	6.84	
Cr^{3+}	23.40					6.23	
Cu^{2+}	18.80	22.00	21.55	17.71	17.60	12.96	
Fe^{2+}	14.32	19.00	16.50	11.87	12.30	8.33	
Fe^{3+}	25.10	30.10	28.00	20.50	19.80	15.90	
Ga^{3+}	20.30	23.20	25.54		16.90	13.60	
Hg^{2+}	21.70	25.00	26.70	23.20	20.30	14.60	
In^{3+}	25.00	28.80	29.00		20.20	16.90	
Li^+	2.79					2.51	
Mg^{2+}	8.70	11.02	9.30	5.21	7.00	5.41	
Mn^{2+}	13.87	17.48	15.60	12.28	10.90	7.44	
Mo(V)	～28						
Na^+	1.66						
Ni^{2+}	18.62	20.30	20.32	13.55	17.30	11.53	16.42
Pb^{2+}	18.04	20.38	18.80	14.71	15.70	11.39	
Pd^{2+}	18.50						
Sc^{3+}	23.10	26.10	24.50	18.20			24.10
Sn^{2+}	22.11						
Sr^{2+}	8.73	10.59	9.77	8.50	6.90	4.98	
Th^{4+}	23.20	25.60	28.78				
TiO^{2+}	17.30						
Tl^{3+}	37.80	38.30				20.90	32.50
U^{4+}	25.80	27.60	7.69				
VO^{2+}	18.80	20.10					
Y^{3+}	18.09	19.85	22.13	17.16	14.78	11.41	20.34
Zn^{2+}	16.50	19.37	18.40	12.70	14.70	10.67	14.29
Zr^{4+}	19.50		35.80			20.80	
稀土元素	16～20	17～22	19.00		13～16	10～12	

注：EDTA：乙二胺四乙酸

DCyTA（或 DCTA，Cy DTA）：1,2-二氨基环己烷四乙酸

DTPA：二乙基三胺五乙酸

EGTA：乙二醇乙二醚二胺四乙酸

HEDTA：*N*-*β*-羟基乙基乙二胺三乙酸

NTA：氨三乙酸

附录五 EDTA 的酸效应系数 $\lg\alpha_{Y(H)}$

pH	$\lg\alpha_{Y(H)}$	pH	$\lg\alpha_{Y(H)}$	pH	$\lg\alpha_{Y(H)}$	pH	$\lg\alpha_{Y(H)}$
0	23.64	3.1	10.37	6.2	4.34	9.3	1.00
0.1	23.06	3.2	10.14	6.3	4.20	9.4	0.92
0.2	22.47	3.3	9.92	6.4	4.06	9.5	0.83
0.3	21.89	3.4	9.70	6.5	3.92	9.6	0.75
0.4	21.32	3.5	9.48	6.6	3.79	9.7	0.66
0.5	20.75	3.6	9.27	6.7	3.67	9.8	0.58
0.6	20.18	3.7	9.06	6.8	3.55	9.9	0.51
0.7	19.62	3.8	8.85	6.9	3.43	10	0.45
0.8	19.08	3.9	8.65	7.0	3.32	10.1	0.38
0.9	18.54	4.0	8.44	7.1	3.21	10.2	0.33
1.0	18.01	4.1	8.24	7.2	3.10	10.3	0.28
1.1	17.49	4.2	8.04	7.3	2.99	10.4	0.23
1.2	16.98	4.3	7.84	7.4	2.88	10.5	0.19
1.3	16.49	4.4	7.64	7.5	2.78	10.6	0.16
1.4	16.02	4.5	7.44	7.6	2.68	10.7	0.13
1.5	15.55	4.6	7.24	7.7	2.57	10.8	0.10
1.6	15.11	4.7	7.03	7.8	2.47	10.9	0.08
1.7	14.68	4.8	6.83	7.9	2.37	11.0	0.07
1.8	14.27	4.9	6.65	8.0	2.27	11.1	0.05
1.9	13.88	5.0	6.45	8.1	2.17	11.2	0.04
2.0	13.51	5.1	6.26	8.2	2.07	11.3	0.03
2.1	13.16	5.2	6.07	8.3	1.97	11.4	0.03
2.2	12.82	5.3	5.88	8.4	1.87	11.5	0.02
2.3	12.50	5.4	5.69	8.5	1.77	11.6	0.01
2.4	12.19	5.5	5.51	8.6	1.67	11.7	0.01
2.5	11.9	5.6	5.33	8.7	1.57	11.8	0.01
2.6	11.62	5.7	5.15	8.8	1.48	11.9	0.01
2.7	11.35	5.8	4.98	8.9	1.38	12.0	0.01
2.8	11.09	5.9	4.81	9.0	1.28	12.2	0.005
2.9	10.84	6.0	4.65	9.1	1.18	13.0	0.0008
3.0	10.60	6.1	4.49	9.2	1.09	13.9	0.0001

附录六 一些配体的酸效应系数 $\lg\alpha_{L(H)}$

配体 \ pH	0	1	2	3	4	5	6	7	8	9	10	11	12
DCyTA	23.77	19.79	15.91	12.54	9.95	7.87	6.07	4.75	3.71	2.70	1.71	0.78	0.18
EGTA	22.96	19.00	15.31	12.48	10.33	8.31	6.31	4.32	2.37	0.78	0.12	0.01	0.00
DTPA	28.06	23.09	18.45	14.61	11.58	9.17	7.10	5.10	3.10	1.64	0.62	0.12	0.01
NTA	16.80	13.80	10.84	8.24	6.75	5.70	4.70	3.70	2.70	1.70	0.78	0.18	0.02
乙酰丙酮	9.0	8.0	7.0	6.0	5.0	4.0	3.0	2.0	1.04	0.30	0.04	0.00	
草酸盐	5.45	3.62	2.26	1.23	0.41	0.06	0.00						
氰化物	9.21	8.21	7.21	6.21	5.21	4.21	3.21	2.21	1.23	0.42	0.06	0.01	0.00
氟化物	3.18	2.18	1.21	0.40	0.06	0.01	0.00						

附录七 金属离子水解效应系数 $\lg\alpha_{M(OH)}$

金属离子	离子强度	pH 值													
		1	2	3	4	5	6	7	8	9	10	11	12	13	14
Ag^{+}	0.1											0.1	0.5	2.3	5.1
Al^{3+}	2					0.4	1.3	5.3	9.3	13.3	17.3	21.3	25.3	29.3	33.3
Ba^{2+}	0.1													0.1	0.5
Bi^{3+}	3	0.1	0.5	1.4	2.4	3.4	4.4	5.4							
Ca^{2+}	0.1													0.3	1.0
Cd^{2+}	3									0.1	0.5	2.0	4.5	8.1	12.0
Ce^{4+}	1～2	1.2	3.1	5.1	7.1	9.1	11.1	13.1							
Co^{2+}	0.1								0.1	0.4	1.1	2.2	4.2	7.2	10.2
Cu^{2+}	0.1								0.2	0.8	1.7	2.7	3.7	4.7	5.7
Fe^{2+}	1									0.1	0.6	1.5	2.5	3.5	4.5
Fe^{3+}	3			0.4	1.8	3.7	4.7	7.7	9.7	11.7	13.7	15.7	17.7	19.7	21.7
Hg^{2+}	0.1			0.5	1.9	3.9	5.9	7.9	9.9	11.9	13.9	15.9	17.9	19.9	21.9
La^{3+}	3										0.3	1	1.9	2.9	3.9
Mg^{2+}	0.1											0.1	0.5	1.3	2.3
Mn^{2+}	0.1										0.1	0.5	1.4	2.4	3.4
Ni^{2+}	0.1									0.1	0.7	1.6			
Pb^{2+}	0.1							0.1	0.5	1.4	2.7	4.7	7.4	10.4	13.4
Th^{4+}	1				0.2	0.8	1.7	2.7	3.7	4.7	5.7	6.7	7.7	8.7	9.7
Zn^{2+}	0.1									0.2	2.4	5.4	8.5	11.8	15.5

附录八 金属指示剂 $\lg\alpha_{In(H)}$ 及其变色点的 pM_t

（一）铬黑 T

pH	红	$pK_{a2}=6.3$		蓝	$pK_{a3}=11.6$		橙
		6.0	7.0	8.0	9.0	10.0	11.0
$\lg\alpha_{In(H)}$		6.0	4.6	3.6	2.6	1.6	0.7
pCa_{ep}（至红）				1.8	2.8	3.8	4.7
pMg_{ep}（至红）		1.0	2.4	3.4	4.4	5.4	6.3
pMn_{ep}（至红）		3.6	5.0	6.2	7.8	9.7	11.5
pZn_{ep}（至红）		6.9	8.3	9.3	10.5	12.2	12.9

注：对数常数：$\lg K_{CaIn}=5.4$；$\lg K_{MgIn}=7.0$；$\lg K_{MnIn}=9.6$；$\lg K_{ZnIn}=12.9$

$c_{In}=10^{-5}mol\cdot L^{-1}$

（二）二甲酚橙

pH		黄			$pK_{a4}=6.3$			红	
	0	1	2	3	4	4.5	5	5.5	6
$\lg\alpha_{In(H)}$	35.0	30.0	25.1	20.7	17.3	15.7	14.2	12.8	11.2
pBi_{ep}（至红）		4.0	5.4	6.8					
pCd_{ep}（至红）						4.0	4.5	5.0	5.5
pHg_{ep}（至红）							7.4	8.2	9.0
pLa_{ep}（至红）						4.0	4.5	5.0	5.6
pPb_{ep}（至红）				4.2	4.8	6.2	7.0	7.6	8.2
pTh_{ep}（至红）		3.6	4.9	6.3					
pZn_{ep}（至红）						4.1	4.8	5.7	6.5
pZr_{ep}（至红）	7.5								

附录九 标准电极电位（25℃）

半反应	$E^\ominus$/V	半反应	$E^\ominus$/V
$Li^+ + e^- \rightleftharpoons Li$	−3.041	$Cu^{2+} + e^- \rightleftharpoons Cu^+$	0.159
$K^+ + e^- \rightleftharpoons K$	−2.925	$SO_4^{2-} + 4H^+ + 2e^- \rightleftharpoons H_2SO_3 + H_2O$	0.20
$Ba^{2+} + 2e^- \rightleftharpoons Ba$	−2.90	$AgCl + e^- \rightleftharpoons Ag + Cl^-$	0.22
$Sr^{2+} + 2e^- \rightleftharpoons Sr$	−2.89	$IO_3^- + 3H_2O + 6e^- \rightleftharpoons I^- + 6OH^-$	0.26
$Ca^{2+} + 2e^- \rightleftharpoons Ca$	−2.87	$Hg_2Cl_2 + 2e^- \rightleftharpoons 2Hg + 2Cl^-$	0.268
$Na^+ + e^- \rightleftharpoons Na$	−2.71	$Cu^{2+} + 2e^- \rightleftharpoons Cu$	0.34
$Mg^{2+} + 2e^- \rightleftharpoons Mg$	−2.37	$[Fe(CN)_6]^{3-} + e^- \rightleftharpoons [Fe(CN)_6]^{4-}$	0.36
$Al^{3+} + 3e^- \rightleftharpoons Al$	−1.66	$O_2 + 2H_2O + 4e^- \rightleftharpoons 4OH^-$	0.401
$ZnO_2^{2-} + 2H_2O + 2e^- \rightleftharpoons Zn + 4OH^-$	−1.22	$Cu^+ + e^- \rightleftharpoons Cu$	0.522
$Mn^{2+} + 2e^- \rightleftharpoons Mn$	−1.18	$I_2 + 2e^- \rightleftharpoons 2I^-$	0.535
$SO_4^{2-} + H_2O + 2e^- \rightleftharpoons SO_3^{2-} + 2OH^-$	−0.92	$MnO_4^- + e^- \rightleftharpoons MnO_4^{2-}$	0.56
$TiO_2 + 4H^+ + 4e^- \rightleftharpoons Ti + 2H_2O$	−0.89	$H_3AsO_4 + 2H^+ + 2e^- \rightleftharpoons HAsO_2 + 2H_2O$	0.56
$2H_2O + 2e^- \rightleftharpoons H_2 + 2OH^-$	−0.828	$MnO_4^- + 2H_2O + 3e^- \rightleftharpoons MnO_2 + 4OH^-$	0.58
$HSnO_2^- + H_2O + 2e^- \rightleftharpoons Sn + 3OH^-$	−0.79	$O_2 + 2H^+ + 2e^- \rightleftharpoons H_2O_2$	0.68
$Zn^{2+} + 2e^- \rightleftharpoons Zn$	−0.763	$Fe^{3+} + e^- \rightleftharpoons Fe^{2+}$	0.77
$Cr^{3+} + 3e^- \rightleftharpoons Cr$	−0.74	$Hg_2^{2+} + 2e^- \rightleftharpoons 2Hg$	0.796
$AsO_4^{3-} + 2H_2O + 2e^- \rightleftharpoons AsO_2^- + 4OH^-$	−0.71	$Ag^+ + e^- \rightleftharpoons Ag$	0.799
$2CO_2 + 2H^+ + 2e^- \rightleftharpoons H_2C_2O_4$	−0.49	$Hg^{2+} + 2e^- \rightleftharpoons Hg$	0.851
$S + 2e^- \rightleftharpoons S^{2-}$	−0.48	$2Hg^{2+} + 2e^- \rightleftharpoons Hg_2^{2+}$	0.907
$Cr^{3+} + e^- \rightleftharpoons Cr^{2+}$	−0.41	$HNO_2 + H^+ + e^- \rightleftharpoons NO + H_2O$	0.99
$Fe^{2+} + 2e^- \rightleftharpoons Fe$	−0.409	$Br_2(l) + 2e^- \rightleftharpoons 2Br^-$	1.08
$Cd^{2+} + 2e^- \rightleftharpoons Cd$	−0.403	$IO_3^- + 6H^+ + 6e^- \rightleftharpoons I^- + 3H_2O$	1.085
$Cu_2O + 2H_2O + 2e^- \rightleftharpoons 2Cu + 2OH^-$	−0.361	$2\,IO_3^- + 12H^+ + 10e^- \rightleftharpoons I_2 + 6H_2O$	1.195
$Tl^+ + e^- \rightleftharpoons Tl$	−0.345	$MnO_2 + 4H^+ + 2e^- \rightleftharpoons Mn^{2+} + 2H_2O$	1.23
$[Ag(CN)_2]^- + e^- \rightleftharpoons Ag + 2CN^-$	−0.31	$O_2 + 4H^+ + 4e^- \rightleftharpoons 2H_2O$	1.23
$Co^{2+} + 2e^- \rightleftharpoons Co$	−0.28	$Au^{3+} + 2e^- \rightleftharpoons Au^+$	1.29
$V^{3+} + e^- \rightleftharpoons V^{2+}$	−0.255	$Cr_2O_7^{2-} + 14H^+ + 6e^- \rightleftharpoons 2Cr^{3+} + 7H_2O$	1.33
$Ni^{2+} + 2e^- \rightleftharpoons Ni$	−0.246	$Cl_2(g) + 2e^- \rightleftharpoons 2Cl^-$	1.358
$AgI + e^- \rightleftharpoons Ag + I^-$	−0.15	$BrO_3^- + 6H^+ + 6e^- \rightleftharpoons Br^- + 3H_2O$	1.44
$Sn^{2+} + 2e^- \rightleftharpoons Sn$	−0.136	$Ce^{4+} + e^- \rightleftharpoons Ce^{3+}$	1.443
$Pb^{2+} + 2e^- \rightleftharpoons Pb$	−0.126	$ClO_3^- + 6H^+ + 6e^- \rightleftharpoons Cl^- + 3H_2O$	1.45
$CrO_4^{2-} + 4H_2O + 3e^- \rightleftharpoons Cr(OH)_3 + 5OH-$	−0.12	$PbO_2 + 4H^+ + 2e^- \rightleftharpoons Pb^{2+} + 2H_2O$	1.46
$Fe^{3+} + 3e^- \rightleftharpoons Fe$	−0.036	$MnO_4^- + 8H^+ + 5e^- \rightleftharpoons Mn^{2+} + 4H_2O$	1.51
$Ag_2S + 2H^+ + 2e^- \rightleftharpoons 2Ag + H_2S$	−0.036	$Mn^{3+} + e^- \rightleftharpoons Mn^{2+}$	1.54
$2H^+ + 2e^- \rightleftharpoons H_2$	0.00	$2\,BrO_3^- + 12H^+ + 10e^- \rightleftharpoons Br_2 + 6H_2O$	1.52
$NO_3^- + H_2O + 2e^- \rightleftharpoons NO_2^- + 2OH^-$	0.01	$MnO_4^- + 4H^+ + 3e^- \rightleftharpoons MnO_2 + 2H_2O$	1.679
$S_4O_6^{2-} + 2e^- \rightleftharpoons 2\,S_2O_3^{2-}$	0.09	$H_2O_2 + 2H^+ + 2e^- \rightleftharpoons 2H_2O$	1.77
$TiO^{2+} + 2H^+ + e^- \rightleftharpoons Ti^{3+} + H_2O$	0.10	$Co^{3+} + e^- \rightleftharpoons Co^{2+}$	1.842
$AgBr + e^- \rightleftharpoons Ag + Br^-$	0.10	$S_2O_8^{2-} + 2e^- \rightleftharpoons 2SO_4^{2-}$	2.07
$Sn^{4+} + 2e^- \rightleftharpoons Sn^{2+}$	0.15	$F_2 + 2e^- \rightleftharpoons 2F^-$	2.87

附录十 某些氧化还原电对的条件电极电位

半反应	$E^{\ominus'}$/V	介质
$Ag^+ + e^- \rightleftharpoons Ag$	0.792	1mol·L^{-1} $HClO_4$
	0.228	1mol·L^{-1} HCl
$Ce^{4+} + e^- \rightleftharpoons Ce^{3+}$	1.70	1mol·L^{-1} $HClO_4$
	1.61	0.5mol·L^{-1} HNO_3
	1.28	1mol·L^{-1} HCl
	1.44	1mol·L^{-1} H_2SO_4
$Cr_2O_7^{2-} + 14H^+ + 6e^- \rightleftharpoons 2Cr^{3+} + 7H_2O$	1.08	3mol·L^{-1} HCl
	1.15	4mol·L^{-1} H_2SO_4
	1.025	1mol·L^{-1} $HClO_4$
$CrO_4^{2-} + 2H_2O + 3e^- \rightleftharpoons CrO_2^- + 4OH^-$	–0.12	1mol·L^{-1} NaOH
$Fe^{3+} + e^- \rightleftharpoons Fe^{2+}$	0.732	1mol·L^{-1} $HClO_4$
	0.681	3mol·L^{-1} HCl
	0.68	1mol·L^{-1} H_2SO_4
	0.46	2mol·L^{-1} H_3PO_4
	0.51	1mol·L^{-1} HCl + 0.25mol·L^{-1} H_3PO_4
$FeY^- + e^- \rightleftharpoons FeY^{2-}$	0.12	0.1mol·L^{-1} EDTA， pH = 4～6
$[Fe(CN)_6]^{3-} + e^- \rightleftharpoons [Fe(CN)_6]^{4-}$	0.56	0.1mol·L^{-1} HCl
$H_3AsO_4 + 2H^+ + 2e^- \rightleftharpoons H_3AsO_3 + H_2O$	0.557	1mol·L^{-1} HCl， $HClO_4$
	0.07	1mol·L^{-1} NaOH
$I_3^- + 2e^- \rightleftharpoons 3I^-$	0.5446	0.5mol·L^{-1} H_2SO_4
$MnO_4^- + 8H^+ + 5e^- \rightleftharpoons Mn^{2+} + 4H_2O$	1.45	1mol·L^{-1} $HClO_4$
$[SnCl_6]^{2-} + 2e^- \rightleftharpoons [SnCl_4]^{2-} + 2Cl^-$	0.14	1mol·L^{-1} HCl
	0.10	5mol·L^{-1} HCl
$Sn^{2+} + 2e^- \rightleftharpoons Sn$	–0.16	1mol·L^{-1} $HClO_4$
Sb(V) + $2e^- \rightleftharpoons$ Sb(III)	0.75	3.5mol·L^{-1} HCl

附录十一 难溶化合物的溶度积常数（25℃）

化合物	K_{sp}	pK_{sp}	化合物	K_{sp}	pK_{sp}	化合物	K_{sp}	pK_{sp}
AgAc	1.94×10^{-3}	2.71	$CaSO_4$	7.10×10^{-5}	4.15	Hg_2F_2	3.10×10^{-6}	5.51
AgBr	5.35×10^{-13}	12.27	$Ca_3(PO_4)_2$	2.07×10^{-33}	32.68	Hg_2I_2	5.33×10^{-29}	28.27
$AgBrO_3$	5.34×10^{-5}	4.27	$CdCO_3$	6.18×10^{-12}	11.21	Hg_2SO_4	7.99×10^{-7}	6.10
AgCN	5.97×10^{-17}	16.22	CdF_2	6.44×10^{-3}	2.19	$KClO_4$	1.05×10^{-2}	1.98
AgCl	1.77×10^{-10}	9.75	$Cd(IO_3)_2$	2.49×10^{-8}	7.60	$K_2[PtCl_6]$	7.48×10^{-6}	5.13
AgI	8.51×10^{-17}	16.07	$Cd(OH)_2$	5.27×10^{-15}	14.28	Li_2CO_3	8.15×10^{-4}	3.09
$AgIO_3$	3.17×10^{-8}	7.50	CdS	1.40×10^{-29}	28.85	$MgCO_3$	6.82×10^{-6}	5.17
AgSCN	1.03×10^{-12}	11.99	$Cd_3(PO_4)_2$	2.53×10^{-33}	32.6	MgF_2	7.42×10^{-11}	10.13
Ag_2CO_3	8.45×10^{-12}	11.07	$Co(PO_4)_2$	2.05×10^{-35}	34.69	$Mg(OH)_2$	5.61×10^{-12}	11.25
$Ag_2C_2O_4$	5.40×10^{-12}	11.27	CuBr	6.27×10^{-9}	8.20	$Mg_3(PO_4)_2$	9.86×10^{-25}	24.01
Ag_2CrO_4	2.0×10^{-12}	11.70	CuC_2O_4	4.43×10^{-10}	9.35	$MnCO_3$	2.24×10^{-11}	10.65
α-Ag_2S	6.69×10^{-50}	49.17	CuCl	1.72×10^{-7}	6.76	$Mn(IO_3)_2$	4.37×10^{-7}	6.36
β-Ag_2S	1.09×10^{-49}	48.96	CuI	1.27×10^{-12}	11.9	$Mn(OH)_2$	2.06×10^{-13}	12.69
Ag_2SO_3	1.49×10^{-14}	13.83	CuS	6×10^{-36}	35.2	MnS	4.65×10^{-14}	13.33
Ag_2SO_4	1.20×10^{-5}	4.92	CuSCN	1.77×10^{-13}	12.75	$NiCO_3$	1.42×10^{-7}	6.85
Ag_3AsO_4	1.03×10^{-22}	21.99	Cu_2S	2.26×10^{-48}	47.64	$Ni(IO_3)_2$	4.71×10^{-5}	4.33
Ag_3PO_4	8.88×10^{-17}	16.05	$Cu_3(PO_4)_2$	1.39×10^{-37}	36.86	$Ni(OH)_2$	5.47×10^{-16}	15.26
$Al(OH)_3$	1.1×10^{-33}	32.97	$FeCO_3$	3.07×10^{-11}	10.51	NiS	1.07×10^{-21}	20.97
$AlPO_4$	9.83×10^{-21}	20.01	FeF_2	2.36×10^{-6}	5.63	$Ni_3(PO_4)_2$	4.73×10^{-32}	31.33
$BaCO_3$	2.58×10^{-9}	8.59	$Fe(OH)_2$	4.87×10^{-17}	16.31	$Sn(OH)_2$	5.45×10^{-27}	26.26
$BaCrO_4$	1.17×10^{-10}	9.93	$Fe(OH)_3$	2.64×10^{-39}	38.58	SnS	3.25×10^{-28}	27.49
BaF_2	1.84×10^{-7}	6.74	FeS	1.59×10^{-19}	18.8	$SrCO_3$	5.6×10^{-10}	9.25
$Ba(IO_3)_2$	4.01×10^{-9}	8.40	HgI_2	2.82×10^{-29}	28.55	SrF_2	2.5×10^{-9}	8.6
$BaSO_4$	1.07×10^{-10}	9.97	$Hg(OH)_2$	3.13×10^{-26}	25.5	$Sr(IO_3)_2$	1.14×10^{-7}	6.94
$BiAsO_4$	4.43×10^{-10}	9.35	HgS(黑)	6.44×10^{-53}	52.19	$SrSO_4$	3.44×10^{-7}	6.46
Bi_2S_3	1.82×10^{-99}	98.74	HgS(红)	2.00×10^{-53}	52.7	$Sr_3(AsO_4)_2$	4.29×10^{-19}	18.37
$CaCO_3$	4.96×10^{-9}	8.30	Hg_2Br_2	6.41×10^{-23}	22.19	$ZnCO_3$	1.19×10^{-10}	9.92
CaF_2	1.46×10^{-10}	9.84	Hg_2CO_3	3.67×10^{-17}	16.44	ZnF_2	3.04×10^{-2}	1.52
$Ca(IO_3)_2$	6.47×10^{-6}	5.19	$Hg_2C_2O_4$	1.75×10^{-13}	12.76	$Zn(IO_3)_2$	4.29×10^{-6}	5.37
$Ca(OH)_2$	4.68×10^{-6}	5.33	Hg_2Cl_2	1.45×10^{-18}	17.84	ZnS	2.93×10^{-25}	24.53

附录十二 原子量表

元素	符号	原子量	元素	符号	原子量	元素	符号	原子量
锕	Ac	227.03	锗	Ge	72.641	镨	Pr	140.91
银	Ag	107.87	氢	H	1.0079	铂	Pt	195.08
铝	Al	26.982	氦	He	4.0026	钚	Pu	244.06
镅	Am	243.06	铪	Hf	178.49	镭	Ra	226.03
氩	Ar	39.792	汞	Hg	200.59	铷	Rb	85.468
砷	As	74.922	钬	Ho	164.93	铼	Re	186.21
砹	At	209.99	碘	I	126.9	铑	Rh	102.91
金	Au	196.97	铟	In	114.82	氡	Rn	222.02
硼	B	10.811	铱	Ir	192.22	钌	Ru	101.07
钡	Ba	137.33	钾	K	39.098	硫	S	32.066
铍	Be	9.0122	氪	Kr	83.798	锑	Sb	121.76
铋	Bi	208.98	镧	La	138.91	钪	Sc	44.956
锫	Bk	247.07	锂	Li	6.9412	硒	Se	78.963
溴	Br	79.904	铹	Lr	260.11	硅	Si	28.086
碳	C	12.011	镥	Lu	174.97	钐	Sm	150.36
钙	Ca	40.078	钔	Md	258.10	锡	Sn	118.71
镉	Cd	112.41	镁	Mg	24.305	锶	Sr	87.621
铈	Ce	140.12	锰	Mn	54.938	钽	Ta	180.95
锎	Cf	251.08	钼	Mo	95.942	铽	Tb	158.93
氯	Cl	35.453	氮	N	14.007	锝	Tc	97.907
锔	Cm	247.07	钠	Na	22.99	碲	Te	127.60
钴	Co	58.933	铌	Nb	92.906	钍	Th	232.04
铬	Cr	51.996	钕	Nd	144.24	钛	Ti	47.867
铯	Cs	132.91	氖	Ne	20.18	铊	Tl	204.38
铜	Cu	63.546	镍	Ni	58.693	铥	Tm	168.93
镝	Dy	162.5	锘	No	259.10	铀	U	238.03
铒	Er	167.26	镎	Np	237.05	钒	V	50.942
锿	Es	252.08	氧	O	15.999	钨	W	183.84
铕	Eu	151.96	锇	Os	190.23	氙	Xe	131.29
氟	F	18.998	磷	P	30.974	钇	Y	88.906
铁	Fe	55.845	镤	Pa	231.04	镱	Yb	173.04
镄	Fm	257.1	铅	Pb	207.21	锌	Zn	65.409
钫	Fr	223.02	钯	Pd	106.42	锆	Zr	91.224
镓	Ga	69.723	钷	Pm	144.91			
钆	Gd	157.25	钋	Po	208.98			

附录十三 常见化合物的分子量

化合物	分子量	化合物	分子量	化合物	分子量
$AgBr$	187.78	$CoSO_4·7H_2O$	281.1	$Hg(NO_3)_2$	324.60
$AgCN$	133.89	$CrCl_3$	158.35	$Hg_2(NO_3)_2$	525.19
$AgCl$	143.32	$CrCl_3·6H_2O$	266.45	$Hg_2(NO_3)_2·2H_2O$	561.22
Ag_2CrO_4	331.73	$Cr(NO_3)_3$	238.01	HgO	216.59
AgI	234.77	Cr_2O_3	151.99	$HgSO_4$	296.65
$AgNO_3$	169.87	$CuCl_2$	134.45	Hg_2SO_4	497.24
$AgSCN$	165.95	$CuCl_2·2H_2O$	170.48	KBr	119.00
Al_2O_3	101.96	CuI	190.45	$KBrO_3$	167.00
$Al(OH)_3$	78.00	$Cu(NO_3)_2$	187.56	KCl	74.551
$AlCl_3$	133.34	CuO	79.54	$KClO_3$	122.55
$AlCl_3·6H_2O$	241.43	Cu_2O	143.09	$KClO_4$	138.55
$Al_2(SO_4)_3$	342.14	$CuSCN$	97.56	KCN	65.12
$Al_2(SO_4)_3$	342.15	$CuSO_4$	159.61	K_2CO_3	138.21
As_2O_3	197.84	$CuSO_4·5H_2O$	249.69	K_2CrO_4	194.19
As_2O_5	299.84	$FeCl_3$	162.20	$K_2Cr_2O_7$	294.19
$BaCO_3$	197.34	$FeCl_3·6H_2O$	270.29	$K_3Fe(CN)_6$	329.25
$BaCl_2$	208.24	FeO	71.84	$K_4Fe(CN)_6$	368.35
$BaCl_2·2H_2O$	244.26	Fe_2O_3	159.69	$KHSO_4$	136.17
$BaCrO_4$	253.32	Fe_3O_4	231.53	KI	166.00
BaO	153.33	$FeSO_4·H_2O$	169.92	KIO_3	214.00
$Ba(OH)_2$	171.34	$FeSO_4·7H_2O$	278.02	$KMnO_4$	158.03
$BaSO_4$	233.39	$Fe_2(SO_4)_3$	399.88	KNO_2	85.10
$BiCl_3$	315.34	H_3AsO_3	125.94	KNO_3	101.1
$CaCO_3$	100.09	H_3AsO_4	141.94	K_2O	94.20
$CaCl_2$	110.98	H_3BO_3	61.83	KOH	56.11
$CaCl_2·6H_2O$	219.08	HBr	80.91	$KSCN$	97.18
CaF_2	78.08	HCl	36.46	K_2SO_4	174.26
$Ca(NO_3)_2$	164.09	HCN	27.03	$MgCO_3$	84.31
CaO	56.08	HF	20.01	$MgCl_2$	95.21
$Ca(OH)_2$	74.09	HI	127.91	$MgCl_2·6H_2O$	203.3
$CaSO_4$	136.14	HIO_3	175.91	$Mg(NO_3)_2·6H_2O$	256.41
$Ca_3(PO_4)_2$	310.18	HNO_3	63.01	$MgNH_4PO_4$	137.31
$Ce(SO_4)_2$	332.24	H_2O	18.02	MgO	40.30
$Ce(SO_4)_2·4H_2O$	404.3	H_2O_2	34.01	$Mg(OH)_2$	58.32
CO_2	44.01	H_3PO_4	98.00	$Mg_2P_2O_7$	222.55
$CoCl_2$	129.84	H_2S	34.08	$MgSO_4$	120.37
$CoCl_2·6H_2O$	237.93	H_2SO_4	98.08	$Na_2B_4O_7$	201.22
$Co(NO_3)_2$	132.94	$HgCl_2$	271.5	$Na_2B_4O_7·10H_2O$	381.37
$CoSO_4$	154.99	Hg_2Cl_2	472.09	$NaBiO_3$	279.97

续表

化合物	分子量	化合物	分子量	化合物	分子量
NaBr	102.89	$NiCl_2 \cdot 6H_2O$	237.69	ZnO	81.41
NaCN	49.01	$Ni(NO_3)_2 \cdot 6H_2O$	290.79	ZnS	97.47
Na_2CO_3	105.99	$NiSO_4 \cdot 7H_2O$	280.85	$ZnSO_4$	161.47
$Na_2CO_3 \cdot 10H_2O$	286.14	P_2O_5	141.95	$ZnSO_4 \cdot 7H_2O$	287.56
NaCl	58.443	$PbCO_3$	267.21	BaC_2O_4	225.35
NaF	41.99	$PbCl_2$	278.11	CaC_2O_4	128.10
$NaHCO_3$	84.01	$PbCrO_4$	323.18	$CaC_2O_4 \cdot H_2O$	146.11
NaH_2PO_4	119.98	PbI_2	461.01	CH_3COOH	60.05
Na_2HPO_4	141.96	$Pb(NO_3)_2$	331.21	CH_3OH	32.04
NaI	149.89	PbO	223.199	CH_3COCH_3	58.07
$NaNO_2$	69.00	PbO_2	239.199	C_6H_5COOH	122.12
$NaNO_3$	84.99	$PbSO_4$	303.26	C_6H_5COONa	144.10
Na_2O	61.98	SO_2	64.06	CH_3COONa	82.03
NaOH	40.00	SO_3	80.06	$CH_3COONa \cdot 3H_2O$	136.08
Na_3PO_4	163.94	$SbCl_3$	228.11	CH_3COONH_4	77.08
Na_2SO_3	126.04	$SbCl_5$	299.02	C_6H_5OH	94.11
Na_2SO_4	142.04	Sb_2O_3	291.52	CCl_4	153.82
$Na_2SO_4 \cdot 10H_2O$	322.2	SiF_4	104.08	$H_2C_2O_4$	90.04
$Na_2S_2O_3$	158.11	SiO_2	60.09	$H_2C_2O_4 \cdot 2H_2O$	126.07
$Na_2S_2O_3 \cdot 5H_2O$	248.19	$SnCl_2$	189.62	HCOOH	46.03
NH_3	17.03	$SnCl_4$	260.52	$KHC_2O_4 \cdot H_2O$	146.14
NH_4Cl	53.49	SnO_2	150.71	MgC_2O_4	112.32
NH_4HCO_3	79.06	TiO_2	79.87	$Na_2C_2O_4$	134.00
$(NH_4)_2HPO_4$	132.05	WO_3	231.84	邻苯二甲酸氢钾	204.22
$(NH_4)_2MoO_4$	196.01	$ZnCO_3$	125.42	酒石酸	150.09
NH_4SCN	76.12	$ZnCl_2$	136.31	酒石酸氢钾	188.18
$(NH_4)_2SO_4$	132.14	$Zn(NO_3)_2$	189.39	EDTA 二钠	372.24

参考文献

[1] 华东理工大学化学系，等. 分析化学[M]. 7 版. 北京：高等教育出版社，2018.

[2] 武汉大学，等. 分析化学[M]. 6 版. 北京：高等教育出版社，2016.

[3] 华中师范大学，等. 分析化学[M]. 4 版. 北京：高等教育出版社，2011.

[4] 李克安. 分析化学教程[M]. 北京：北京大学出版社，2005.

[5] 胡乃非，等. 分析化学[M]. 3 版. 北京：高等教育出版社，2010.

[6] 吴性良，等. 分析化学原理[M]. 2 版. 北京：化学工业出版社，2010.

[7] 王玉枝，等. 分析化学[M]. 3 版. 北京：科学出版社，2017.

[8] 刘志广. 分析化学[M]. 3 版. 大连：大连理工大学出版社，2006.

[9] 黄承志，等. 基础分析化学[M]. 北京：科学出版社，2017.

[10] 中国国家标准化管理委员会. GB/T 8170—2008 数值修约规则与极限数值的表示和判定. 北京：中国标准出版社，2008.

[11] 国家质量监督检验检疫总局. JJG 196—2006 常用玻璃量器，北京：中国计量出版社，2007.